线性代数教程

主　编　刘艳艳　王福昌　赵宜宾
副主编　庄需芹　赵玲玲　贺财宝　王艳秋
参编者　靳志同　张丽娟　张艳芳

清华大学出版社
北京交通大学出版社
·北京·

内 容 简 介

本书根据教育部制定的高等院校线性代数课程教学的基本要求，并从应用型本科院校的教学实际出发，结合多年的课程建设和教学经验编写而成。

全书共分5章，内容包括行列式、矩阵、线性方程组、向量与向量空间、特征值问题与二次型，各章均配有一定数量的习题，题型丰富，书末附有习题参考答案，并在附录A中给出了线性代数中的MATLAB命令及计算示例。本书逻辑清晰、详略得当、通俗易懂，注重对基本概念和基本方法的介绍，并利用实例降低理论证明的难度，能更好地满足“学以致用”的教学需求。

本书可作为普通高等院校非数学类专业的本科教材，也可供相关教师和工程技术人员参考。

图书在版编目（CIP）数据

线性代数教程/刘艳艳，王福昌，赵宜宾主编．—北京：北京交通大学出版社：清华大学出版社，2022.7

ISBN 978-7-5121-4727-0

Ⅰ. ①线…　Ⅱ. ①刘…②王…③赵…　Ⅲ. ①线性代数-高等学校-教材　Ⅳ. ①O151.2

中国版本图书馆CIP数据核字（2022）第078736号

线性代数教程
XIANXING DAISHU JIAOCHENG

责任编辑：韩素华
出版发行：清 华 大 学 出 版 社　邮编：100084　电话：010-62776969
　　　　　北京交通大学出版社　邮编：100044　电话：010-51686414
印 刷 者：北京时代华都印刷有限公司
经　　销：全国新华书店
开　　本：185 mm×260 mm　印张：9.5　字数：243千字
版 印 次：2022年7月第1版　2022年7月第1次印刷
印　　数：1~2 000册　定价：39.00元

本书如有质量问题，请向北京交通大学出版社质监组反映。对您的意见和批评，我们表示欢迎和感谢。
投诉电话：010－51686043，51686008；传真：010－62225406；E-mail：press@bjtu.edu.cn。

前　言

线性代数是高等教育课程体系中的一门公共基础课，是研究离散型变量之间线性关系的基础课程之一。本书是按照教育部颁布的高等院校数学课程教学的基本要求，为普通高等院校非数学类专业编写的一本线性代数教材。针对线性代数的内容抽象和理论性较强等特点，为了符合一般本科教育的教学要求，在本书的编写过程中，编者在以下几方面做了一些努力：

1. 注重对基本概念和基本方法的介绍，对知识点的引入力求由具体到抽象、由特殊到一般，在潜移默化中让读者了解线性代数的思想方法。

2. 对于理论证明，尽量分散难点，从低维实例入手讨论，循序渐进地推导出严密的论证。偏难的内容用楷书字体区分，读者可根据自身情况选学。

3. 每章都提供了适合的应用案例，通过例证介绍知识的实际应用，将理论与应用有效结合，有利于读者理解所学知识、培养学习兴趣。

4. 各章均配备题型丰富的习题，分为基础题和综合题，并附有参考答案，读者可通过有针对性的练习提高解题能力并加深对知识的理解。

5. 附录总结了线性代数计算中常用的 MATLAB 命令，并给出了相应的计算示例，以帮助读者在课程学习过程中培养科学计算能力。

全书的教学时数约为 50 学时，楷书字体部分和附录为选学内容，不作教学要求。本书第 1~3 章由刘艳艳编写，第 4 章由庄需芹和贺财宝编写，第 5 章由赵玲玲和王艳秋编写，附录由赵宜宾编写，全书由刘艳艳和王福昌负责统稿，靳志同、张丽娟和张艳芳参与了部分章节的编写工作。本书在编写过程中得到了许多同事的支持和帮助，在此表示真诚的感谢。

由于编者水平有限，书中难免有不妥之处，恳请广大读者和同行批评指正。

编　者

2022 年 6 月

目　　录

第 1 章

行 列 式

行列式的概念最早出现在 17 世纪，主要用于解决线性方程组的求解问题，经过几个世纪的发展，行列式已经形成了一整套完备的理论．行列式是线性代数的一个基本内容，也是现代数学各分支必不可少的工具，在力学、工程技术、经济学等领域也有着广泛的应用．本章主要介绍行列式的定义、性质及其计算．

§1.1　行列式的定义

1.1.1　二阶行列式

从字面意思来看，行列式是由行和列组成的式子．把 4 个数排成一个 2 行 2 列的方块（横排称为行，竖排称为列），在方块的左右两边各加一条竖线，就得到了一个二阶行列式：

$$D=\begin{vmatrix} a_{11} & a_{12} \\ a_{21} & a_{22} \end{vmatrix}$$

行列式的英文是 Determinant，所以常会用 D 来表示行列式，其中数 a_{ij} 称为行列式的元素，下标 i 称为行标，表明该元素位于第 i 行，下标 j 称为列标，表明该元素位于第 j 列，即 a_{ij} 表示位于第 i 行和第 j 列交叉处的元素．对于二阶行列式，规定它的展开式为：

$$\begin{vmatrix} a_{11} & a_{12} \\ a_{21} & a_{22} \end{vmatrix}=a_{11}a_{22}-a_{12}a_{21}$$

可见，行列式代表的是一个可以算出数值的代数式，而这个式子是行列式元素之间的某种特定运算．二阶行列式的计算可以用对角线法则来描述，把 a_{11} 到 a_{22} 的连线称为主对角线，a_{12} 到 a_{21} 的连线称为副对角线，二阶行列式的值就等于主对角线上两元素的乘积减去副对角线上两元素的乘积．

【例 1-1】　已知二阶行列式 $\begin{vmatrix} x & 2 \\ 6 & 3 \end{vmatrix}=0$，则 $x=$________．

分析：利用二阶行列式的对角线法则可得 $3x-12=0$，则 $x=4$.

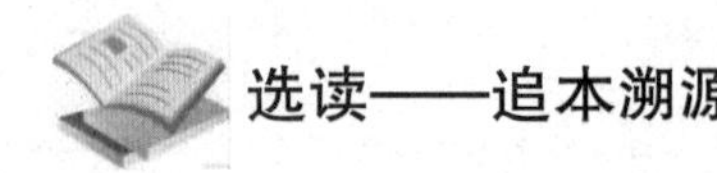

选读——追本溯源

行列式的概念最初是伴随着线性方程组的求解而发展起来的. 对于二元线性方程组:

$$\begin{cases} a_{11}x_1+a_{12}x_2=b_1 \\ a_{21}x_1+a_{22}x_2=b_2 \end{cases}$$

用消元法求解, 分别消去 x_1 和 x_2, 可得:

$$(a_{11}a_{22}-a_{12}a_{21})x_1=b_1a_{22}-a_{12}b_2$$
$$(a_{11}a_{22}-a_{12}a_{21})x_2=a_{11}b_2-b_1a_{21}$$

当 $a_{11}a_{22}-a_{12}a_{21}\neq 0$ 时, 可得该线性方程组的解为:

$$x_1=\frac{b_1a_{22}-a_{12}b_2}{a_{11}a_{22}-a_{12}a_{21}},\ x_2=\frac{a_{11}b_2-b_1a_{21}}{a_{11}a_{22}-a_{12}a_{21}}$$

观察两式中的分子和分母, 都是 4 个数分两组, 两两相乘再相减的形式. 为便于记忆, 引入二阶行列式来描述这种运算, 从而得到求解公式:

$$x_1=\frac{D_1}{D}=\frac{\begin{vmatrix} b_1 & a_{12} \\ b_2 & a_{22} \end{vmatrix}}{\begin{vmatrix} a_{11} & a_{12} \\ a_{21} & a_{22} \end{vmatrix}},\qquad x_2=\frac{D_2}{D}=\frac{\begin{vmatrix} a_{11} & b_1 \\ a_{21} & b_2 \end{vmatrix}}{\begin{vmatrix} a_{11} & a_{12} \\ a_{21} & a_{22} \end{vmatrix}}$$

其中, 分母 D 是由方程组的系数所确定的二阶行列式, 称为系数行列式, x_1 的分子 D_1 是用常数项 b_1、b_2 替换 D 中 x_1 的系数 a_{11}、a_{21} 所得的二阶行列式, x_2 的分子 D_2 是用常数项 b_1、b_2 替换 D 中 x_2 的系数 a_{12}、a_{22} 所得的二阶行列式. 需要注意的是, 只有系数行列式非零时才可用此公式.

上述推导说明, 对于含 2 个未知数 2 个方程的线性方程组, 能利用二阶行列式来表示它的解, 表达形式既简单又整齐美观, 便于速记. 同理, 对于三元线性方程组, 用消元法求得的解的表达式也可以通过引入三阶行列式来表示, 使结果简洁易记. 类似地, 对于含有 n 个未知数 n 个方程的线性方程组, 可以用 n 阶行列式表示它的解, 此即克拉默法则的主要内容, 我们将在 3.2 节具体介绍.

1.1.2 三阶行列式

把 9 个数排成 3 行 3 列, 并在左右两边各加一条竖线, 即得到一个三阶行列式. 三阶行列式也可表示为由它的元素组成的某个代数式, 其展开式为:

$$\begin{vmatrix} a_{11} & a_{12} & a_{13} \\ a_{21} & a_{22} & a_{23} \\ a_{31} & a_{32} & a_{33} \end{vmatrix}=a_{11}a_{22}a_{33}+a_{12}a_{23}a_{31}+a_{13}a_{21}a_{32}-a_{11}a_{23}a_{32}-a_{12}a_{21}a_{33}-a_{13}a_{22}a_{31} \tag{1-1}$$

三阶行列式的展开式共有 6 项, 其中 3 项为正, 3 项为负, 每一项均为 3 个元素的乘积, 且由元素的下标可知, 每项中的元素均处于不同行不同列. 三阶行列式的计算可由以下 3 种方法描述.

1. 对角线法则

与二阶行列式相比，三阶行列式的对角线法则相对复杂，且只适用于三阶行列式．图 1-1中的 3 条实线看作是平行于主对角线的连线，3 条虚线看作是平行于副对角线的连线，实线上 3 个元素的乘积前带正号，虚线上 3 个元素的乘积前带负号，所得 6 项加到一起即为三阶行列式的展开式．

2. 萨吕法则

如图 1-2 所示，在三阶行列式右侧竖线的外面补充第 1 列和第 2 列的元素，借助补充的数字可以画出 3 条平行于主对角线的实线，以及 3 条平行于副对角线的虚线，实线上 3 个元素的乘积前带正号，虚线上 3 个元素的乘积前带负号，所得 6 项加到一起亦是三阶行列式的展开式．要注意只有三阶行列式才可采用此方法．

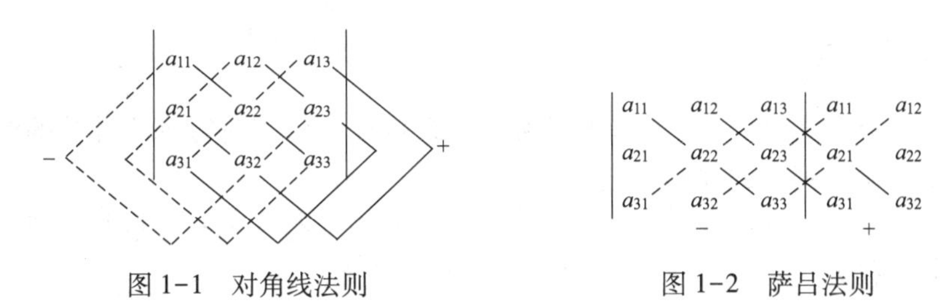

图 1-1　对角线法则　　　图 1-2　萨吕法则

3. 展开法则

将式（1-1）中右侧的展开式分为 3 组，提取公因子后可改写为以下形式：

$$\begin{vmatrix} a_{11} & a_{12} & a_{13} \\ a_{21} & a_{22} & a_{23} \\ a_{31} & a_{32} & a_{33} \end{vmatrix} = a_{11}(a_{22}a_{33}-a_{23}a_{32})+a_{12}(a_{23}a_{31}-a_{21}a_{33})+a_{13}(a_{21}a_{32}-a_{22}a_{31}) \qquad (1\text{-}2)$$

利用二阶行列式的定义则有：

$$\begin{vmatrix} a_{11} & a_{12} & a_{13} \\ a_{21} & a_{22} & a_{23} \\ a_{31} & a_{32} & a_{33} \end{vmatrix} = a_{11}\begin{vmatrix} a_{22} & a_{23} \\ a_{32} & a_{33} \end{vmatrix} - a_{12}\begin{vmatrix} a_{21} & a_{23} \\ a_{31} & a_{33} \end{vmatrix} + a_{13}\begin{vmatrix} a_{21} & a_{22} \\ a_{31} & a_{32} \end{vmatrix} \qquad (1\text{-}3)$$

式（1-3）表明 1 个三阶行列式的计算可以转化为 3 个二阶行列式的计算．

定义 1.1　在行列式中，把元素 a_{ij}所在的第 i 行与第 j 列划去后，剩余元素按照原有排法构成的低一阶行列式称为 a_{ij}的余子式，记作 M_{ij}. 记 $A_{ij}=(-1)^{i+j}M_{ij}$，A_{ij}则称为元素 a_{ij}的代数余子式．

例如，三阶行列式中元素 a_{23}的余子式和代数余子式分别为：

$$M_{23}=\begin{vmatrix} a_{11} & a_{12} \\ a_{31} & a_{32} \end{vmatrix}, \quad A_{23}=(-1)^{2+3}M_{23}=-M_{23}$$

可见，式（1-3）表明三阶行列式等于它的第 1 行元素与其对应的代数余子式乘积之和，也可看作把三阶行列式按第 1 行展开

$$\begin{vmatrix} a_{11} & a_{12} & a_{13} \\ a_{21} & a_{22} & a_{23} \\ a_{31} & a_{32} & a_{33} \end{vmatrix} = a_{11}A_{11}+a_{12}A_{12}+a_{13}A_{13} \qquad (1\text{-}4)$$

式（1-4）可称为三阶行列式计算的展开法则．

【例 1-2】 计算三阶行列式 $D=\begin{vmatrix} -1 & 2 & 3 \\ -2 & 1 & 1 \\ 3 & -1 & 1 \end{vmatrix}$.

【解】 按展开法则，有：

$$\begin{aligned} D &= a_{11}A_{11}+a_{12}A_{12}+a_{13}A_{13} \\ &= -1\times(-1)^{1+1}\begin{vmatrix} 1 & 1 \\ -1 & 1 \end{vmatrix}+2\times(-1)^{1+2}\begin{vmatrix} -2 & 1 \\ 3 & 1 \end{vmatrix}+3\times(-1)^{1+3}\begin{vmatrix} -2 & 1 \\ 3 & -1 \end{vmatrix} \\ &= -1\times2+(-2)\times(-5)+3\times(-1) \\ &= 5 \end{aligned}$$

1.1.3 *n* 阶行列式

与二、三阶行列式类似，n 阶行列式由 n^2 个数构成．将三阶行列式计算的展开法则进行推广，即得 n 阶行列式的递归法定义．

定义 1.2 将 n^2 个数 a_{ij}（i，$j=1$，2，…，n）排成 n 行 n 列，并在左右两边各加一条竖线，即为 n 阶行列式：

$$D_n=\begin{vmatrix} a_{11} & a_{12} & \cdots & a_{1n} \\ a_{21} & a_{22} & \cdots & a_{2n} \\ \vdots & \vdots & & \vdots \\ a_{n1} & a_{n2} & \cdots & a_{nn} \end{vmatrix}$$

当 $n=1$ 时，$D_1=a_{11}$；

当 $n\geqslant2$ 时，$D_n = a_{11}A_{11} + a_{12}A_{12} + \cdots + a_{1n}A_{1n} = \sum_{j=1}^{n} a_{1j}A_{1j}$ （1-5）

其中，数 a_{ij}称为第 i 行第 j 列的元素，A_{ij}是 a_{ij}的代数余子式．

定义 1.2 可简称为行列式可按第 1 行展开，即 D_n等于它的第一行各元素与对应代数余子式的乘积之和．由式（1-5）可知，n 阶行列式 D_n可展开为 n 个 $n-1$ 阶行列式，而 $n-1$ 阶行列式又可展开为 $n-1$ 个 $n-2$ 阶行列式，依次展开降阶，直到降为二阶或三阶行列式，就能计算出 D_n的数值．

【例 1-3】 计算四阶行列式 $D_4=\begin{vmatrix} 1 & -1 & 2 & 0 \\ 0 & 0 & -1 & 0 \\ 1 & 0 & 0 & 2 \\ 4 & 1 & -2 & 0 \end{vmatrix}$.

【解 1】 由定义 1.2，有：

$$D_4=1\times(-1)^{1+1}\begin{vmatrix} 0 & -1 & 0 \\ 0 & 0 & 2 \\ 1 & -2 & 0 \end{vmatrix}+(-1)\times(-1)^{1+2}\begin{vmatrix} 0 & -1 & 0 \\ 1 & 0 & 2 \\ 4 & -2 & 0 \end{vmatrix}+2\times(-1)^{1+3}\begin{vmatrix} 0 & 0 & 0 \\ 1 & 0 & 2 \\ 4 & 1 & 0 \end{vmatrix}+0$$

$$=\begin{vmatrix} 0 & -1 & 0 \\ 0 & 0 & 2 \\ 1 & -2 & 0 \end{vmatrix}+\begin{vmatrix} 0 & -1 & 0 \\ 1 & 0 & 2 \\ 4 & -2 & 0 \end{vmatrix}+2\times\begin{vmatrix} 0 & 0 & 0 \\ 1 & 0 & 2 \\ 4 & 1 & 0 \end{vmatrix}+0$$

$=-2-8+0+0$

$=-10$

由例 1-3 可知，D_4的第一行元素中 0 越多，计算会越简便．仔细观察 1.1.2 节中将式（1-1）改写为式（1-2）的方法，可以发现，对三阶行列式的展开式采用不同的分组，可以得到更多的按某一行或某一列展开的结果，例如：

$$\begin{vmatrix} a_{11} & a_{12} & a_{13} \\ a_{21} & a_{22} & a_{23} \\ a_{31} & a_{32} & a_{33} \end{vmatrix} = a_{21}(a_{13}a_{32}-a_{12}a_{33})+a_{22}(a_{11}a_{33}-a_{13}a_{31})+a_{23}(a_{12}a_{31}-a_{11}a_{32})$$

$$= -a_{21}\begin{vmatrix} a_{12} & a_{13} \\ a_{32} & a_{33} \end{vmatrix}+a_{22}\begin{vmatrix} a_{11} & a_{13} \\ a_{31} & a_{33} \end{vmatrix}-a_{23}\begin{vmatrix} a_{11} & a_{12} \\ a_{31} & a_{32} \end{vmatrix}$$

$$=a_{21}A_{21}+a_{22}A_{22}+a_{23}A_{23};$$

$$\begin{vmatrix} a_{11} & a_{12} & a_{13} \\ a_{21} & a_{22} & a_{23} \\ a_{31} & a_{32} & a_{33} \end{vmatrix} = a_{13}(a_{21}a_{32}-a_{22}a_{31})+a_{23}(a_{12}a_{31}-a_{11}a_{32})+a_{33}(a_{11}a_{22}-a_{12}a_{21})$$

$$= a_{13}\begin{vmatrix} a_{21} & a_{22} \\ a_{31} & a_{32} \end{vmatrix}-a_{23}\begin{vmatrix} a_{11} & a_{12} \\ a_{31} & a_{32} \end{vmatrix}+a_{33}\begin{vmatrix} a_{11} & a_{12} \\ a_{21} & a_{22} \end{vmatrix}$$

$$=a_{13}A_{13}+a_{23}A_{23}+a_{33}A_{33}$$

以上结果表明，三阶行列式可以表示为它的任一行的元素与对应代数余子式乘积之和，将此结果推广到 n 阶行列式可得到以下定理：

定理 1.1　行列式等于它的任一行（或列）的每个元素与其对应的代数余子式乘积之和，即：

$$D_n=a_{i1}A_{i1}+a_{i2}A_{i2}+\cdots+a_{in}A_{in}\quad(i=1,\ 2,\ \cdots,\ n)$$

或

$$D_n=a_{1j}A_{1j}+a_{2j}A_{2j}+\cdots+a_{nj}A_{nj}\quad(j=1,\ 2,\ \cdots,\ n)$$

其中，数 a_{ij}是第 i 行第 j 列的元素，A_{ij}是 a_{ij}的代数余子式．

该定理可以看作推广后的递归法定义，即行列式可按任一行或任一列展开，它也被称为行列式按行（列）展开定理或行列式按行（列）展开法则．显然，行列式中若有一行（列）的元素全为 0，则此行列式值为 0. 在利用展开定理计算行列式时，可以选择有较多 0 的行或列展开，使计算更简便．

【例 1-4】　承例 1-3.

【解 2】　行列式按第 4 列展开得：

$$D_4=0+0+2\times(-1)^{3+4}\begin{vmatrix} 1 & -1 & 2 \\ 0 & 0 & -1 \\ 4 & 1 & -2 \end{vmatrix}+0$$

$$=-2\times(-1)\times(-1)^{2+3}\begin{vmatrix} 1 & -1 \\ 4 & 1 \end{vmatrix}$$

$$=-10$$

【例 1–5】 证明下三角形行列式（主对角线以上的元素都为 0）

$$D_n=\begin{vmatrix} a_{11} & 0 & \cdots & 0 & 0 \\ a_{21} & a_{22} & \cdots & 0 & 0 \\ \vdots & \vdots & & \vdots & \vdots \\ a_{n-1,1} & a_{n-1,2} & \cdots & a_{n-1,n-1} & 0 \\ a_{n1} & a_{n2} & \cdots & a_{n,n-1} & a_{nn} \end{vmatrix}=a_{11}a_{22}\cdots a_{nn}$$

证明：将 D_n 依次按第 1 行展开降低阶数，每次都仅剩一项不为零，故有

$$D_n=a_{11}\times(-1)^{1+1}\begin{vmatrix} a_{22} & 0 & \cdots & 0 \\ a_{32} & a_{33} & \cdots & 0 \\ \vdots & \vdots & & \vdots \\ a_{n2} & a_{n3} & \cdots & a_{nn} \end{vmatrix}=a_{11}a_{22}\times(-1)^{1+1}\begin{vmatrix} a_{33} & 0 & \cdots & 0 \\ a_{43} & a_{44} & \cdots & 0 \\ \vdots & \vdots & & \vdots \\ a_{n3} & a_{n4} & \cdots & a_{nn} \end{vmatrix}$$

$$=\cdots=a_{11}a_{22}a_{33}\cdots a_{nn}$$

若一个行列式的主对角线以下的元素都为 0，则称该行列式为上三角形行列式，将上三角形行列式依次按最后一行展开降低阶数，也可以证明：

$$D_n=\begin{vmatrix} a_{11} & a_{12} & \cdots & a_{1,n-1} & a_{1n} \\ 0 & a_{22} & \cdots & a_{2,n-1} & a_{2n} \\ \vdots & \vdots & & \vdots & \vdots \\ 0 & 0 & \cdots & 0 & a_{n-1,n} \\ 0 & 0 & \cdots & 0 & a_{nn} \end{vmatrix}=a_{11}a_{22}\cdots a_{nn}$$

上（下）三角形行列式统称为三角形行列式．若一个行列式的主对角线以外的元素都为 0，则称该行列式为对角行列式，显然，对角行列式是一种特殊的三角形行列式，三角形行列式、对角行列式的值等于主对角线上元素的乘积．

【例 1–6】 计算行列式 $D_n=\begin{vmatrix} 0 & 1 & 0 & \cdots & 0 \\ 0 & 0 & 2 & \cdots & 0 \\ \vdots & \vdots & \vdots & & \vdots \\ 0 & 0 & 0 & \cdots & n-1 \\ n & 0 & 0 & \cdots & 0 \end{vmatrix}$.

【解】 $D_n=n\times(-1)^{n+1}\begin{vmatrix} 1 & 0 & \cdots & 0 \\ 0 & 2 & \cdots & 0 \\ \vdots & \vdots & & \vdots \\ 0 & 0 & \cdots & n-1 \end{vmatrix}=(-1)^{n+1}n\times1\times2\times\cdots\times(n-1)=(-1)^{n+1}n!$

【例 1–7】 证明 $\begin{vmatrix} a_{11} & a_{12} & 0 & 0 \\ a_{21} & a_{22} & 0 & 0 \\ c_{11} & c_{12} & b_{11} & b_{12} \\ c_{21} & c_{22} & b_{21} & b_{22} \end{vmatrix}=\begin{vmatrix} a_{11} & a_{12} \\ a_{21} & a_{22} \end{vmatrix}\begin{vmatrix} b_{11} & b_{12} \\ b_{21} & b_{22} \end{vmatrix}$.

证明：将等式左边行列式按第一行展开，得：

$$\begin{vmatrix} a_{11} & a_{12} & 0 & 0 \\ a_{21} & a_{22} & 0 & 0 \\ c_{11} & c_{12} & b_{11} & b_{12} \\ c_{21} & c_{22} & b_{21} & b_{22} \end{vmatrix} = a_{11}\times(-1)^{1+1}\begin{vmatrix} a_{22} & 0 & 0 \\ c_{12} & b_{11} & b_{12} \\ c_{22} & b_{21} & b_{22} \end{vmatrix} + a_{12}\times(-1)^{1+2}\begin{vmatrix} a_{21} & 0 & 0 \\ c_{11} & b_{11} & b_{12} \\ c_{21} & b_{21} & b_{22} \end{vmatrix}$$

$$= a_{11}a_{22}\times(-1)^{1+1}\begin{vmatrix} b_{11} & b_{12} \\ b_{21} & b_{22} \end{vmatrix} - a_{12}a_{21}\times(-1)^{1+1}\begin{vmatrix} b_{11} & b_{12} \\ b_{21} & b_{22} \end{vmatrix}$$

$$= (a_{11}a_{22}-a_{12}a_{21})\begin{vmatrix} b_{11} & b_{12} \\ b_{21} & b_{22} \end{vmatrix} = \begin{vmatrix} a_{11} & a_{12} \\ a_{21} & a_{22} \end{vmatrix}\begin{vmatrix} b_{11} & b_{12} \\ b_{21} & b_{22} \end{vmatrix}$$

与例 1-7 中左侧行列式具有相同元素排列特征的行列式常称为分块三角行列式，一般地，用数学归纳法可以证明分块三角行列式满足以下结果：

$$\begin{vmatrix} a_{11} & \cdots & a_{1s} & 0 & \cdots & 0 \\ \vdots & & \vdots & \vdots & & \vdots \\ a_{s1} & \cdots & a_{ss} & 0 & \cdots & 0 \\ c_{11} & \cdots & c_{1s} & b_{11} & \cdots & b_{1k} \\ \vdots & & \vdots & \vdots & & \vdots \\ c_{k1} & \cdots & c_{ks} & b_{k1} & \cdots & b_{kk} \end{vmatrix} = \begin{vmatrix} a_{11} & \cdots & a_{1s} \\ \vdots & & \vdots \\ a_{s1} & \cdots & a_{ss} \end{vmatrix}\begin{vmatrix} b_{11} & \cdots & b_{1k} \\ \vdots & & \vdots \\ b_{k1} & \cdots & b_{kk} \end{vmatrix}$$

选读——*n* 阶行列式的直接法定义

观察式（1-1）会发现，行列式的展开式是一些项的代数和，每一项的正负、元素都有一定规律，为了搞清楚这个规律，首先介绍排列和逆序数的概念．

定义 1.3　由 1，2，…，n 组成的一个有序数组称为一个 n 级全排列（简称“排列”）．

例如，123，132，213，231，312，321 都是 3 级排列．易证，n 级排列共有 $n!$ 个．对于自然数，规定由小到大的顺序是标准次序，$123\cdots n$ 称为标准排列．

定义 1.4　在一个排列中，当某两个数的先后次序与标准次序不同时，则称这两个数构成一个逆序．一个排列中逆序的总数称为这个排列的逆序数．逆序数为奇数的排列称为奇排列，逆序数为偶数的排列称为偶排列．

例如，在排列 321 中，32，31，21 均构成逆序，因此它的逆序数是 3，是一个奇排列．显然，标准排列的逆序数为 0，是偶排列．

【例 1-8】　求排列 32514 的逆序数，并判断奇偶性．

【解】　依次计算排列中每个元素前面比它大的元素的个数，可得：

3 排在首位，逆序数为 0；2 前面比 2 大的数是 3，逆序数为 1；5 前面没有比它大的数，逆序数为 0；1 前面比 1 大的数是 3，2，5，逆序数为 3；4 前面比 4 大的数是 5，逆序数为 1. 因此，排列的逆序数为 0+1+0+3+1=5，是奇排列．

观察二阶行列式的展开式 $a_{11}a_{22}-a_{12}a_{21}$，容易看出，二阶行列式等于所有不同行不同列的两个元素乘积的代数和．把两个元素的乘积记作 $a_{1p_1}a_{2p_2}$，作为 1、2 组成的排列，p_1p_2

可取12和21，共2！项．当行标组成标准排列时，偶排列12对应的项$a_{11}a_{22}$带正号，奇排列21对应的项$a_{12}a_{21}$带负号，用$t(p_1p_2)$表示排列p_1p_2的逆序数，则可用$(-1)^{t(p_1p_2)}$统一表示各项所带的正负号，因此二阶行列式

$$\begin{vmatrix} a_{11} & a_{12} \\ a_{21} & a_{22} \end{vmatrix} = \sum_{p_1p_2}(-1)^{t(p_1p_2)}a_{1p_1}a_{2p_2}$$

类似地，观察三阶行列式的展开式（1-1）可知，三阶行列式等于所有不同行不同列的3个元素乘积的代数和．把3个元素的乘积记作$a_{1p_1}a_{2p_2}a_{3p_3}$，作为1，2，3组成的排列，$p_1p_2p_3$可取123，132，213，231，312，321，共3！=6项．当行标组成标准排列时，偶排列123，231，312对应的项带正号，奇排列132，213，321对应的项带负号，用$t(p_1p_2p_3)$表示排列$p_1p_2p_3$的逆序数，则可用$(-1)^{t(p_1p_2p_3)}$统一表示各项所带的正负号，因此三阶行列式

$$\begin{vmatrix} a_{11} & a_{12} & a_{13} \\ a_{21} & a_{22} & a_{23} \\ a_{31} & a_{32} & a_{33} \end{vmatrix} = \sum_{p_1p_2p_3}(-1)^{t(p_1p_2p_3)}a_{1p_1}a_{2p_2}a_{3p_3}$$

仿照二、三阶行列式的结论，可得n阶行列式的直接法定义．

定义1.5 由n^2个数a_{ij}（$i, j=1, 2, \cdots, n$）确定的n阶行列式

$$D_n = \begin{vmatrix} a_{11} & a_{12} & \cdots & a_{1n} \\ a_{21} & a_{22} & \cdots & a_{2n} \\ \vdots & \vdots & & \vdots \\ a_{n1} & a_{n2} & \cdots & a_{nn} \end{vmatrix} = \sum_{p_1p_2\cdots p_n}(-1)^{t(p_1p_2\cdots p_n)}a_{1p_1}a_{2p_2}\cdots a_{np_n} \tag{1-6}$$

即n阶行列式等于对n！项取自不同行不同列的n个元素的乘积求代数和．其中，$p_1p_2\cdots p_n$是由1，2，…，n组成的n级排列，$t(p_1p_2\cdots p_n)$为这个排列的逆序数．

式（1-6）称为n阶行列式的展开式．利用直接法定义求行列式的值，需要计算n！项，且每项都是n个元素的乘积，如果行列式的阶数n较大或含有的0元素较少，则计算量相当大，因此该定义更多的是用于理论推导．

【例1-9】 写出四阶行列式中含有因子$a_{11}a_{23}$的项．

【解】 四阶行列式共有4！=24项，其中含有$a_{11}a_{23}$的项为$a_{11}a_{23}a_{3x}a_{4y}$，4级排列$13xy$只有1324和1342两种情况，逆序数分别为1和2，所以四阶行列式中含有因子$a_{11}a_{23}$的项是$-a_{11}a_{23}a_{32}a_{44}$和$a_{11}a_{23}a_{34}a_{42}$.

【例1-10】 函数$f(x) = \begin{vmatrix} x & 1 & 1 & 2 \\ 1 & x & 1 & -1 \\ 3 & 2 & x & 1 \\ 1 & 1 & 2x & 1 \end{vmatrix}$中$x^3$的系数是________．

分析： 本题无须计算行列式的值，找出$(-1)^{t(p_1p_2p_3p_4)}a_{1p_1}a_{2p_2}a_{3p_3}a_{4p_4}$中含有$x^3$的项即可．根据行列式$f(x)$中含$x$元素的位置，可得$a_{11}a_{22}a_{33}a_{44}=x^3$和$a_{11}a_{22}a_{34}a_{43}=-2x^3$，故$x^3$的系数是-1.

§1.2　行列式的性质

从理论上讲，利用行列式的定义可以计算出任意一个行列式的数值．但是，对于含 0 元素较少的高阶行列式，从定义出发直接计算是比较烦琐的．为了简化行列式的计算，本节将介绍行列式的一些基本性质．

将行列式 D 的行列互换得到新行列式，称为 D 的转置行列式，记为 D^{T}，即：

$$D=\begin{vmatrix} a_{11} & a_{12} & \cdots & a_{1n} \\ a_{21} & a_{22} & \cdots & a_{2n} \\ \vdots & \vdots & & \vdots \\ a_{n1} & a_{n2} & \cdots & a_{nn} \end{vmatrix},\quad D^{\mathrm{T}}=\begin{vmatrix} a_{11} & a_{21} & \cdots & a_{n1} \\ a_{12} & a_{22} & \cdots & a_{n2} \\ \vdots & \vdots & & \vdots \\ a_{1n} & a_{2n} & \cdots & a_{nn} \end{vmatrix}$$

性质 1　行列式与它的转置行列式相等，即 $D=D^{\mathrm{T}}$.

证明： 利用数学归纳法证明．当 $n=2$ 时，

$$D=\begin{vmatrix} a_{11} & a_{12} \\ a_{21} & a_{22} \end{vmatrix}=a_{11}a_{22}-a_{12}a_{21}=\begin{vmatrix} a_{11} & a_{21} \\ a_{12} & a_{22} \end{vmatrix}=D^{\mathrm{T}}$$

结论成立．假设 $n-1$ 阶行列式与它的转置行列式相等，记为

$$D^{\mathrm{T}}=\begin{vmatrix} a_{11} & a_{21} & \cdots & a_{n1} \\ a_{12} & a_{22} & \cdots & a_{n2} \\ \vdots & \vdots & & \vdots \\ a_{1n} & a_{2n} & \cdots & a_{nn} \end{vmatrix}=\begin{vmatrix} \widetilde{a}_{11} & \widetilde{a}_{12} & \cdots & \widetilde{a}_{1n} \\ \widetilde{a}_{21} & \widetilde{a}_{22} & \cdots & \widetilde{a}_{2n} \\ \vdots & \vdots & & \vdots \\ \widetilde{a}_{n1} & \widetilde{a}_{n2} & \cdots & \widetilde{a}_{nn} \end{vmatrix}$$

其中，$a_{ij}=\widetilde{a}_{ji}$，$i$，$j=1$，2，…，$n$. 将 n 阶行列式 D 按第一行展开可得：

$$\begin{aligned} D &= a_{11}A_{11}+a_{12}A_{12}+a_{13}A_{13}+\cdots+a_{1n}A_{1n} \\ &= a_{11}\times(-1)^{1+1}M_{11}+a_{12}\times(-1)^{1+2}M_{12}+a_{13}\times(-1)^{1+3}M_{13}+\cdots+a_{1n}\times(-1)^{1+n}M_{1n} \end{aligned}$$

将 n 阶行列式 D^{T} 按第一列展开可得：

$$\begin{aligned} D^{\mathrm{T}} &= \widetilde{a}_{11}\widetilde{a}_{11}+\widetilde{a}_{21}\widetilde{a}_{21}+\widetilde{a}_{31}\widetilde{a}_{31}+\cdots+\widetilde{a}_{n1}\widetilde{a}_{n1}=a_{11}\widetilde{a}_{11}+a_{12}\widetilde{a}_{21}+a_{13}\widetilde{a}_{31}+\cdots+a_{1n}\widetilde{a}_{n1} \\ &= a_{11}\times(-1)^{1+1}\widetilde{M}_{11}+a_{12}\times(-1)^{2+1}\widetilde{M}_{21}+a_{13}\times(-1)^{3+1}\widetilde{M}_{31}+\cdots+a_{1n}\times(-1)^{n+1}\widetilde{M}_{n1} \end{aligned}$$

在两个展开式中，$\widetilde{M}_{k1}$ 恰为 M_{1k} 的转置行列式，作为 $n-1$ 阶的余子式，由假设可知 $\widetilde{M}_{k1}=M_{1k}(k=1, 2, \cdots, n)$. 对比两展开式可得 $D=D^{\mathrm{T}}$，综上，结论成立．

性质 1 说明，行列式中行与列的地位是同等的，行列式中对行成立的性质对列同样成立，反之亦然．

性质 2　互换行列式的两行（列），新行列式与原行列式的值仅差一个负号．

对于二阶行列式可由定义直接验证：

$$\begin{vmatrix} a_{21} & a_{22} \\ a_{11} & a_{12} \end{vmatrix}=a_{21}a_{12}-a_{22}a_{11}=-\begin{vmatrix} a_{11} & a_{12} \\ a_{21} & a_{22} \end{vmatrix}$$

对于 n 阶行列式，可用数学归纳法结合递归法定义予以证明，此处从略．

此性质可简记为互换两行（列），行列式变号．本书中，以 r_i 表示行列式的第 i 行，c_i 表示行列式的第 i 列，互换 i，j 两行记作 $r_i \leftrightarrow r_j$，互换 i，j 两列记作 $c_i \leftrightarrow c_j$.

推论 1　若行列式有两行（列）完全相同，则此行列式等于零．

证明：互换相同的两行（列），有 $D=-D$，故 $D=0$.

性质 3　行列式的某一行（列）中所有元素都乘以同一个数 k，新行列式等于用数 k 乘以原行列式．

第 i 行（或列）乘以 k，记作 $r_i \times k$（或 $c_i \times k$）．

证明：假设 $D=\begin{vmatrix} a_{11} & a_{12} & \cdots & a_{1n} \\ \vdots & \vdots & & \vdots \\ a_{i1} & a_{i2} & \cdots & a_{in} \\ \vdots & \vdots & & \vdots \\ a_{n1} & a_{n2} & \cdots & a_{nn} \end{vmatrix}$，新行列式 $\widetilde{D}=\begin{vmatrix} a_{11} & a_{12} & \cdots & a_{1n} \\ \vdots & \vdots & & \vdots \\ ka_{i1} & ka_{i2} & \cdots & ka_{in} \\ \vdots & \vdots & & \vdots \\ a_{n1} & a_{n2} & \cdots & a_{nn} \end{vmatrix}$.

将两个行列式分别按第 i 行展开，注意到它们的第 i 行元素的代数余子式对应相同，于是得：

$$\widetilde{D}=ka_{i1}A_{i1}+ka_{i2}A_{i2}+\cdots+ka_{in}A_{in}=k(a_{i1}A_{i1}+a_{i2}A_{i2}+\cdots+a_{in}A_{in})=kD$$

在应用性质 3 计算原行列式 D 的值时，要注意保持等号成立，即 $D \xlongequal{r_i \times k} \frac{1}{k}\widetilde{D}$.

推论 2　行列式某一行（列）中所有元素的公因子可以提到行列式符号外面．

第 i 行（或列）提出公因子 k，记作 r_i/k(或 c_i/k).

性质 4　行列式中若有两行（列）元素对应成比例，则该行列式等于零．

利用推论 1 和推论 2，容易证明

$$\begin{array}{r} \\ \text{第 } i \text{ 行}\rightarrow \\ \\ \text{第 } j \text{ 行}\rightarrow \\ \\ \end{array}\begin{vmatrix} \vdots & \vdots & \vdots & \vdots \\ a_{i1} & a_{i2} & \cdots & a_{in} \\ \vdots & \vdots & & \vdots \\ ka_{j1} & ka_{j2} & \cdots & ka_{jn} \\ \vdots & \vdots & \vdots & \vdots \end{vmatrix} \xlongequal{r_j/k} k\begin{vmatrix} \vdots & \vdots & \vdots & \vdots \\ a_{i1} & a_{i2} & \cdots & a_{in} \\ \vdots & \vdots & & \vdots \\ a_{j1} & a_{j2} & \cdots & a_{jn} \\ \vdots & \vdots & \vdots & \vdots \end{vmatrix}=0$$

性质 5　行列式可以按某一行（列）拆分成以下两个行列式之和．

$$\text{第 } i \text{ 行}\rightarrow\begin{vmatrix} a_{11} & a_{12} & \cdots & a_{1n} \\ \vdots & \vdots & & \vdots \\ b_1+c_1 & b_2+c_2 & \cdots & b_n+c_n \\ \vdots & \vdots & & \vdots \\ a_{n1} & a_{n2} & \cdots & a_{nn} \end{vmatrix}=\begin{vmatrix} a_{11} & a_{12} & \cdots & a_{1n} \\ \vdots & \vdots & & \vdots \\ b_1 & b_2 & \cdots & b_n \\ \vdots & \vdots & & \vdots \\ a_{n1} & a_{n2} & \cdots & a_{nn} \end{vmatrix}+\begin{vmatrix} a_{11} & a_{12} & \cdots & a_{1n} \\ \vdots & \vdots & & \vdots \\ c_1 & c_2 & \cdots & c_n \\ \vdots & \vdots & & \vdots \\ a_{n1} & a_{n2} & \cdots & a_{nn} \end{vmatrix}$$

在拆分行列式时，只能拆开某一行（列）的元素，其他行（列）的元素不变．

证明：将等式中 3 个行列式分别按第 i 行展开，注意到它们的第 i 行元素的代数余子式对应相同，可得：

$$\begin{aligned} \text{左边} &= (b_1+c_1)A_{i1}+(b_2+c_2)A_{i2}+\cdots+(b_n+c_n)A_{in} \\ &= (b_1A_{i1}+b_2A_{i2}+\cdots+b_nA_{in})+(c_1A_{i1}+c_2A_{i2}+\cdots+c_nA_{in})=\text{右边} \end{aligned}$$

性质 6　把行列式某一行（列）元素的 k 倍加到另一行（列）的对应元素上去，行列式的值不变.

第 j 行（或列）的 k 倍加到第 i 行（或列），记作 r_i+kr_j（或 c_i+kc_j）.

证明： 假设 $D=\begin{vmatrix} a_{11} & a_{12} & \cdots & a_{1n} \\ \vdots & \vdots & & \vdots \\ a_{i1} & a_{i2} & \cdots & a_{in} \\ \vdots & \vdots & & \vdots \\ a_{n1} & a_{n2} & \cdots & a_{nn} \end{vmatrix}$，则新行列式

$$\widetilde{D}=\begin{vmatrix} \vdots & \vdots & & \vdots \\ a_{i1}+ka_{j1} & a_{i2}+ka_{j2} & \cdots & a_{in}+ka_{jn} \\ \vdots & \vdots & & \vdots \\ a_{j1} & a_{j2} & \cdots & a_{jn} \\ \vdots & \vdots & & \vdots \end{vmatrix}\begin{matrix} \\ \leftarrow 第\ i\ 行 \\ \\ \leftarrow 第\ j\ 行 \\ \\ \end{matrix}$$

依次由性质 5 和性质 4，可得：

$$\widetilde{D}=\begin{vmatrix} \vdots & \vdots & & \vdots \\ a_{i1} & a_{i2} & \cdots & a_{in} \\ \vdots & \vdots & & \vdots \\ a_{j1} & a_{j2} & \cdots & a_{jn} \\ \vdots & \vdots & & \vdots \end{vmatrix}+\begin{vmatrix} \vdots & \vdots & & \vdots \\ ka_{j1} & ka_{j2} & \cdots & ka_{jn} \\ \vdots & \vdots & & \vdots \\ a_{j1} & a_{j2} & \cdots & a_{jn} \\ \vdots & \vdots & & \vdots \end{vmatrix}=\begin{vmatrix} \vdots & \vdots & & \vdots \\ a_{i1} & a_{i2} & \cdots & a_{in} \\ \vdots & \vdots & & \vdots \\ a_{j1} & a_{j2} & \cdots & a_{jn} \\ \vdots & \vdots & & \vdots \end{vmatrix}=D$$

利用性质 6 可以把行列式中的某些非零元素化为 0，例如：

$$\begin{vmatrix} 1 & 3 & 2 \\ 2 & 4 & -1 \\ 0 & 1 & -4 \end{vmatrix}\xlongequal{r_2-2r_1}\begin{vmatrix} 1 & 3 & 2 \\ 0 & -2 & -5 \\ 0 & 1 & -4 \end{vmatrix}$$

在计算行列式的时候，通常会利用性质把行列式化为一个上（下）三角形行列式，然后利用“三角形行列式等于主对角线上元素乘积”这个结论求出行列式的值，这种计算行列式的方法称为化三角形法.

【例 1-11】　计算行列式 $D=\begin{vmatrix} 0 & -1 & -1 & 2 \\ 1 & -1 & 0 & 2 \\ -1 & 2 & -1 & 0 \\ 2 & 1 & 1 & 0 \end{vmatrix}$.

【解 1】

$$D\xlongequal{r_1\leftrightarrow r_2}-\begin{vmatrix} 1 & -1 & 0 & 2 \\ 0 & -1 & -1 & 2 \\ -1 & 2 & -1 & 0 \\ 2 & 1 & 1 & 0 \end{vmatrix}\xlongequal[r_4-2r_1]{r_3+r_1}-\begin{vmatrix} 1 & -1 & 0 & 2 \\ 0 & -1 & -1 & 2 \\ 0 & 1 & -1 & 2 \\ 0 & 3 & 1 & -4 \end{vmatrix}$$

$$\xlongequal[r_4+3r_2]{r_3+r_2}-\begin{vmatrix} 1 & -1 & 0 & 2 \\ 0 & -1 & -1 & 2 \\ 0 & 0 & -2 & 4 \\ 0 & 0 & -2 & 2 \end{vmatrix}\xlongequal{r_4-r_3}-\begin{vmatrix} 1 & -1 & 0 & 2 \\ 0 & -1 & -1 & 2 \\ 0 & 0 & -2 & 4 \\ 0 & 0 & 0 & -2 \end{vmatrix}=4$$

一般情况下，化三角形法中对性质 2 和性质 6 的应用较多．但是，对于不同的行列式，需要根据其元素特点选择适合的性质进行运算．

【例 1-12】 计算行列式 $D=\begin{vmatrix} -ab & ac & ae \\ bd & -2cd & de \\ bf & 2cf & -3ef \end{vmatrix}$.

分析：本题是以字母作元素的三阶行列式，用对角线法则、沙路法则等直接计算比较麻烦．由于 D 的每行、每列都存在公因子，可以先用推论 2 把行列式化简．

【解】

$$D\xlongequal[r_3/f]{\substack{r_1/a\\ r_2/d}}adf\begin{vmatrix} -b & c & e \\ b & -2c & e \\ b & 2c & -3e \end{vmatrix}\xlongequal[c_3/e]{\substack{c_1/b\\ c_2/c}}abcdef\begin{vmatrix} -1 & 1 & 1 \\ 1 & -2 & 1 \\ 1 & 2 & -3 \end{vmatrix}$$

$$\xlongequal[r_3+r_1]{r_2+r_1}abcdef\begin{vmatrix} -1 & 1 & 1 \\ 0 & -1 & 2 \\ 0 & 3 & -2 \end{vmatrix}$$

$$\xlongequal{r_3+3r_2}abcdef\begin{vmatrix} -1 & 1 & 1 \\ 0 & -1 & 2 \\ 0 & 0 & 4 \end{vmatrix}=4abcdef$$

【例 1-13】 计算行列式 $D_n=\begin{vmatrix} a & b & b & \cdots & b \\ b & a & b & \cdots & b \\ b & b & a & \cdots & b \\ \vdots & \vdots & \vdots & & \vdots \\ b & b & b & \cdots & a \end{vmatrix}$.

分析：这个行列式的特点是各行（列）元素的和是相同的，都是 $a+(n-1)b$. 可把其他列的元素同时加到第 1 列，提出公因子后再化三角形行列式．

【解】

$$D_n\xlongequal[c_1/[a+(n-1)b]]{c_1+c_2+\cdots+c_n}[a+(n-1)b]\begin{vmatrix} 1 & b & b & \cdots & b \\ 1 & a & b & \cdots & b \\ 1 & b & a & \cdots & b \\ \vdots & \vdots & \vdots & & \vdots \\ 1 & b & b & \cdots & a \end{vmatrix}$$

$$\xlongequal[i=2,3,\cdots,n]{r_i-r_1}[a+(n-1)b]\begin{vmatrix} 1 & b & b & \cdots & b \\ 0 & a-b & 0 & \cdots & 0 \\ 0 & 0 & a-b & \cdots & 0 \\ \vdots & \vdots & \vdots & & \vdots \\ 0 & 0 & 0 & \cdots & a-b \end{vmatrix}=[a+(n-1)b](a-b)^{n-1}$$

【例 1-14】 计算行列式 $D_n=\begin{vmatrix} 1 & 2 & 3 & \cdots & n \\ 2 & 1 & 0 & \cdots & 0 \\ 3 & 0 & 1 & \cdots & 0 \\ \vdots & \vdots & \vdots & & \vdots \\ n & 0 & 0 & \cdots & 1 \end{vmatrix}$.

分析：这个行列式中的 0 元素很多，非零元素中只有第 1 列不满足上三角形行列式的要求，利用这个特点，借助性质 6 中的 c_i+kc_j 运算可将其化为三角形．

【**解**】

$$D_n \xlongequal{c_1-2c_2} \begin{vmatrix} 1-2^2 & 2 & 3 & \cdots & n \\ 0 & 1 & 0 & \cdots & 0 \\ 3 & 0 & 1 & \cdots & 0 \\ \vdots & \vdots & \vdots & & \vdots \\ n & 0 & 0 & \cdots & 1 \end{vmatrix} \xlongequal{c_1-3c_3} \begin{vmatrix} 1-2^2-3^2 & 2 & 3 & \cdots & n \\ 0 & 1 & 0 & \cdots & 0 \\ 0 & 0 & 1 & \cdots & 0 \\ \vdots & \vdots & \vdots & & \vdots \\ n & 0 & 0 & \cdots & 1 \end{vmatrix}$$

$$\xlongequal[i=4,\ 5,\ \cdots,\ n]{c_1-ic_i} \begin{vmatrix} 1-\sum\limits_{i=2}^{n} i^2 & 2 & 3 & \cdots & n \\ 0 & 1 & 0 & \cdots & 0 \\ 0 & 0 & 1 & \cdots & 0 \\ \vdots & \vdots & \vdots & & \vdots \\ n & 0 & 0 & \cdots & 1 \end{vmatrix} = 1-\sum_{i=2}^{n} i^2$$

计算行列式属于综合性较强的题目，常会用到一些巧妙的方法，我们需要学会观察行列式的特点，然后针对其特点采取相应的方法以达到简化计算的目的．

【**例 1-15**】　行列式 $D=\begin{vmatrix} 1+a_1 & 2+a_1 & 3+a_1 \\ 1+a_2 & 2+a_2 & 3+a_2 \\ 1+a_3 & 2+a_3 & 3+a_3 \end{vmatrix}=$____________.

分析：利用 D 中元素特点，可得 $D \xlongequal{c_3-c_2} \begin{vmatrix} 1+a_1 & 2+a_1 & 1 \\ 1+a_2 & 2+a_2 & 1 \\ 1+a_3 & 2+a_3 & 1 \end{vmatrix} \xlongequal{c_2-c_1} \begin{vmatrix} 1+a_1 & 1 & 1 \\ 1+a_2 & 1 & 1 \\ 1+a_3 & 1 & 1 \end{vmatrix}=0.$

【**例 1-16**】　计算行列式 $D_n=\begin{vmatrix} 1+a_1 & 1 & 1 & \cdots & 1 \\ 1 & 1+a_2 & 1 & \cdots & 1 \\ 1 & 1 & 1+a_3 & \cdots & 1 \\ \vdots & \vdots & \vdots & & \vdots \\ 1 & 1 & 1 & \cdots & 1+a_n \end{vmatrix}$，其中 $a_1a_2\cdots a_n \neq 0.$

分析：由于主对角线上元素不同，本题并不具有例 1-13 中行列式的特点．考虑到 D_n 中数字 1 很多，可先利用性质 6 将行列式化出尽量多的 0，再设法化为三角形．

【**解**】

$$D_n \xlongequal[i=2,\ \cdots,\ n]{r_i-r_1} \begin{vmatrix} 1+a_1 & 0 & 0 & \cdots & 0 \\ -a_1 & a_2 & 0 & \cdots & 0 \\ -a_1 & 0 & a_3 & \cdots & 0 \\ \vdots & \vdots & \vdots & & \vdots \\ -a_1 & 0 & 0 & \cdots & a_n \end{vmatrix} \xlongequal[i=2,\ \cdots,\ n]{c_1+\frac{a_1}{a_i}c_i} \begin{vmatrix} 1+a_1+\frac{a_1}{a_2}+\cdots+\frac{a_1}{a_n} & 1 & 1 & \cdots & 1 \\ 0 & a_2 & 0 & \cdots & 0 \\ 0 & 0 & a_3 & \cdots & 0 \\ \vdots & \vdots & \vdots & & \vdots \\ 0 & 0 & 0 & \cdots & a_n \end{vmatrix}$$

$$=a_2\cdots a_n\left(1+a_1+\frac{a_1}{a_2}+\cdots+\frac{a_1}{a_n}\right)=a_1a_2\cdots a_n\left(1+\frac{1}{a_1}+\frac{1}{a_2}+\cdots+\frac{1}{a_n}\right)$$

§1.3 行列式按行（列）展开

一般来说，低阶行列式的计算会比高阶行列式的计算简便．在 1.1 节介绍过，利用行列式按行（列）展开定理可以把行列式表示为若干个低一阶的行列式．本节将进一步研究行列式的这类可以按某一行（列）展开降阶的性质，讨论其在行列式计算上的应用．

由定理 1.1 可知，在行列式的某行（列）元素均为非零数时，一个 n 阶行列式按该行（列）展开后，需要计算 n 个 $n-1$ 阶的代数余子式，计算量较大．为使计算更简便，在利用展开定理时，需要选择有较多零元素的行（列）展开．如果行列式的元素中没有零或零很少，则可借助行列式的性质 6 化出零元素．具体思路是：选定行列式的某行（列），利用性质将其化为仅含 1 个非零元素，然后按此行（列）展开变为 1 个低一阶的行列式，如此继续直到化为二阶行列式为止，将这种方法简称为造零降阶法．

【例 1-17】 承例 1-11.

【解 2】 由造零降阶法得：

$$D \xlongequal{r_2-r_1} \begin{vmatrix} 0 & -1 & -1 & 2 \\ 1 & 0 & 1 & 0 \\ -1 & 2 & -1 & 0 \\ 2 & 1 & 1 & 0 \end{vmatrix} \xlongequal{\text{按第四列展开}} 2\times(-1)^{1+4}\begin{vmatrix} 1 & 0 & 1 \\ -1 & 2 & -1 \\ 2 & 1 & 1 \end{vmatrix}$$

$$\xlongequal{c_3-c_1} -2\begin{vmatrix} 1 & 0 & 0 \\ -1 & 2 & 0 \\ 2 & 1 & -1 \end{vmatrix} = 4$$

由于降阶之后的行列式在书写和计算上都比高阶行列式方便，因此在计算具体阶数的行列式时，造零降阶法通常会比化三角形法简便．在具体计算行列式之前，注意观察所给行列式的元素特点，选择计算方便的行或列进行造零降阶．

【例 1-18】 计算行列式 $D_4=\begin{vmatrix} 4 & 1 & 2 & 4 \\ 1 & 2 & 0 & 2 \\ 10 & 5 & 3 & 0 \\ 0 & 2 & 2 & 14 \end{vmatrix}$.

【解】

$$D_4 \xlongequal[r_3-10r_2]{r_1-4r_2} \begin{vmatrix} 0 & -7 & 2 & -4 \\ 1 & 2 & 0 & 2 \\ 0 & -15 & 3 & -20 \\ 0 & 2 & 2 & 14 \end{vmatrix} \xlongequal{\text{按第一列展开}} -\begin{vmatrix} -7 & 2 & -4 \\ -15 & 3 & -20 \\ 2 & 2 & 14 \end{vmatrix}$$

$$\xlongequal[c_3-7c_1]{c_2-c_1} -\begin{vmatrix} -7 & 9 & 45 \\ -15 & 18 & 85 \\ 2 & 0 & 0 \end{vmatrix} \xlongequal{\text{按第三行展开}} -2\begin{vmatrix} 9 & 45 \\ 18 & 85 \end{vmatrix} = 90$$

【例 1-19】　计算行列式 $D_4=\begin{vmatrix}1&2&3&4\\2&3&4&1\\3&4&1&2\\4&1&2&3\end{vmatrix}$.

【解】　行列式 D_4的各行（列）元素之和相等，根据此特点化简后再造零降阶：

$$D_4\xlongequal[c_1/10]{c_1+c_2+c_3+c_4}10\begin{vmatrix}1&2&3&4\\1&3&4&1\\1&4&1&2\\1&1&2&3\end{vmatrix}\xlongequal[i=2,\ 3,\ 4]{r_i-r_1}10\begin{vmatrix}1&2&3&4\\0&1&1&-3\\0&2&-2&-2\\0&-1&-1&-1\end{vmatrix}$$

$$\xlongequal{\text{按第一列展开}}10\begin{vmatrix}1&1&-3\\2&-2&-2\\-1&-1&-1\end{vmatrix}\xlongequal{r_3+r_1}10\begin{vmatrix}1&1&-3\\2&-2&-2\\0&0&-4\end{vmatrix}$$

$$\xlongequal{\text{按第三行展开}}-40\begin{vmatrix}1&1\\2&-2\end{vmatrix}=160$$

对于高阶的 n 阶行列式，若一时无法找到简便算法，也可利用造零降阶的思路设法找到递推公式，最后由数学归纳法得出结论.

【例 1-20】　证明范德蒙德（Vandermonde）行列式.

$$V_n=\begin{vmatrix}1&1&1&\cdots&1\\x_1&x_2&x_3&\cdots&x_n\\x_1^2&x_2^2&x_3^2&\cdots&x_n^2\\\vdots&\vdots&\vdots&&\vdots\\x_1^{n-1}&x_2^{n-1}&x_3^{n-1}&\cdots&x_n^{n-1}\end{vmatrix}=\prod_{n\geqslant i>j\geqslant 1}(x_i-x_j)$$

其中，Π 表示所有满足条件 $n\geqslant i>j\geqslant 1$ 的因子（x_i-x_j）的乘积.

证明：用数学归纳法证明. 当 $n=2$ 时，

$$V_2=\begin{vmatrix}1&1\\x_1&x_2\end{vmatrix}=x_2-x_1=\prod_{2\geqslant i>j\geqslant 1}(x_i-x_j)$$

结论成立. 假设结论对 $n-1$ 阶范德蒙德行列式成立，下面证明结论对 V_n也成立.

$$V_n\xlongequal[\substack{\vdots\\ r_2-x_1r_1}]{\substack{r_n-x_1r_{n-1}\\ r_{n-1}-x_1r_{n-2}}}\begin{vmatrix}1&1&1&\cdots&1\\0&x_2-x_1&x_3-x_1&\cdots&x_n-x_1\\0&x_2^2-x_1x_2&x_3^2-x_1x_3&\cdots&x_n^2-x_1x_n\\\vdots&\vdots&\vdots&&\vdots\\0&x_2^{n-1}-x_1x_2^{n-2}&x_3^{n-1}-x_1x_3^{n-2}&\cdots&x_n^{n-1}-x_1x_n^{n-2}\end{vmatrix}$$

$$\xlongequal{\text{按第一列展开}}\begin{vmatrix}x_2-x_1&x_3-x_1&\cdots&x_n-x_1\\x_2(x_2-x_1)&x_3(x_3-x_1)&\cdots&x_n(x_n-x_1)\\\vdots&\vdots&&\vdots\\x_2^{n-2}(x_2-x_1)&x_3^{n-2}(x_3-x_1)&\cdots&x_n^{n-2}(x_n-x_1)\end{vmatrix}$$

$$\xlongequal[c_1/(x_n-x_1)]{\substack{c_1/(x_2-x_1)\\ c_2/(x_3-x_1)\\ \vdots}}(x_2-x_1)(x_3-x_1)\cdots(x_n-x_1)\begin{vmatrix} 1 & 1 & \cdots & 1 \\ x_2 & x_3 & \cdots & x_n \\ \vdots & \vdots & & \vdots \\ x_2^{n-2} & x_3^{n-2} & \cdots & x_n^{n-2} \end{vmatrix}$$

$$=(x_2-x_1)(x_3-x_1)\cdots(x_n-x_1)V_{n-1}$$

V_{n-1}是一个 $n-1$ 阶范德蒙德行列式，根据归纳假设可得：

$$V_n=(x_2-x_1)(x_3-x_1)\cdots(x_n-x_1)\cdot\prod_{n\geqslant i>j\geqslant 2}(x_i-x_j)=\prod_{n\geqslant i>j\geqslant 1}(x_i-x_j)$$

对于满足元素特点的范德蒙德行列式，可以利用本题结论直接计算．例如：

$$D=\begin{vmatrix} 1 & 1 & 1 & 1 \\ 1 & 2 & 3 & 4 \\ 1 & 2^2 & 3^2 & 4^2 \\ 1 & 2^3 & 3^3 & 4^3 \end{vmatrix}=(4-3)(4-2)(4-1)(3-2)(3-1)(2-1)=12$$

【例 1-21】 计算行列式 $D_{2n}=\begin{vmatrix} a & & & & & b \\ & \ddots & & & \iddots & \\ & & a & b & & \\ & & c & d & & \\ & \iddots & & & \ddots & \\ c & & & & & d \end{vmatrix}$，其中未写出的元素为 0.

【解】 由于 D_{2n}的第一行只有两个非零元素，可直接按此行展开得：

$$D_{2n}=a\times(-1)^{1+1}D'_{2n-1}+b\times(-1)^{1+2n}D''_{2n-1} \tag{1-7}$$

其中：

$$D'_{2n-1}=\begin{vmatrix} a & & & & & b & 0 \\ & \ddots & & & \iddots & & \\ & & a & b & & & \\ & & c & d & & & \\ & \iddots & & & \ddots & & \\ c & & & & & d & 0 \\ 0 & & & & & 0 & d \end{vmatrix}_{2n-1}=d\begin{vmatrix} a & & & & & b \\ & \ddots & & & \iddots & \\ & & a & b & & \\ & & c & d & & \\ & \iddots & & & \ddots & \\ c & & & & & d \end{vmatrix}_{2n-2}=dD_{2(n-1)}$$

$$D''_{2n-1}=\begin{vmatrix} 0 & a & & & & & b \\ & & \ddots & & & \iddots & \\ & & & a & b & & \\ & & & c & d & & \\ & & \iddots & & & \ddots & \\ 0 & c & & & & & d \\ c & 0 & & & & & 0 \end{vmatrix}_{2n-1}=c\begin{vmatrix} a & & & & & b \\ & \ddots & & & \iddots & \\ & & a & b & & \\ & & c & d & & \\ & \iddots & & & \ddots & \\ c & & & & & d \end{vmatrix}_{2n-2}=cD_{2(n-1)}$$

代回式（1-7），则有 $D_{2n}=(ad-bc)D_{2(n-1)}$，以此作递推公式，即得：

$$D_{2n}=(ad-bc)^2D_{2(n-2)}=\cdots=(ad-bc)^{n-1}D_2=(ad-bc)^n$$

最后，由行列式按行列展开定理推导行列式的另一个重要性质．n 阶行列式 D_n 按第 i 行的展开式为：

$$D_n=a_{i1}A_{i1}+a_{i2}A_{i2}+\cdots+a_{in}A_{in}$$

由于代数余子式 $A_{ik}(k=1, 2, \cdots, n)$ 都是划去 D_n 的第 i 行后计算而得，所以当把 D_n 中的第 i 行元素依次替换为 b_1，b_2，…，b_n 时，有

$$\widetilde{D}_n=\begin{vmatrix} a_{11} & \cdots & a_{1n} \\ \vdots & & \vdots \\ a_{i-1,1} & \cdots & a_{i-1,n} \\ b_1 & \cdots & b_n \\ a_{i+1,1} & \cdots & a_{i+1,n} \\ \vdots & & \vdots \\ a_{n1} & \cdots & a_{nn} \end{vmatrix}=b_1A_{i1}+b_2A_{i2}+\cdots+b_nA_{in} \tag{1-8}$$

这里 $\widetilde{D}_n$ 除第 i 行外其余元素均与 D_n 相同．特别地，若将 $\widetilde{D}_n$ 中第 i 行的 b_1，b_2，…，b_n 依次取为 D_n 的第 j 行（$i\neq j$）各元素，此时 $\widetilde{D}_n$ 中第 i 行与第 j 行的两行元素相同，由推论 1 得 $\widetilde{D}_n=0$，从而有：

$$a_{j1}A_{i1}+a_{j2}A_{i2}+\cdots+a_{jn}A_{in}=0 \quad (i\neq j) \tag{1-9}$$

由行列式的性质 1，对列有类似的结果：

$$a_{1j}A_{1i}+a_{2j}A_{2i}+\cdots+a_{nj}A_{ni}=0 \quad (i\neq j) \tag{1-10}$$

综合定理 1.1 及式（1-9）、式（1-10），可得行列式中关于代数余子式的重要性质：

性质 7　① 行列式中任一行（列）的元素与其对应的代数余子式的乘积之和等于该行列式的值；② 行列式中某一行（列）的元素与另一行（列）的对应元素的代数余子式的乘积之和等于零．

【例 1-22】　已知四阶行列式 $D_4=11$，第三行元素依次是 2，-1，m，5，它们的余子式的值依次是 3，9，-3，-1，则 $m=$________．

分析： 第三行元素的代数余子式的值依次是 3，-9，-3，1，由性质 7 有

$$D_4=2\times3+(-1)\times(-9)+m\times(-3)+5\times1=11$$

解方程即得 $m=3$.

【例 1-23】　已知 $D=\begin{vmatrix} 2 & 1 & -1 & 3 \\ 1 & -1 & 5 & -1 \\ -1 & 3 & 1 & 1 \\ 3 & 5 & 2 & -1 \end{vmatrix}$，求 $A_{41}-A_{42}+A_{43}-A_{44}$，其中 A_{ij} 为元素 a_{ij} 的代数余子式．

分析： 本题若先求出 $A_{41}-A_{42}+A_{43}-A_{44}$ 中的代数余子式再计算结果，计算量偏大．可以借助式（1-8）的结论，通过构造一个新的行列式来计算．

【解】　$A_{41}-A_{42}+A_{43}-A_{44}$ 等于用 1，-1，1，-1 代替 D 的第四行所得的行列式，即

$$A_{41}-A_{42}+A_{43}-A_{44}=\begin{vmatrix}2&1&-1&3\\1&-1&5&-1\\-1&3&1&1\\1&-1&1&-1\end{vmatrix}\xlongequal{r_4-r_2}\begin{vmatrix}2&1&-1&3\\1&-1&5&-1\\-1&3&1&1\\0&0&-4&0\end{vmatrix}$$

$$=4\begin{vmatrix}2&1&3\\1&-1&-1\\-1&3&1\end{vmatrix}\xlongequal{r_2+r_3}4\begin{vmatrix}2&1&3\\0&2&0\\-1&3&1\end{vmatrix}=8\begin{vmatrix}2&3\\-1&1\end{vmatrix}=40$$

习　题　1

基础题

1. (1) $\begin{vmatrix}\sin x&-\cos x\\\cos x&\sin x\end{vmatrix}=$________.　　(2) $\begin{vmatrix}2&1&0\\3&4&-1\\1&0&2\end{vmatrix}=$________.

2. 已知 $\begin{vmatrix}1&x&2\\x&4&-1\\1&-2&1\end{vmatrix}=0$，则 $x=$________.

A. $x=-3$　　B. $x=-2$　　C. $x=-3$ 或 2　　D. $x=-3$ 或 -2

3. 行列式 $\begin{vmatrix}0&a&b&0\\a&0&0&b\\0&c&d&0\\c&0&0&d\end{vmatrix}=$________.

A. $(ad-bc)^2$　　B. $-(ad-bc)^2$　　C. $a^2d^2-b^2c^2$　　D. $b^2c^2-a^2d^2$

4. 证明次三角形行列式（其中未写出的元素为0）

$$\begin{vmatrix}a_{11}&\cdots&a_{1,n-1}&a_{1n}\\a_{21}&\cdots&a_{2,n-1}&\\\vdots&\iddots&&\\a_{n1}&&&\end{vmatrix}=\begin{vmatrix}&&&a_{1n}\\&&a_{2,n-1}&a_{2n}\\&\iddots&\vdots&\vdots\\a_{n1}&\cdots&a_{n,n-1}&a_{nn}\end{vmatrix}=(-1)^{\frac{n(n-1)}{2}}a_{1n}a_{2,n-1}\cdots a_{nn}$$

5. 已知 $\begin{vmatrix}a_{11}&a_{12}&a_{13}\\a_{21}&a_{22}&a_{23}\\a_{31}&a_{32}&a_{33}\end{vmatrix}=2$，则 $\begin{vmatrix}2a_{21}&2a_{22}&2a_{23}\\a_{11}&a_{12}&a_{13}\\a_{31}-3a_{11}&a_{32}-3a_{12}&a_{33}-3a_{13}\end{vmatrix}=$________.

6. (1) $\begin{vmatrix}0&1&1&1\\1&0&1&1\\1&1&0&1\\1&1&1&0\end{vmatrix}=$________.　　(2) $\begin{vmatrix}1&1&1&1\\1&1&0&0\\1&0&1&0\\1&0&0&1\end{vmatrix}=$________.

7. 已知四阶行列式 D_4 的第二行元素依次为−1，2，−4，1，第三行元素的代数余子式的值依次是 3，7，x，5，则 $x=$________.

8. 计算下列行列式.

(1) $\begin{vmatrix} 3 & 1 & 2 & 6 \\ 1 & 2 & 0 & 3 \\ 4 & 0 & 8 & 7 \\ 2 & 6 & 5 & 7 \end{vmatrix}$　　(2) $\begin{vmatrix} -2 & 1 & 3 & 1 \\ 1 & 0 & -1 & 2 \\ 1 & 3 & 4 & -2 \\ 0 & 1 & 0 & -1 \end{vmatrix}$

9. 已知 $D=\begin{vmatrix} 3 & 2 & 5 & -1 \\ -6 & 0 & 3 & 4 \\ 5 & 1 & 2 & -2 \\ 2 & 3 & 1 & -6 \end{vmatrix}$，求 $A_{11}+A_{21}+A_{31}+A_{41}$，其中 A_{ij} 为元素 a_{ij} 的代数余子式.

10. 行列式 $\begin{vmatrix} 1 & 1 & 1 \\ a & b & c \\ a^2 & b^2 & c^2 \end{vmatrix}=$________.

A. $a^2c+b^2a+c^2b$　　B. $(a-b)(b-c)(c-a)$

C. $(a-b)(a-c)(b-c)$　　D. $(a-1)(b-1)(c-1)$

11. 四阶行列式 $\begin{vmatrix} a_1 & 0 & 0 & b_1 \\ 0 & a_2 & b_2 & 0 \\ 0 & b_3 & a_3 & 0 \\ b_4 & 0 & 0 & a_4 \end{vmatrix}=$________.

A. $a_1a_2a_3a_4-b_1b_2b_3b_4$　　B. $a_1a_2a_3a_4+b_1b_2b_3b_4$

C. $(a_1a_2-b_1b_2)(a_3a_4-b_3b_4)$　　D. $(a_2a_3-b_2b_3)(a_1a_4-b_1b_4)$

12. n 阶行列式 $D_n=\begin{vmatrix} a & 0 & \cdots & 0 & 1 \\ 0 & a & \cdots & 0 & 0 \\ \vdots & \vdots & & \vdots & \vdots \\ 0 & 0 & \cdots & a & 0 \\ 1 & 0 & \cdots & & a \end{vmatrix}=$________.

A. a^n-1　　B. a^n+1

C. $a^{n-2}(a^2-1)$　　D. $a^{n-2}(a^2+1)$

13. 计算 n 阶行列式 $D_n=\begin{vmatrix} x & 1 & \cdots & 1 \\ 1 & x & \cdots & 1 \\ \vdots & \vdots & & \vdots \\ 1 & 1 & \cdots & x \end{vmatrix}$.

14. 已知 $D_n=\begin{vmatrix} 1 & 2 & 3 & \cdots & n \\ 1 & 2 & 0 & \cdots & 0 \\ 1 & 0 & 3 & \cdots & 0 \\ \vdots & \vdots & \vdots & & \vdots \\ 1 & 0 & 0 & \cdots & n \end{vmatrix}$，求第一行各元素的代数余子式之和.

综合题

15. 如果行列式 D 的每一行元素之和均为零，则 $D=$________.

16. 多项式 $f(x)=\begin{vmatrix} 2 & x & 3 & x \\ 3 & 4 & 2x & 3 \\ 1 & x & 5 & 1 \\ 5x & 2 & x & 4 \end{vmatrix}$ 中 x^4 的系数是________.

17. 已知 $\begin{vmatrix} a & b & c \\ 1 & -2 & 3 \\ 4 & 1 & 0 \end{vmatrix}=5$，则 $\begin{vmatrix} 1 & a+2 & 4 \\ -2 & b+5 & 1 \\ 3 & c-6 & 0 \end{vmatrix}=$________.

A. 0　　B. 5　　C. -5　　D. 10

18. 行列式 $\begin{vmatrix} \lambda & -1 & 0 & 0 \\ 0 & \lambda & -1 & 0 \\ 0 & 0 & \lambda & -1 \\ 4 & 3 & 2 & \lambda+1 \end{vmatrix}=$__________.

19. 计算下列行列式.

(1) $\begin{vmatrix} 1 & 1 & 1 & 1 \\ 2 & 1 & 2^2 & 2^3 \\ 3 & 1 & 3^2 & 3^3 \\ 4 & 1 & 4^2 & 4^3 \end{vmatrix}$　　(2) $\begin{vmatrix} a^2 & (a+1)^2 & (a+2)^2 & (a+3)^2 \\ b^2 & (b+1)^2 & (b+2)^2 & (b+3)^2 \\ c^2 & (c+1)^2 & (c+2)^2 & (c+3)^2 \\ d^2 & (d+1)^2 & (d+2)^2 & (d+3)^2 \end{vmatrix}$

20. 计算下列 n 阶行列式.

(1) $D_n=\begin{vmatrix} a_1-b & a_2 & a_3 & \cdots & a_n \\ a_1 & a_2-b & a_3 & \cdots & a_n \\ a_1 & a_2 & a_3-b & \cdots & a_n \\ \vdots & \vdots & \vdots & & \vdots \\ a_1 & a_2 & a_3 & \cdots & a_n-b \end{vmatrix}$　　(2) $D_n=\begin{vmatrix} 1 & 2 & 3 & \cdots & n \\ 2 & 3 & 4 & \cdots & 1 \\ 3 & 4 & 5 & \cdots & 2 \\ \vdots & \vdots & \vdots & & \vdots \\ n & 1 & 2 & \cdots & n-1 \end{vmatrix}$

应用举例

因式分解是解决初等数学问题的有力工具之一，它的方法灵活，提公因式法、运用公式法、分组分解法等常用方法通常适用于一些符合各自特点的多项式．利用行列式也可对某些多项式进行因式分解，其中比较简单的一类方法是借助二阶行列式的展开式．这类方法的技巧性较强，重点在于构造二阶行列式，然后利用行列式性质进行运算以得到公因式．

【例 1】　分解 $f(x)=x^3+x^2-x+2$.

【解】　$f(x)=x^2(x+1)-(x-2)$

$$
=\begin{vmatrix} x^2 & x-2 \\ 1 & x+1 \end{vmatrix} \xlongequal{c_2+c_1} \begin{vmatrix} x^2 & x^2+x-2 \\ 1 & x+2 \end{vmatrix}
$$

$$
=\begin{vmatrix} x^2 & (x+2)(x-1) \\ 1 & x+2 \end{vmatrix} = (x+2)\begin{vmatrix} x^2 & (x-1) \\ 1 & 1 \end{vmatrix}
$$

$$
=(x+2)(x^2-x+1)
$$

【例 2】　分解因式 $x^2+xy-2y^2+2x+7y-3$.

【解】　原式 $=(x+2y)(x-y)-(-1)(2x+7y-3)$

$$
=\begin{vmatrix} x+2y & 2x+7y-3 \\ -1 & x-y \end{vmatrix} \xlongequal{r_1+r_2} \begin{vmatrix} x+2y-1 & 3x+6y-3 \\ -1 & x-y \end{vmatrix}
$$

$$
=(x+2y-1)\begin{vmatrix} 1 & 3 \\ -1 & x-y \end{vmatrix} = (x+2y-1)(x-y+3)
$$

第2章 矩阵

矩阵是现代数学中的一个重要内容，是代数学的主要研究对象，也是解决线性问题的有力工具．矩阵可以把所研究的问题简化为易于理解和分析的形式，在数学研究、计算机科学、工程技术、经济管理等领域都有重要应用．本章主要介绍矩阵的概念、运算、逆矩阵、初等变换与矩阵的秩等基本概念及理论．

§2.1 矩阵的定义

2.1.1 矩阵的概念

矩阵概念是从实际问题中抽象而来的，通常用于表示成行成列排布的数据．

【例2-1】 调料公司经常用红辣椒、姜黄、胡椒、欧莳萝、大蒜粉、盐、丁香油这7种成分来配制多种调味品，表2-1列出了6种代号分别为A、B、C、D、E、F的调味品每包所需各成分的量．

表2-1 调味品每包所需各成分的量 单位：盎司

成分	A	B	C	D	E	F
红辣椒	3	1.5	4.5	7.5	9	4.5
姜黄	2	4	4	8	1	6
胡椒	1	2	2	4	2	3
欧莳萝	1	2	2	4	1	3
大蒜粉	0.5	1	1	2	2	1.5
盐	0.5	1	1	2	2	1.5
丁香油	0.25	0.5	0.5	2	1	0.75

如果将表格中的数据取出，保持原来的次序排列，就可以把表格简化为一个7行6列的矩形数表：

$$\begin{pmatrix} 3 & 1.5 & 4.5 & 7.5 & 9 & 4.5 \\ 2 & 4 & 4 & 8 & 1 & 6 \\ 1 & 2 & 2 & 4 & 2 & 3 \\ 1 & 2 & 2 & 4 & 1 & 3 \\ 0.5 & 1 & 1 & 2 & 2 & 1.5 \\ 0.5 & 1 & 1 & 2 & 2 & 1.5 \\ 0.25 & 0.5 & 0.5 & 2 & 1 & 0.75 \end{pmatrix}$$

其中,每个数字都有确切的含义,不能随意变动．为表明这些数据是一个整体,常用一对圆括号(或方括号)将矩形数表括起来．

【例 2-2】 某航空公司在 4 个城市间的单向航线如图 2-1 所示,其中若从 i 市到 j 市有航线,则用带箭头的线从 i 连接到 j. 若用 1 表示某地到某地有 1 条单向航线,用 0 表示没有航线,则可用简化的数表 $\boldsymbol{A}$ 表示为:

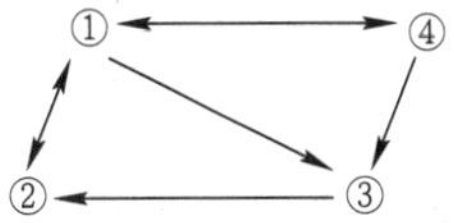

图 2-1　单向航线

$$\boldsymbol{A}=\begin{pmatrix} 0 & 1 & 1 & 1 \\ 1 & 0 & 0 & 0 \\ 0 & 1 & 0 & 0 \\ 1 & 0 & 1 & 0 \end{pmatrix}$$

该数表反映了 4 个城市之间的航线情况．这种简洁明了的数表就是矩阵．

定义 2.1　由 $m\times n$ 个数 $a_{ij}(i=1, 2, \cdots, m; j=1, 2, \cdots, n)$ 按一定顺序排成的 m 行 n 列的矩形数表

$$\begin{pmatrix} a_{11} & a_{12} & \cdots & a_{1n} \\ a_{21} & a_{22} & \cdots & a_{2n} \\ \vdots & \vdots & & \vdots \\ a_{m1} & a_{m2} & \cdots & a_{mn} \end{pmatrix}$$

称为 m 行 n 列矩阵，简称 $m\times n$ 矩阵，数 a_{ij} 称为矩阵的第 i 行第 j 列的元素．一般用大写英文字母 $\boldsymbol{A}$、$\boldsymbol{B}$、$\boldsymbol{C}$ 等表示矩阵，有时会用 $\boldsymbol{A}_{m\times n}$ 或 $\boldsymbol{A}=(a_{ij})$ 标明一个矩阵的行列数或元素．

元素全是实数的矩阵称为实矩阵，元素有复数的矩阵称为复矩阵. 本书所讨论矩阵均为实矩阵.

在 $m\times n$ 矩阵 $\boldsymbol{A}$ 中，当 $m=1$ 时，矩阵只有一行，为避免元素间的混淆，记作

$$\boldsymbol{A}=(a_1, a_2, \cdots, a_n)$$

称为行矩阵，又称行向量．

当 $n=1$ 时，矩阵只有一列，即

$$\boldsymbol{A}=\begin{pmatrix} a_1 \\ a_2 \\ \vdots \\ a_n \end{pmatrix}$$

称为列矩阵，又称列向量．

当 $m=n$ 时，矩阵 $\boldsymbol{A}$ 称为 n 阶方阵或 n 阶矩阵，可记作 $\boldsymbol{A}_n$. 当 $m=n=1$ 时，矩阵 $\boldsymbol{A}=$

(a) 为 1 阶方阵，此时矩阵 $\boldsymbol{A}$ 可看作与普通的数 a 相同，即 $\boldsymbol{A}=a$.

所有元素都是零的矩阵称为零矩阵，记作 $\boldsymbol{0}_{m\times n}$ 或 $\boldsymbol{0}$. 例如：

$$\boldsymbol{0}_{2\times3}=\begin{pmatrix}0&0&0\\0&0&0\end{pmatrix},\ \boldsymbol{0}_{3\times4}=\begin{pmatrix}0&0&0&0\\0&0&0&0\\0&0&0&0\end{pmatrix}$$

显然，这两个零矩阵是不相同的.

当两个矩阵的行数相等、列数也相等时，称它们是同型矩阵. 如果 $\boldsymbol{A}=(a_{ij})$ 与 $\boldsymbol{B}=(b_{ij})$ 是同型矩阵，并且对应元素都相等，即 $a_{ij}=b_{ij}$ ($i=1$, …, m; $j=1$, …, n)，则称矩阵 $\boldsymbol{A}$ 与矩阵 $\boldsymbol{B}$ 相等，记作 $\boldsymbol{A}=\boldsymbol{B}$.

【例 2-3】 已知 $\begin{pmatrix}4&2&3\\x-y&1&0\end{pmatrix}=\begin{pmatrix}4&2&x+y\\2&1&0\end{pmatrix}$，则 $x=$________，$y=$________.

分析：利用矩阵相等的概念，易得 $\begin{cases}x+y=3\\x-y=2\end{cases}$，解得 $x=\dfrac{5}{2}$，$y=\dfrac{1}{2}$.

2.1.2 几种特殊方阵

方阵在矩阵理论中占有重要的地位，下面介绍几种常见的特殊方阵.

1. 对角矩阵

在 n 阶方阵中，从左上角到右下角的对角线称为主对角线. 主对角线以外的元素都是零的方阵称为对角矩阵，简称对角阵，形如：

$$\boldsymbol{\Lambda}=\begin{pmatrix}\lambda_1&0&\cdots&0\\0&\lambda_2&\cdots&0\\\vdots&\vdots&\ddots&\vdots\\0&0&\cdots&\lambda_n\end{pmatrix}$$

对角阵也记作 $\boldsymbol{\Lambda}=\mathrm{diag}(\lambda_1, \lambda_2, \cdots, \lambda_n)$.

2. 数量矩阵

主对角线上的元素都相同的对角矩阵称为数量矩阵，简称纯量阵，形如：

$$\boldsymbol{K}=\begin{pmatrix}k&0&\cdots&0\\0&k&\cdots&0\\\vdots&\vdots&\ddots&\vdots\\0&0&\cdots&k\end{pmatrix}$$

3. 单位矩阵

主对角线上的元素都是 1 的 n 阶对角矩阵称为 n 阶单位矩阵，简称单位阵，记作 $\boldsymbol{E}_n$，简记为 $\boldsymbol{E}$，即：

$$\boldsymbol{E}=\begin{pmatrix}1&0&\cdots&0\\0&1&\cdots&0\\\vdots&\vdots&\ddots&\vdots\\0&0&\cdots&1\end{pmatrix}$$

4. 对称矩阵

若 n 阶方阵 $\boldsymbol{A}$ 的元素满足 $a_{ij}=a_{ji}(i, j=1, 2, \cdots, n)$，则称 $\boldsymbol{A}$ 为 n 阶对称矩阵，简称

对称阵．对称矩阵的特点是元素以主对角线为对称轴对应相等．例如：

$$\begin{pmatrix} 1 & 0 & 0 & 0 \\ 0 & 2 & 0 & 0 \\ 0 & 0 & 3 & 0 \\ 0 & 0 & 0 & 4 \end{pmatrix},\ \begin{pmatrix} 1 & 4 & -2 \\ 4 & 5 & 3 \\ -2 & 3 & -1 \end{pmatrix}$$

显然对角矩阵都是对称矩阵，但反之不一定．

5. 反对称矩阵

若 n 阶方阵 $\boldsymbol{A}$ 的元素满足 $a_{ii}=0$，$a_{ij}=-a_{ji}(i,\ j=1,\ 2,\ \cdots,\ n,\ i\neq j)$，则称 $\boldsymbol{A}$ 为 n 阶反对称矩阵，简称反对称阵．例如：

$$\begin{pmatrix} 0 & 1 & -3 \\ -1 & 0 & 9 \\ 3 & -9 & 0 \end{pmatrix}$$

其特点是主对角线上的元素均为 0，其他元素以主对角线为对称轴互为相反数．

选读——矩阵理论的发展简史

在我国的古籍《九章算术》一书中，对矩阵早已有所描述，只是没有将它作为一个独立的概念加以研究，没能形成独立的矩阵理论．

根据世界数学发展史记载，矩阵概念产生于 19 世纪 50 年代．1850 年，英国数学家西尔维斯特（Sylvester）在研究方程与未知数的个数不相同的线性方程组时，由于无法使用行列式，首次提出了“矩阵”的说法．

1855 年，英国数学家凯莱（Cayley）在研究线性变换下的不变量时，为了简洁、方便，引入了矩阵的概念．1858 年，凯莱在《矩阵论的研究报告》中系统地阐述了关于矩阵的理论．文中定义了矩阵相等、矩阵的运算法则、矩阵的转置及矩阵的逆等一系列基本概念．由于凯莱首先把矩阵作为一个独立的数学概念提出，并发表了一系列相关文章，一般被公认为矩阵论的创立者．

1855 年，埃米特（Hermite）证明了某些矩阵类的特征值性质．后来，克莱伯施（Clebsch）等证明了对称矩阵的特征值性质．泰伯（Taber）引入矩阵的迹的概念并给出了一些有关结论．1878 年，德国数学家弗罗伯纽斯（Frobenius）引入了矩阵的秩、不变因子和初等因子、正交矩阵、相似变换等概念．1854 年，约当（Jordan）研究了矩阵化标准型的问题．1892 年，梅茨勒（Metzler）引进了矩阵的超越函数概念并将其写成矩阵的幂级数形式．

矩阵的理论发展非常迅速．到 19 世纪末，矩阵理论体系已基本形成．到 20 世纪，随着现代电子计算机的出现，矩阵理论得到了进一步的发展．目前，矩阵及其理论已广泛应用于现代科技的各个领域．

§2.2 矩阵的运算

运算是由已知量的可能组合获得新的量的一种方法．矩阵的运算与数的运算有较大区别，本节主要介绍矩阵的加法、矩阵的数乘、矩阵的乘法、矩阵的转置及方阵的行列式等运算．

2.2.1 矩阵的加法

定义 2.2 两个 $m\times n$ 矩阵 $\boldsymbol{A}=(a_{ij})$ 和 $\boldsymbol{B}=(b_{ij})$ 的和记作 $\boldsymbol{A}+\boldsymbol{B}$，规定为：

$$\boldsymbol{A}+\boldsymbol{B}=\begin{pmatrix} a_{11}+b_{11} & a_{12}+b_{12} & \cdots & a_{1n}+b_{1n} \\ a_{21}+b_{21} & a_{22}+b_{22} & \cdots & a_{2n}+b_{2n} \\ \vdots & \vdots & & \vdots \\ a_{m1}+b_{m1} & a_{m2}+b_{m2} & \cdots & a_{mn}+b_{mn} \end{pmatrix}$$

由定义可知，矩阵的加法可归结为同型矩阵、对应元素相加．不难验证矩阵的加法满足下列运算规律（设 $\boldsymbol{A}$，$\boldsymbol{B}$，$\boldsymbol{C}$ 是 $m\times n$ 矩阵，$\boldsymbol{0}$ 为 $m\times n$ 零矩阵）：

① 交换律 $\boldsymbol{A}+\boldsymbol{B}=\boldsymbol{B}+\boldsymbol{A}$；

② 结合律 $(\boldsymbol{A}+\boldsymbol{B})+\boldsymbol{C}=\boldsymbol{A}+(\boldsymbol{B}+\boldsymbol{C})$；

③ $\boldsymbol{A}+\boldsymbol{0}=\boldsymbol{0}+\boldsymbol{A}=\boldsymbol{A}$.

设矩阵 $\boldsymbol{A}=(a_{ij})$，记 $-\boldsymbol{A}=(-a_{ij})$，$-\boldsymbol{A}$ 称为矩阵 $\boldsymbol{A}$ 的负矩阵，显然：

$$\boldsymbol{A}+(-\boldsymbol{A})=\boldsymbol{0}$$

由此规定矩阵的减法为：

$$\boldsymbol{A}-\boldsymbol{B}=\boldsymbol{A}+(-\boldsymbol{B})$$

【例 2-4】 设矩阵 $\boldsymbol{A}=\begin{pmatrix} 12 & 3 & -5 \\ 1 & -9 & 0 \\ 3 & 6 & 8 \end{pmatrix}$，$\boldsymbol{B}=\begin{pmatrix} 1 & 8 & 9 \\ 6 & 5 & 4 \\ 3 & 2 & 1 \end{pmatrix}$，求 $\boldsymbol{A}+\boldsymbol{B}$ 和 $\boldsymbol{A}-\boldsymbol{B}$.

【解】 矩阵 $\boldsymbol{A}$ 与 $\boldsymbol{B}$ 是同型矩阵，有：

$$\boldsymbol{A}+\boldsymbol{B}=\begin{pmatrix} 12+1 & 3+8 & -5+9 \\ 1+6 & -9+5 & 0+4 \\ 3+3 & 6+2 & 8+1 \end{pmatrix}=\begin{pmatrix} 13 & 11 & 4 \\ 7 & -4 & 4 \\ 6 & 8 & 9 \end{pmatrix}$$

$$\boldsymbol{A}-\boldsymbol{B}=\begin{pmatrix} 12-1 & 3-8 & -5-9 \\ 1-6 & -9-5 & 0-4 \\ 3-3 & 6-2 & 8-1 \end{pmatrix}=\begin{pmatrix} 11 & -5 & -14 \\ -5 & -14 & -4 \\ 0 & 4 & 7 \end{pmatrix}$$

2.2.2 矩阵的数乘

定义 2.3 数 λ 与矩阵 $\boldsymbol{A}$ 的乘积记作 $\lambda\boldsymbol{A}$ 或 $\boldsymbol{A}\lambda$，规定为：

$$\lambda\boldsymbol{A}=\boldsymbol{A}\lambda=\begin{pmatrix} \lambda a_{11} & \lambda a_{12} & \cdots & \lambda a_{1n} \\ \lambda a_{21} & \lambda a_{22} & \cdots & \lambda a_{2n} \\ \vdots & \vdots & & \vdots \\ \lambda a_{n1} & \lambda a_{n2} & \cdots & \lambda a_{nn} \end{pmatrix}$$

所谓矩阵的数乘就是用数 λ 乘以矩阵 $\boldsymbol{A}$ 中的每一个元素．易得当 $\lambda=0$ 时，得到与 $\boldsymbol{A}$ 同型的零矩阵 $\boldsymbol{0}$；当 $\lambda=-1$ 时，就得到 $\boldsymbol{A}$ 的负矩阵 $-\boldsymbol{A}$.

对于数量矩阵，则有：

$$\boldsymbol{K}=\begin{pmatrix} k & 0 & \cdots & 0 \\ 0 & k & \cdots & 0 \\ \vdots & \vdots & & \vdots \\ 0 & 0 & \cdots & k \end{pmatrix}=k\boldsymbol{E}$$

矩阵的数乘满足下列运算规律（设 $\boldsymbol{A}$，$\boldsymbol{B}$ 是 $m\times n$ 矩阵，λ，μ 是任意常数）：

① 数乘对数的结合律：$(\lambda\mu)\boldsymbol{A}=\lambda(\mu\boldsymbol{A})=\mu(\lambda\boldsymbol{A})$；

② 数对矩阵的分配律：$\lambda(\boldsymbol{A}+\boldsymbol{B})=\lambda\boldsymbol{A}+\lambda\boldsymbol{B}$；

③ 矩阵对数的分配律：$(\lambda+\mu)\boldsymbol{A}=\lambda\boldsymbol{A}+\mu\boldsymbol{A}$.

矩阵的加法和数乘统称为矩阵的线性运算，即 $\lambda\boldsymbol{A}+\mu\boldsymbol{B}=(\lambda a_{ij}+\mu b_{ij})$.

【例 2-5】　已知 $\boldsymbol{A}=\begin{pmatrix} 2 & 1 \\ -1 & 3 \\ 0 & 2 \end{pmatrix}$，$\boldsymbol{B}=\begin{pmatrix} 3 & 4 \\ 2 & 1 \\ -1 & 2 \end{pmatrix}$，求满足方程 $\boldsymbol{A}-3\boldsymbol{X}=2\boldsymbol{B}$ 的矩阵 $\boldsymbol{X}$.

【解】　由 $\boldsymbol{A}-3\boldsymbol{X}=2\boldsymbol{B}$ 得 $\boldsymbol{X}=\frac{1}{3}(\boldsymbol{A}-2\boldsymbol{B})$，代入可得：

$$\boldsymbol{X}=\frac{1}{3}\left(\begin{pmatrix} 2 & 1 \\ -1 & 3 \\ 0 & 2 \end{pmatrix}-\begin{pmatrix} 6 & 8 \\ 4 & 2 \\ -2 & 4 \end{pmatrix}\right)=\frac{1}{3}\begin{pmatrix} -4 & -7 \\ -5 & 1 \\ 2 & -2 \end{pmatrix}=\begin{pmatrix} -\frac{4}{3} & -\frac{7}{3} \\ -\frac{5}{3} & \frac{1}{3} \\ \frac{2}{3} & -\frac{2}{3} \end{pmatrix}$$

2.2.3　矩阵的乘法

定义 2.4　设有 $m\times s$ 矩阵 $\boldsymbol{A}=(a_{ij})$ 和 $s\times n$ 矩阵 $\boldsymbol{B}=(b_{ij})$，则规定 $\boldsymbol{A}$ 与 $\boldsymbol{B}$ 的乘积是一个 $m\times n$ 矩阵 $\boldsymbol{C}=(c_{ij})$，其中：

$$c_{ij}=a_{i1}b_{1j}+a_{i2}b_{2j}+\cdots+a_{is}b_{sj}\ (i=1,\ 2,\ \cdots,\ m;\ j=1,\ 2,\ \cdots,\ n)$$

并把该乘积记作 $\boldsymbol{C}=\boldsymbol{AB}$.

矩阵乘法的示意图如图 2-2 所示 .

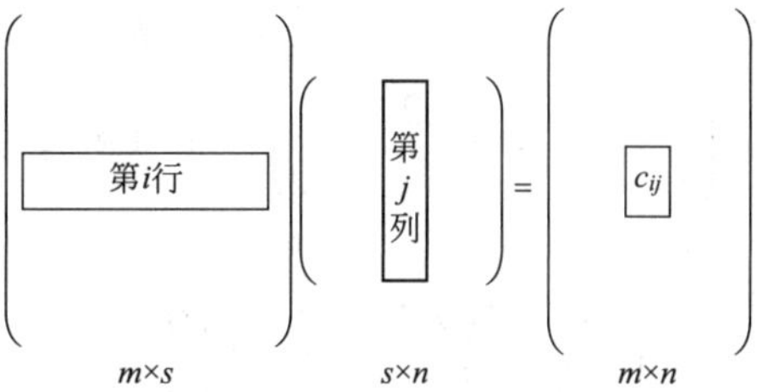

第i行

第 j 列

=

c_{ij}

$m\times s$　　$s\times n$　　$m\times n$

图 2-2　矩阵乘法

【例 2-6】 已知矩阵 $A=\begin{pmatrix}1&0&3\\2&1&0\end{pmatrix}$，$B=\begin{pmatrix}4&1&0\\-1&1&3\\2&0&1\end{pmatrix}$，求 AB.

【解】 由 A 是 2×3 矩阵，B 是 3×3 矩阵，得乘积矩阵是 2×3 矩阵，即

$$AB=\begin{pmatrix}1&0&3\\2&1&0\end{pmatrix}\begin{pmatrix}4&1&0\\-1&1&3\\2&0&1\end{pmatrix}$$

$$=\begin{pmatrix}1\times4+0\times(-1)+3\times2&1\times1+0\times1+3\times0&1\times0+0\times3+3\times1\\2\times4+1\times(-1)+0\times2&2\times1+1\times1+0\times0&2\times0+1\times3+0\times1\end{pmatrix}$$

$$=\begin{pmatrix}10&1&3\\7&3&3\end{pmatrix}$$

注意

（1）只有当左矩阵 A 的列数与右矩阵 B 的行数相等时，A 与 B 才能相乘.

（2）乘积矩阵 C 的行数等于 A 的行数，列数等于 B 的列数 .

（3）矩阵 C 中的第 i 行第 j 列的元素等于左矩阵 A 的第 i 行元素与右矩阵 B 的第 j 列对应元素的乘积之和 .

【例 2-7】 设矩阵 $A=(a_1,\ a_2,\ \cdots,\ a_n)$，$B=\begin{pmatrix}b_1\\b_2\\\vdots\\b_n\end{pmatrix}$，求 AB 与 BA.

【解】 由矩阵乘法的定义得

$$AB=(a_1,\ a_2,\ \cdots,\ a_n)\begin{pmatrix}b_1\\b_2\\\vdots\\b_n\end{pmatrix}=a_1b_1+a_2b_2+\cdots+a_nb_n$$

$$BA=\begin{pmatrix}b_1\\b_2\\\vdots\\b_n\end{pmatrix}(a_1,\ a_2,\ \cdots,\ a_n)=\begin{pmatrix}b_1a_1&b_1a_2&\cdots&b_1a_n\\b_2a_1&b_2a_2&\cdots&b_2a_n\\\vdots&\vdots&&\vdots\\b_na_1&b_na_2&\cdots&b_na_n\end{pmatrix}$$

【例 2-8】 设矩阵 $A=\begin{pmatrix}1&2\\3&6\end{pmatrix}$，$B=\begin{pmatrix}2&4\\-1&-2\end{pmatrix}$，求 AB 与 BA.

【解】

$$AB=\begin{pmatrix}1&2\\3&6\end{pmatrix}\begin{pmatrix}2&4\\-1&-2\end{pmatrix}=\begin{pmatrix}0&0\\0&0\end{pmatrix}$$

$$BA=\begin{pmatrix}2&4\\-1&-2\end{pmatrix}\begin{pmatrix}1&2\\3&6\end{pmatrix}=\begin{pmatrix}14&28\\-7&-14\end{pmatrix}$$

注意

（1）一般情况下，矩阵的乘法不满足交换律，即 $\boldsymbol{AB}\neq\boldsymbol{BA}$. $\boldsymbol{AB}$ 是 $\boldsymbol{A}$ 左乘 $\boldsymbol{B}$ 的乘积，$\boldsymbol{BA}$ 是 $\boldsymbol{A}$ 右乘 $\boldsymbol{B}$ 的乘积，在矩阵乘法中必须注意矩阵相乘的顺序 .

若两个 n 阶方阵 $\boldsymbol{A}$ 和 $\boldsymbol{B}$，满足 $\boldsymbol{AB}=\boldsymbol{BA}$，则称方阵 $\boldsymbol{A}$ 与 $\boldsymbol{B}$ 可交换 . 例如：

$$\begin{pmatrix}1&1\\0&1\end{pmatrix}\begin{pmatrix}1&2\\0&1\end{pmatrix}=\begin{pmatrix}1&2\\0&1\end{pmatrix}\begin{pmatrix}1&1\\0&1\end{pmatrix}=\begin{pmatrix}1&3\\0&1\end{pmatrix}$$

只有可交换的矩阵才能改变相乘的顺序 .

（2）对于零矩阵 $\boldsymbol{0}$，容易验证：

$$\boldsymbol{0}_m\boldsymbol{A}_{m\times n}=\boldsymbol{0}_{m\times n}，\ \boldsymbol{A}_{m\times n}\boldsymbol{0}_n=\boldsymbol{0}_{m\times n}$$

可见在运算可行时，任意矩阵与零矩阵的乘积都是零矩阵 .

但是，由例 2-8 可知，两个非零矩阵相乘有可能是零矩阵，即由 $\boldsymbol{AB}=\boldsymbol{0}$ 不能推出 $\boldsymbol{A}=\boldsymbol{0}$ 或 $\boldsymbol{B}=\boldsymbol{0}$. 因此，若 $\boldsymbol{A}\neq\boldsymbol{0}$，由 $\boldsymbol{A}(\boldsymbol{X}-\boldsymbol{Y})=\boldsymbol{0}$ 无法得到 $\boldsymbol{X}-\boldsymbol{Y}=\boldsymbol{0}$. 这说明，矩阵的乘法不满足消去律，即当 $\boldsymbol{AX}=\boldsymbol{AY}$ 且 $\boldsymbol{A}\neq\boldsymbol{0}$ 时，不一定有 $\boldsymbol{X}=\boldsymbol{Y}$. 例如，设 $\boldsymbol{A}=\begin{pmatrix}1&1\\0&0\end{pmatrix}$，$\boldsymbol{X}=\begin{pmatrix}1&0\\0&2\end{pmatrix}$，$\boldsymbol{Y}=\begin{pmatrix}1&-2\\0&4\end{pmatrix}$，则

$$\boldsymbol{AX}=\begin{pmatrix}1&1\\0&0\end{pmatrix}\begin{pmatrix}1&0\\0&2\end{pmatrix}=\begin{pmatrix}1&2\\0&0\end{pmatrix}，\ \boldsymbol{AY}=\begin{pmatrix}1&1\\0&0\end{pmatrix}\begin{pmatrix}1&-2\\0&4\end{pmatrix}=\begin{pmatrix}1&2\\0&0\end{pmatrix}$$

此时 $\boldsymbol{AX}=\boldsymbol{AY}$ 且 $\boldsymbol{A}\neq\boldsymbol{0}$，但 $\boldsymbol{X}\neq\boldsymbol{Y}$.

在运算可行的情况下，矩阵的乘法满足下列运算规律：

① 乘法结合律：$(\boldsymbol{AB})\boldsymbol{C}=\boldsymbol{A}(\boldsymbol{BC})$；

② 数乘结合律：$\lambda(\boldsymbol{AB})=(\lambda\boldsymbol{A})\boldsymbol{B}=\boldsymbol{A}(\lambda\boldsymbol{B})$（$\lambda$ 是常数）；

③ 左乘分配律：$\boldsymbol{A}(\boldsymbol{B}+\boldsymbol{C})=\boldsymbol{AB}+\boldsymbol{AC}$；

右乘分配律：$(\boldsymbol{B}+\boldsymbol{C})\boldsymbol{A}=\boldsymbol{BA}+\boldsymbol{CA}$；

④ 对于单位矩阵 $\boldsymbol{E}$，容易验证：

$$\boldsymbol{E}_m\boldsymbol{A}_{m\times n}=\boldsymbol{A}_{m\times n}，\ \boldsymbol{A}_{m\times n}\boldsymbol{E}_n=\boldsymbol{A}_{m\times n}$$

可见单位矩阵在矩阵乘法中的作用类似于数字 1.

2.2.4　方阵的幂与多项式

定义 2.5　设 $\boldsymbol{A}$ 是 n 阶方阵，k 个 $\boldsymbol{A}$ 的连乘积称为 $\boldsymbol{A}$ 的 k 次幂，记作 $\boldsymbol{A}^k$. 即：

$$\boldsymbol{A}^1=\boldsymbol{A}，\ \boldsymbol{A}^2=\boldsymbol{A}^1\boldsymbol{A}^1，\ \cdots，\ \boldsymbol{A}^{k+1}=\boldsymbol{A}^k\boldsymbol{A}^1$$

其中，k 为正整数，规定 $\boldsymbol{A}^0=\boldsymbol{E}$.

显然只有方阵才有幂运算 . 由矩阵乘法结合律可得方阵的幂满足运算规律

$$\boldsymbol{A}^k\boldsymbol{A}^l=\boldsymbol{A}^{k+l}，\ (\boldsymbol{A}^k)^l=\boldsymbol{A}^{kl}$$

其中，k，l 为正整数 . 但是，由于矩阵的乘法不满足交换律，因此对 n 阶方阵 $\boldsymbol{A}$ 与 $\boldsymbol{B}$，一般 $(\boldsymbol{AB})^k\neq\boldsymbol{A}^k\boldsymbol{B}^k$.

【例 2-9】 设矩阵 $\boldsymbol{A}=\begin{pmatrix}1&0\\\lambda&1\end{pmatrix}$，求 $\boldsymbol{A}^k$，其中 k 为正整数．

【解】 因为

$$\boldsymbol{A}^2=\begin{pmatrix}1&0\\\lambda&1\end{pmatrix}\begin{pmatrix}1&0\\\lambda&1\end{pmatrix}=\begin{pmatrix}1&0\\2\lambda&1\end{pmatrix}$$

$$\boldsymbol{A}^3=\boldsymbol{A}^2\boldsymbol{A}=\begin{pmatrix}1&0\\2\lambda&1\end{pmatrix}\begin{pmatrix}1&0\\\lambda&1\end{pmatrix}=\begin{pmatrix}1&0\\3\lambda&1\end{pmatrix}$$

从而猜测 $\boldsymbol{A}^k=\begin{pmatrix}1&0\\k\lambda&1\end{pmatrix}$．

当 $k=1$ 时，显然成立；假设 $k=n$ 时猜测成立，则当 $k=n+1$ 时，有

$$\boldsymbol{A}^{n+1}=\boldsymbol{A}^n\boldsymbol{A}=\begin{pmatrix}1&0\\n\lambda&1\end{pmatrix}\begin{pmatrix}1&0\\\lambda&1\end{pmatrix}=\begin{pmatrix}1&0\\(n+1)\lambda&1\end{pmatrix}$$

由数学归纳法知 $\boldsymbol{A}^k=\begin{pmatrix}1&0\\k\lambda&1\end{pmatrix}$．

【例 2-10】 已知 n 为正整数，设 $\boldsymbol{A}=\begin{pmatrix}3\\1\\2\end{pmatrix}(2,\ 3,\ -1)$，求 $\boldsymbol{A}^n$.

【解】 注意到 $(2,\ 3,\ -1)\begin{pmatrix}3\\1\\2\end{pmatrix}=7$，利用矩阵乘法的结合律得

$$\boldsymbol{A}^n=\begin{pmatrix}3\\1\\2\end{pmatrix}\underbrace{\left\{(2,\ 3,\ -1)\begin{pmatrix}3\\1\\2\end{pmatrix}\right\}\left\{(2,\ 3,\ -1)\cdots\begin{pmatrix}3\\1\\2\end{pmatrix}\right\}\left\{(2,\ 3,\ -1)\begin{pmatrix}3\\1\\2\end{pmatrix}\right\}}_{\text{共}n-1\text{个}}(2,\ 3,\ -1)$$

$$=\begin{pmatrix}3\\1\\2\end{pmatrix}7^{n-1}(2,\ 3,\ -1)=7^{n-1}\begin{pmatrix}3\\1\\2\end{pmatrix}(2,\ 3,\ -1)=7^{n-1}\begin{pmatrix}6&9&-3\\2&3&-1\\4&6&-2\end{pmatrix}$$

定义 2.6 设 $\varphi(x)=a_0+a_1x+a_2x^2+\cdots+a_mx^m$ 是 x 的 m 次多项式，$\boldsymbol{A}$ 是 n 阶方阵，则

$$\varphi(\boldsymbol{A})=a_0\boldsymbol{E}+a_1\boldsymbol{A}+a_2\boldsymbol{A}^2+\cdots+a_m\boldsymbol{A}^m$$

称为方阵 $\boldsymbol{A}$ 的 m 次多项式．

例如，$3\boldsymbol{A}^2+\boldsymbol{A}+\boldsymbol{E}$ 是 $\boldsymbol{A}$ 的一个 2 次多项式．

2.2.5 矩阵的转置

定义 2.7 把 $m\times n$ 矩阵 $\boldsymbol{A}$ 的行换成同序数的列，所得的 $n\times m$ 矩阵称为 $\boldsymbol{A}$ 的转置矩阵，记作 $\boldsymbol{A}^{\mathrm{T}}$.

例如，矩阵 $\boldsymbol{A}=\begin{pmatrix}1&2&0\\3&-1&1\end{pmatrix}$ 的转置矩阵为 $\boldsymbol{A}^{\mathrm{T}}=\begin{pmatrix}1&3\\2&-1\\0&1\end{pmatrix}$.

【例 2-11】 设矩阵 $\boldsymbol{A}=(1,\ 2,\ 3)$，求 $\boldsymbol{A}\boldsymbol{A}^{\mathrm{T}}$ 和 $\boldsymbol{A}^{\mathrm{T}}\boldsymbol{A}$.

【解】

$$AA^{\mathrm{T}}=(1,\ 2,\ 3)\begin{pmatrix}1\\2\\3\end{pmatrix}=14$$

$$A^{\mathrm{T}}A=\begin{pmatrix}1\\2\\3\end{pmatrix}(1,\ 2,\ 3)=\begin{pmatrix}1&2&3\\2&4&6\\3&6&9\end{pmatrix}$$

在运算可行的情况下，矩阵的转置满足下列运算规律：

① $(\boldsymbol{A}^{\mathrm{T}})^{\mathrm{T}}=\boldsymbol{A}$；

② $(\boldsymbol{A}+\boldsymbol{B})^{\mathrm{T}}=\boldsymbol{A}^{\mathrm{T}}+\boldsymbol{B}^{\mathrm{T}}$；

③ $(\lambda\boldsymbol{A})^{\mathrm{T}}=\lambda\boldsymbol{A}^{\mathrm{T}}$（$\lambda$ 是常数）；

④ $(\boldsymbol{AB})^{\mathrm{T}}=\boldsymbol{B}^{\mathrm{T}}\boldsymbol{A}^{\mathrm{T}}$.

容易证明①、②、③成立，这里仅证明④.

设 $m\times s$ 矩阵 $\boldsymbol{A}=(a_{ij})$，$s\times n$ 矩阵 $\boldsymbol{B}=(b_{ij})$，则 $\boldsymbol{AB}$ 是 $m\times n$ 矩阵，$(\boldsymbol{AB})^{\mathrm{T}}=(c_{ij})$ 是 $n\times m$ 矩阵，而 $\boldsymbol{B}^{\mathrm{T}}$ 是 $n\times s$ 矩阵，$\boldsymbol{A}^{\mathrm{T}}$ 是 $s\times m$ 矩阵，故 $B^{\mathrm{T}}A^{\mathrm{T}}=(d_{ij})$ 也是 $n\times m$ 矩阵，即 $(\boldsymbol{AB})^{\mathrm{T}}$ 与 $\boldsymbol{B}^{\mathrm{T}}\boldsymbol{A}^{\mathrm{T}}$ 首先是同型矩阵.

由定义，$(\boldsymbol{AB})^{\mathrm{T}}$ 的第 i 行第 j 列的元素是 $\boldsymbol{AB}$ 的第 j 行第 i 列的元素，即：

$$c_{ij}=a_{j1}b_{1i}+a_{j2}b_{2i}+\cdots+a_{js}b_{si}$$

$\boldsymbol{B}^{\mathrm{T}}\boldsymbol{A}^{\mathrm{T}}$ 的第 i 行第 j 列的元素应为 $\boldsymbol{B}^{\mathrm{T}}$ 的第 i 行元素与 $\boldsymbol{A}^{\mathrm{T}}$ 的第 j 列元素对应相乘的和，也就是等于 $\boldsymbol{B}$ 的第 i 列元素与 $\boldsymbol{A}$ 的第 j 行元素对应相乘的和，即：

$$d_{ij}=b_{1i}a_{j1}+b_{2i}a_{j2}+\cdots+b_{si}a_{js}$$

因此 $(\boldsymbol{AB})^{\mathrm{T}}$ 与 $\boldsymbol{B}^{\mathrm{T}}\boldsymbol{A}^{\mathrm{T}}$ 的对应元素相等，从而有 $(\boldsymbol{AB})^{\mathrm{T}}=\boldsymbol{B}^{\mathrm{T}}\boldsymbol{A}^{\mathrm{T}}$.

运算规律④可以推广到有限多个矩阵相乘的情形，即：

$$(\boldsymbol{A}_1\boldsymbol{A}_2\cdots\boldsymbol{A}_k)^{\mathrm{T}}=\boldsymbol{A}_k^{T}\cdots\boldsymbol{A}_2^{\mathrm{T}}\boldsymbol{A}_1^{\mathrm{T}},\ (\boldsymbol{A}^k)^{\mathrm{T}}=(\boldsymbol{A}^{\mathrm{T}})^k\ (k\text{ 为正整数})$$

由于 $m\times n$ 矩阵的转置矩阵是 $n\times m$ 矩阵，所以一般 $\boldsymbol{A}^{\mathrm{T}}\neq\boldsymbol{A}$. 对于 n 阶方阵 $\boldsymbol{A}$，若 $\boldsymbol{A}^{\mathrm{T}}=\boldsymbol{A}$，则有 $a_{ij}=a_{ji}$（$i,\ j=1,\ 2,\ \cdots n$），此时 $\boldsymbol{A}$ 是对称矩阵；若方阵 $\boldsymbol{A}$ 满足 $\boldsymbol{A}^{\mathrm{T}}=-\boldsymbol{A}$，则有 $a_{ii}=0$，$a_{ij}=-a_{ji}$（$i,\ j=1,\ 2,\ \cdots n,\ i\neq j$），此时 $\boldsymbol{A}$ 是反对称矩阵. 这就提供了一种判断方阵是否为对称矩阵或反对称矩阵的方法.

【例 2-12】 已知 $\boldsymbol{A}$ 是对称矩阵，$\boldsymbol{B}$ 是反对称矩阵，即 $\boldsymbol{A}^{\mathrm{T}}=\boldsymbol{A}$，$\boldsymbol{B}^{\mathrm{T}}=-\boldsymbol{B}$，证明 $\boldsymbol{B}^2$ 是对称矩阵，$\boldsymbol{AB}+\boldsymbol{BA}$ 是反对称矩阵.

证明： 由于

$$(\boldsymbol{B}^2)^{\mathrm{T}}=(\boldsymbol{B}^{\mathrm{T}})^2=\boldsymbol{B}^{\mathrm{T}}\boldsymbol{B}^{\mathrm{T}}=(-\boldsymbol{B})(-\boldsymbol{B})=\boldsymbol{B}^2$$

故 $\boldsymbol{B}^2$ 是对称矩阵. 而

$$\begin{aligned}(\boldsymbol{AB}+\boldsymbol{BA})^{\mathrm{T}}&=(\boldsymbol{AB})^{\mathrm{T}}+(\boldsymbol{BA})^{\mathrm{T}}=\boldsymbol{B}^{\mathrm{T}}\boldsymbol{A}^{\mathrm{T}}+\boldsymbol{A}^{\mathrm{T}}\boldsymbol{B}^{\mathrm{T}}\\&=-\boldsymbol{BA}+\boldsymbol{A}(-\boldsymbol{B})=-(\boldsymbol{AB}+\boldsymbol{BA})\end{aligned}$$

故 $\boldsymbol{AB}+\boldsymbol{BA}$ 是反对称矩阵.

2.2.6　方阵的行列式

定义 2.8　由 n 阶方阵 $\boldsymbol{A}$ 的元素保持原有位置不变所构成的行列式，称为方阵 $\boldsymbol{A}$ 的行

列式，记作$|\boldsymbol{A}|$（或 $\det \boldsymbol{A}$）．

方阵与方阵的行列式是两个不同的概念．n 阶方阵 $\boldsymbol{A}$ 是 n^2 个数排成的 n 行 n 列的数表，而 n 阶行列式$|\boldsymbol{A}|$是由数表 $\boldsymbol{A}$ 中的元素按一定的运算法则所确定的一个数．由 $\boldsymbol{A}$ 确定$|\boldsymbol{A}|$是一种运算，例如：

$$\boldsymbol{A}=\begin{pmatrix}1 & 2\\ -3 & 1\end{pmatrix},\quad |\boldsymbol{A}|=\begin{vmatrix}1 & 2\\ -3 & 1\end{vmatrix}=7$$

利用行列式的性质可以证明$|\boldsymbol{A}|$满足下列运算规律（设 $\boldsymbol{A}$，$\boldsymbol{B}$ 是 n 阶方阵）：

① $|\boldsymbol{A}^{\mathrm{T}}|=|\boldsymbol{A}|$；

② $|\lambda\boldsymbol{A}|=\lambda^n|\boldsymbol{A}|$（$\lambda$ 是常数）；

③ $|\boldsymbol{AB}|=|\boldsymbol{A}||\boldsymbol{B}|$.

其中，运算规律③可以推广到有限多个方阵相乘的情形，即：

$$|\boldsymbol{A}_1\boldsymbol{A}_2\cdots\boldsymbol{A}_k|=|\boldsymbol{A}_1||\boldsymbol{A}_2|\cdots|\boldsymbol{A}_k|,\quad |\boldsymbol{A}^k|=|\boldsymbol{A}|^k\ (k\text{ 为正整数})$$

此外，由③可知，虽然对于 n 阶方阵，一般 $\boldsymbol{AB}\neq\boldsymbol{BA}$，但是总有$|\boldsymbol{AB}|=|\boldsymbol{BA}|$.

【例 2-13】 设 $\boldsymbol{A}$ 是 3 阶方阵，且$|\boldsymbol{A}|=2$，则$|-2\boldsymbol{A}^3|=$________.

分析： 利用运算规律可得$|-2\boldsymbol{A}^3|=(-2)^3|\boldsymbol{A}^3|=-8|\boldsymbol{A}|^3=-8\cdot 2^3=-64$.

【例 2-14】 设 $\boldsymbol{A}$ 是 n 阶方阵，已知 $\boldsymbol{A}^{\mathrm{T}}\boldsymbol{A}=\boldsymbol{E}$，若$|\boldsymbol{A}|=-1$，求$|\boldsymbol{A}+\boldsymbol{E}|$.

【解】 因为

$$\begin{aligned}|\boldsymbol{A}+\boldsymbol{E}|&=|\boldsymbol{A}+\boldsymbol{A}^{\mathrm{T}}\boldsymbol{A}|=|(\boldsymbol{E}+\boldsymbol{A}^{\mathrm{T}})\boldsymbol{A}|=|\boldsymbol{E}+\boldsymbol{A}^{\mathrm{T}}||\boldsymbol{A}|=|(\boldsymbol{E}+\boldsymbol{A})^{\mathrm{T}}||\boldsymbol{A}|\\&=|\boldsymbol{E}+\boldsymbol{A}||\boldsymbol{A}|=-|\boldsymbol{A}+\boldsymbol{E}|\end{aligned}$$

即 $2|\boldsymbol{A}+\boldsymbol{E}|=0$，所以$|\boldsymbol{A}+\boldsymbol{E}|=0$.

§2.3 逆 矩 阵

在实数的基本运算中，乘法和除法是互为逆运算的，即

$$\text{若 } a\times b=c,\ \text{且 } a\neq 0,\ \text{则有 } b=c/a$$

那么，矩阵乘法是否也能定义出类似的逆运算呢？也就是说，若已知矩阵 $\boldsymbol{A}$ 和 $\boldsymbol{C}$，且有 $\boldsymbol{AB}=\boldsymbol{C}$，能否有一种运算能求出矩阵 $\boldsymbol{B}$？

为了实现这个过程，把数的除法改写为

$$c/a=c\times\frac{1}{a}=c\times a^{-1}$$

其中，a^{-1}是 a 的倒数．这说明利用乘法和倒数可以定义出数的除法．把这一思想应用到矩阵的运算中，为了实现乘法的逆运算，则需要定义出类似“倒数”的概念，这就是本节要讨论的“逆矩阵”．

2.3.1 逆矩阵的定义

实数与它的倒数的关系可以用 $aa^{-1}=a^{-1}a=1$ 来刻画，由于在矩阵乘法中，单位矩阵 $\boldsymbol{E}$ 的作用类似于 1，仿照这个式子可给出逆矩阵的定义．

定义 2.9 对于 n 阶方阵 $\boldsymbol{A}$，若存在 n 阶方阵 $\boldsymbol{B}$，使得

$$\boldsymbol{AB}=\boldsymbol{BA}=\boldsymbol{E} \tag{2-1}$$

则称方阵 $\boldsymbol{A}$ 是可逆的，且把方阵 $\boldsymbol{B}$ 称为 $\boldsymbol{A}$ 的逆矩阵（简称 $\boldsymbol{A}$ 的逆阵或 $\boldsymbol{A}$ 的逆）.

由式（2-1）可知，$\boldsymbol{A}$ 也是 $\boldsymbol{B}$ 的逆矩阵，即 $\boldsymbol{A}$ 与 $\boldsymbol{B}$ 互为逆矩阵，且二者必是同阶方阵. 本节所讨论矩阵均为方阵. 一般地，$\boldsymbol{A}$ 的逆矩阵记作 $\boldsymbol{A}^{-1}$（读作 $\boldsymbol{A}$ 逆），若 $\boldsymbol{A}$ 是可逆矩阵，则存在矩阵 $\boldsymbol{A}^{-1}$，满足 $\boldsymbol{A}\boldsymbol{A}^{-1}=\boldsymbol{A}^{-1}\boldsymbol{A}=\boldsymbol{E}$.

若 $\boldsymbol{A}$ 的逆矩阵 $\boldsymbol{A}^{-1}$ 存在，由 $\boldsymbol{AB}=\boldsymbol{C}$ 可得：

$$\boldsymbol{A}^{-1}\boldsymbol{AB}=\boldsymbol{A}^{-1}\boldsymbol{C}\Rightarrow\boldsymbol{EB}=\boldsymbol{A}^{-1}\boldsymbol{C}\Rightarrow\boldsymbol{B}=\boldsymbol{A}^{-1}\boldsymbol{C}$$

从而实现矩阵乘法的逆运算，也可理解为，在矩阵可逆时，矩阵乘法满足消去律. 但要注意，因为矩阵乘法不满足交换律，所以在利用 $\boldsymbol{A}^{-1}$ 消去 $\boldsymbol{A}$ 时，必须区分左乘和右乘. 例如，由 $\boldsymbol{BA}=\boldsymbol{C}$ 得到的是：

$$\boldsymbol{BAA}^{-1}=\boldsymbol{CA}^{-1}\Rightarrow\boldsymbol{B}(\boldsymbol{AA}^{-1})=\boldsymbol{CA}^{-1}\Rightarrow\boldsymbol{BE}=\boldsymbol{CA}^{-1}\Rightarrow\boldsymbol{B}=\boldsymbol{CA}^{-1}$$

定理 2.1 若 $\boldsymbol{A}$ 是可逆的，则其逆矩阵是唯一的.

证明： 假设 $\boldsymbol{B}$ 和 $\boldsymbol{C}$ 都是 $\boldsymbol{A}$ 的逆矩阵，则有 $\boldsymbol{AB}=\boldsymbol{BA}=\boldsymbol{E}$，$\boldsymbol{AC}=\boldsymbol{CA}=\boldsymbol{E}$. 考察 $\boldsymbol{B}$ 和 $\boldsymbol{C}$ 之间的关系，可得：

$$\boldsymbol{B}=\boldsymbol{BE}=\boldsymbol{B}(\boldsymbol{AC})=(\boldsymbol{BA})\boldsymbol{C}=\boldsymbol{EC}=\boldsymbol{C}$$

故 $\boldsymbol{A}$ 的逆矩阵是唯一的.

【例 2-15】 设 $\boldsymbol{A}=\mathrm{diag}(3,4,-6)$，证明 $\boldsymbol{A}$ 可逆，并且 $\boldsymbol{A}^{-1}=\mathrm{diag}\left(\frac{1}{3},\frac{1}{4},-\frac{1}{6}\right)$.

证明： 因为

$$\begin{pmatrix}3&0&0\\0&4&0\\0&0&-6\end{pmatrix}\begin{pmatrix}\frac{1}{3}&0&0\\0&\frac{1}{4}&0\\0&0&-\frac{1}{6}\end{pmatrix}=\begin{pmatrix}\frac{1}{3}&0&0\\0&\frac{1}{4}&0\\0&0&-\frac{1}{6}\end{pmatrix}\begin{pmatrix}3&0&0\\0&4&0\\0&0&-6\end{pmatrix}=\begin{pmatrix}1&0&0\\0&1&0\\0&0&1\end{pmatrix}$$

满足 $\boldsymbol{AA}^{-1}=\boldsymbol{A}^{-1}\boldsymbol{A}=\boldsymbol{E}$，所以 $\boldsymbol{A}$ 可逆，且 $\boldsymbol{A}^{-1}=\mathrm{diag}\left(\frac{1}{3},\frac{1}{4},-\frac{1}{6}\right)$.

由例 2-15 的计算过程可推出两个结论：

① 当 $\lambda_i\neq0$（$i=1,2,\cdots,n$）时，对角矩阵 $\boldsymbol{\Lambda}=\mathrm{diag}(\lambda_1,\lambda_2,\cdots,\lambda_n)$ 可逆，且

$$\boldsymbol{\Lambda}^{-1}=\mathrm{diag}(\lambda_1^{-1},\lambda_2^{-1},\cdots,\lambda_n^{-1})$$

② 对角矩阵 $\boldsymbol{\Lambda}=\mathrm{diag}(\lambda_1,\lambda_2,\cdots,\lambda_n)$ 的 k 次幂 $\boldsymbol{\Lambda}^k=\mathrm{diag}(\lambda_1^k,\lambda_2^k,\cdots,\lambda_n^k)$.

2.3.2 矩阵可逆的条件

事实上，并不是所有方阵都可逆，例如，n 阶零矩阵 $\boldsymbol{0}$，由于对于任意 n 阶方阵 $\boldsymbol{A}$，都有 $\boldsymbol{0A}=\boldsymbol{A0}=\boldsymbol{0}$，所以零矩阵不存在逆矩阵. 对于给定的 n 阶方阵，当其满足什么条件时才是可逆的？为解决这个问题，下面引入伴随矩阵的概念.

定义 2.10 若 A_{ij}（$i,j=1,2,\cdots,n$）是 n 阶方阵 $\boldsymbol{A}$ 的行列式 $|\boldsymbol{A}|$ 中元素 a_{ij} 的代数余子式，则称方阵

$$\begin{pmatrix} A_{11} & A_{21} & \cdots & A_{n1} \\ A_{12} & A_{22} & \cdots & A_{n2} \\ \vdots & \vdots & & \vdots \\ A_{1n} & A_{2n} & \cdots & A_{nn} \end{pmatrix}$$

为方阵 $\boldsymbol{A}$ 的伴随矩阵，简称伴随阵，记作 $\boldsymbol{A}^*$.

【例 2-16】 设 $\boldsymbol{A}=\begin{pmatrix} a & b \\ c & d \end{pmatrix}$，求其伴随矩阵 $\boldsymbol{A}^*$.

【解】 因为 $A_{11}=d$，$A_{12}=-c$，$A_{21}=-b$，$A_{22}=a$，所以

$$\mathrm{A}^*=\begin{pmatrix} A_{11} & A_{21} \\ A_{12} & A_{22} \end{pmatrix}=\begin{pmatrix} d & -b \\ -c & a \end{pmatrix}$$

定理 2.2 设 $\boldsymbol{A}$ 为 n 阶方阵，$\boldsymbol{A}^*$ 为其伴随矩阵，则 $\boldsymbol{AA}^*=\boldsymbol{A}^*\boldsymbol{A}=|\boldsymbol{A}|\boldsymbol{E}$.

证明：设 $\boldsymbol{A}=(a_{ij})$，记 $\boldsymbol{AA}^*=(b_{ij})$，则由代数余子式的性质（1.3 节性质 7）可得 $b_{ij}=a_{i1}A_{j1}+a_{i2}A_{j2}+\cdots+a_{in}A_{jn}=\begin{cases} |A|, & i=j \\ 0, & i\neq j \end{cases}$，故

$$\boldsymbol{AA}^*=\begin{pmatrix} |\boldsymbol{A}| & 0 & \cdots & 0 \\ 0 & |\boldsymbol{A}| & \cdots & 0 \\ \vdots & \vdots & \ddots & \vdots \\ 0 & 0 & \cdots & |\boldsymbol{A}| \end{pmatrix}=|\boldsymbol{A}|\boldsymbol{E}$$

类似可证 $\boldsymbol{A}^*\boldsymbol{A}=|\boldsymbol{A}|\boldsymbol{E}$，因此 $\boldsymbol{AA}^*=\boldsymbol{A}^*\boldsymbol{A}=|\boldsymbol{A}|\boldsymbol{E}$.

定理 2.3 设 $\boldsymbol{A}$ 是 n 阶方阵，则 $\boldsymbol{A}$ 可逆的充分必要条件是 $|\boldsymbol{A}|\neq 0$，且 $\boldsymbol{A}^{-1}=\dfrac{1}{|\boldsymbol{A}|}\boldsymbol{A}^*$，其中 $\boldsymbol{A}^*$ 为 $\boldsymbol{A}$ 的伴随矩阵.

证明：充分性. 由定理 2.2 可得 $\boldsymbol{AA}^*=\boldsymbol{A}^*\boldsymbol{A}=|\boldsymbol{A}|\boldsymbol{E}$，若 $|\boldsymbol{A}|\neq 0$，则有

$$\boldsymbol{A}\left(\frac{1}{|\boldsymbol{A}|}\boldsymbol{A}^*\right)=\left(\frac{1}{|\boldsymbol{A}|}\boldsymbol{A}^*\right)\boldsymbol{A}=\boldsymbol{E}$$

由逆矩阵的定义得 $\boldsymbol{A}$ 可逆且 $\boldsymbol{A}^{-1}=\dfrac{1}{|\boldsymbol{A}|}\boldsymbol{A}^*$.

必要性. 若 $\boldsymbol{A}$ 是可逆的，则存在矩阵 $\boldsymbol{A}^{-1}$，使得 $\boldsymbol{AA}^{-1}=\boldsymbol{E}$，则有

$$|\boldsymbol{AA}^{-1}|=|\boldsymbol{A}||\boldsymbol{A}^{-1}|=|\boldsymbol{E}|=1\neq 0$$

所以 $|\boldsymbol{A}|\neq 0$.

若 $|\boldsymbol{A}|\neq 0$，则称方阵 $\boldsymbol{A}$ 为非奇异矩阵，否则称方阵 $\boldsymbol{A}$ 为奇异矩阵. 可逆矩阵就是非奇异矩阵.

定理 2.4 对于 n 阶方阵 $\boldsymbol{A}$，若存在 n 阶方阵 $\boldsymbol{B}$，使 $\boldsymbol{AB}=\boldsymbol{E}$（或 $\boldsymbol{BA}=\boldsymbol{E}$），则 $\boldsymbol{A}$ 可逆，且 $\boldsymbol{B}=\boldsymbol{A}^{-1}$.

证明：由 $\boldsymbol{AB}=\boldsymbol{E}$ 可得 $|\boldsymbol{AB}|=|\boldsymbol{A}||\boldsymbol{B}|=|\boldsymbol{E}|=1$，得 $|\boldsymbol{A}|\neq 0$，故 $\boldsymbol{A}^{-1}$存在，且

$$\boldsymbol{B}=\boldsymbol{EB}=(\boldsymbol{A}^{-1}\boldsymbol{A})\boldsymbol{B}=\boldsymbol{A}^{-1}(\boldsymbol{AB})=\boldsymbol{A}^{-1}\boldsymbol{E}=\boldsymbol{A}^{-1}$$

定理 2.4 提供了另外一种判别方阵可逆的思路，只需验证 $\boldsymbol{AB}=\boldsymbol{E}$ 或 $\boldsymbol{BA}=\boldsymbol{E}$ 中的一个式子是否成立即可，这比直接用定义式判断要节省一半的计算量.

【例 2-17】　设 $\boldsymbol{A}^k=\boldsymbol{0}$（$k$ 为正整数），证明$(\boldsymbol{E}-\boldsymbol{A})^{-1}=\boldsymbol{E}+\boldsymbol{A}+\boldsymbol{A}^2\cdots+\boldsymbol{A}^{k-1}$.

分析：本题已给出 $(\boldsymbol{E}-\boldsymbol{A})^{-1}$的具体形式，只需用定理 2.4 的结论验证即可．

证明：因为$(\boldsymbol{E}-\boldsymbol{A})(\boldsymbol{E}+\boldsymbol{A}+\boldsymbol{A}^2\cdots+\boldsymbol{A}^{k-1})$

$$=\boldsymbol{E}+\boldsymbol{A}+\boldsymbol{A}^2\cdots+\boldsymbol{A}^{k-1}-(\boldsymbol{A}+\boldsymbol{A}^2\cdots+\boldsymbol{A}^{k-1}+\boldsymbol{A}^k)=\boldsymbol{E}-\boldsymbol{A}^k=\boldsymbol{E}$$

所以 $(\boldsymbol{E}-\boldsymbol{A})^{-1}=\boldsymbol{E}+\boldsymbol{A}+\boldsymbol{A}^2\cdots+\boldsymbol{A}^{k-1}$.

利用定理 2.4 可证明逆矩阵满足下列运算规律：

① 若 $\boldsymbol{A}$ 可逆，则 $\boldsymbol{A}^{-1}$亦可逆，且$(\boldsymbol{A}^{-1})^{-1}=\boldsymbol{A}$；

② 若 $\boldsymbol{A}$ 可逆，数 $\lambda\neq0$，则 $\lambda\boldsymbol{A}$ 亦可逆，且 $(\lambda\boldsymbol{A})^{-1}=\dfrac{1}{\lambda}\boldsymbol{A}^{-1}$；

③ 若 $\boldsymbol{A}$、$\boldsymbol{B}$ 为同阶矩阵且均可逆，则 $\boldsymbol{AB}$ 亦可逆，且$(\boldsymbol{AB})^{-1}=\boldsymbol{B}^{-1}\boldsymbol{A}^{-1}$；

④ 若 $\boldsymbol{A}$ 可逆，则 $\boldsymbol{A}^{\mathrm{T}}$亦可逆，且$(\boldsymbol{A}^{\mathrm{T}})^{-1}=(\boldsymbol{A}^{-1})^{\mathrm{T}}$；

⑤ 若 $\boldsymbol{A}$ 可逆，则有$|\boldsymbol{A}^{-1}|=|\boldsymbol{A}|^{-1}$.

证明：

① $\boldsymbol{A}$ 和 $\boldsymbol{A}^{-1}$互为逆矩阵，显然有 $(\boldsymbol{A}^{-1})^{-1}=\boldsymbol{A}$；

② 由$(\lambda\boldsymbol{A})\left(\dfrac{1}{\lambda}\boldsymbol{A}^{-1}\right)=\lambda\dfrac{1}{\lambda}(\boldsymbol{AA}^{-1})=\boldsymbol{E}$，得$(\lambda\boldsymbol{A})^{-1}=\dfrac{1}{\lambda}\boldsymbol{A}^{-1}$；

③ 由$(\boldsymbol{AB})(\boldsymbol{B}^{-1}\boldsymbol{A}^{-1})=\boldsymbol{A}(\boldsymbol{BB}^{-1})\boldsymbol{A}^{-1}=\boldsymbol{AA}^{-1}=\boldsymbol{E}$，得$(\boldsymbol{AB})^{-1}=\boldsymbol{B}^{-1}\boldsymbol{A}^{-1}$；

④ 由 $\boldsymbol{A}^{\mathrm{T}}(\boldsymbol{A}^{-1})^{\mathrm{T}}=(\boldsymbol{A}^{-1}\boldsymbol{A})^{\mathrm{T}}=(\boldsymbol{E})^{\mathrm{T}}=\boldsymbol{E}$，得$(\boldsymbol{A}^{\mathrm{T}})^{-1}=(\boldsymbol{A}^{-1})^{\mathrm{T}}$；

⑤ 由于 $\boldsymbol{A}$ 可逆，则$|\boldsymbol{A}|\neq0$，且存在 $\boldsymbol{A}^{-1}$使得 $\boldsymbol{AA}^{-1}=\boldsymbol{E}$，则有

$$|\boldsymbol{AA}^{-1}|=|\boldsymbol{A}||\boldsymbol{A}^{-1}|=|\boldsymbol{E}|=1$$

所以$|\boldsymbol{A}^{-1}|=|\boldsymbol{A}|^{-1}$.

【例 2-18】　设 A 是 3 阶方阵，且$|\boldsymbol{A}|=-\dfrac{1}{3}$，求$|(4\boldsymbol{A})^{-1}+3\boldsymbol{A}^*|$.

【解】　因为$|\boldsymbol{A}|=-\dfrac{1}{3}\neq0$，故 $\boldsymbol{A}^{-1}$存在，由 $\boldsymbol{AA}^*=|\boldsymbol{A}|\boldsymbol{E}$ 可得 $\boldsymbol{A}^*=|\boldsymbol{A}|\boldsymbol{A}^{-1}=-\dfrac{1}{3}\boldsymbol{A}^{-1}$，因此

$$|(4\boldsymbol{A})^{-1}+3\boldsymbol{A}^*|=\left|\frac{1}{4}\boldsymbol{A}^{-1}+3\left(-\frac{1}{3}\boldsymbol{A}^{-1}\right)\right|=\left|-\frac{3}{4}\boldsymbol{A}^{-1}\right|$$
$$=\left(-\frac{3}{4}\right)^3|\boldsymbol{A}^{-1}|=\left(-\frac{3}{4}\right)^3|\boldsymbol{A}|^{-1}=\frac{81}{64}$$

2.3.3　逆矩阵的求法

定理 2.3 不仅给出了方阵可逆的一个充分必要条件，而且提供了利用伴随矩阵 $\boldsymbol{A}^*$ 求逆矩阵的方法，称之为伴随矩阵法．

【例 2-19】　已知 $\boldsymbol{A}=\begin{pmatrix}a & b\\ c & d\end{pmatrix}$，判断 $\boldsymbol{A}$ 是否可逆，若可逆求 $\boldsymbol{A}^{-1}$.

【解】　因为$|\boldsymbol{A}|=\begin{vmatrix}a & b\\ c & d\end{vmatrix}=ad-bc$，所以

当 $ad-bc\neq0$ 时，$\boldsymbol{A}$ 可逆，$\boldsymbol{A}^{-1}=\dfrac{1}{|\boldsymbol{A}|}\boldsymbol{A}^{*}=\dfrac{1}{ad-bc}\begin{pmatrix} d & -b \\ -c & a \end{pmatrix}$；

当 $ad-bc=0$ 时，$\boldsymbol{A}$ 不可逆，$\boldsymbol{A}^{-1}$不存在．

【例 2-20】 求方阵 $\boldsymbol{A}=\begin{pmatrix} 1 & 1 & 1 \\ 1 & 2 & 1 \\ 1 & 1 & 3 \end{pmatrix}$的逆矩阵 $\boldsymbol{A}^{-1}$.

【解】 由 $|\boldsymbol{A}|=2\neq0$，知 $\boldsymbol{A}^{-1}$存在．因为$|\boldsymbol{A}|$的各元素的代数余子式分别为

$$A_{11}=5,\ A_{12}=-2,\ A_{13}=-1$$
$$A_{21}=-2,\ A_{22}=2,\ A_{23}=0$$
$$A_{31}=-1,\ A_{32}=0,\ A_{33}=1$$

所以

$$\boldsymbol{A}^{*}=\begin{pmatrix} A_{11} & A_{21} & A_{31} \\ A_{12} & A_{22} & A_{32} \\ A_{13} & A_{23} & A_{33} \end{pmatrix}=\begin{pmatrix} 5 & -2 & -1 \\ -2 & 2 & 0 \\ -1 & 0 & 1 \end{pmatrix}$$

故

$$\boldsymbol{A}^{-1}=\frac{1}{|\boldsymbol{A}|}\boldsymbol{A}^{*}=\frac{1}{2}\begin{pmatrix} 5 & -2 & -1 \\ -2 & 2 & 0 \\ -1 & 0 & 1 \end{pmatrix}$$

【例 2-21】 设 $\boldsymbol{A}=\boldsymbol{P\Lambda P}^{-1}$，其中 $\boldsymbol{P}=\begin{pmatrix} -2 & -1 \\ 1 & 1 \end{pmatrix}$，$\boldsymbol{\Lambda}=\begin{pmatrix} -1 & 0 \\ 0 & 2 \end{pmatrix}$，则 $\boldsymbol{A}^{100}=$________．

分析： 如果 $\boldsymbol{A}=\boldsymbol{P\Lambda P}^{-1}$，则由乘法结合律可得

$$\boldsymbol{A}^{k}=\boldsymbol{P\Lambda P}^{-1}\boldsymbol{P\Lambda P}^{-1}\cdots\boldsymbol{P\Lambda P}^{-1}=\boldsymbol{P\Lambda}^{k}\boldsymbol{P}^{-1}$$

由伴随矩阵法可得 $\boldsymbol{P}^{-1}=\begin{pmatrix} -1 & -1 \\ 1 & 2 \end{pmatrix}$，故

$$\boldsymbol{A}^{100}=\begin{pmatrix} -2 & -1 \\ 1 & 1 \end{pmatrix}\begin{pmatrix} (-1)^{100} & 0 \\ 0 & 2^{100} \end{pmatrix}\begin{pmatrix} -1 & -1 \\ 1 & 2 \end{pmatrix}=\begin{pmatrix} 2-2^{100} & 2-2^{101} \\ -1+2^{100} & -1+2^{101} \end{pmatrix}$$

【例 2-22】 已知矩阵 $\boldsymbol{A}=\begin{pmatrix} 4 & 2 & 1 \\ 1 & 1 & 0 \\ -1 & 2 & 2 \end{pmatrix}$满足 $\boldsymbol{AX}=\boldsymbol{A}+2\boldsymbol{X}$，求矩阵 $\boldsymbol{X}$.

分析： 求解矩阵方程是逆矩阵的一项重要应用．在解题时，一般要先从关系式中求出未知矩阵的表达式，然后再代入具体数值计算．注意区分左乘和右乘．

【解】 由 $\boldsymbol{AX}=\boldsymbol{A}+2\boldsymbol{X}$ 得$(\boldsymbol{A}-2\boldsymbol{E})\boldsymbol{X}=\boldsymbol{A}$，又

$$|\boldsymbol{A}-2\boldsymbol{E}|=\begin{vmatrix} 2 & 2 & 1 \\ 1 & -1 & 0 \\ -1 & 2 & 0 \end{vmatrix}=1\neq0$$

故$(\boldsymbol{A}-2\boldsymbol{E})^{-1}$存在，则有 $\boldsymbol{X}=(\boldsymbol{A}-2\boldsymbol{E})^{-1}\boldsymbol{A}$.

用伴随矩阵法求得

$$(\boldsymbol{A}-2\boldsymbol{E})^{-1}=\begin{pmatrix}0 & 2 & 1\\ 0 & 1 & 1\\ 1 & -6 & -4\end{pmatrix}$$

故

$$\boldsymbol{X}=\begin{pmatrix}0 & 2 & 1\\ 0 & 1 & 1\\ 1 & -6 & -4\end{pmatrix}\begin{pmatrix}4 & 2 & 1\\ 1 & 1 & 0\\ -1 & 2 & 2\end{pmatrix}=\begin{pmatrix}1 & 4 & 2\\ 0 & 3 & 2\\ 2 & -12 & -7\end{pmatrix}$$

【例 2-23】　已知 $\boldsymbol{A}=\mathrm{diag}(1, -2, 1)$，且 $\boldsymbol{A}^*\boldsymbol{B}=3\boldsymbol{B}-\boldsymbol{E}$，则矩阵 $\boldsymbol{B}=$________.

分析：在矩阵方程中涉及 $\boldsymbol{A}^*$ 时，可考虑利用 $\boldsymbol{A}\boldsymbol{A}^*=\boldsymbol{A}^*\boldsymbol{A}=|\boldsymbol{A}|\boldsymbol{E}$ 去掉 $\boldsymbol{A}^*$.

等式 $\boldsymbol{A}^*\boldsymbol{B}=3\boldsymbol{B}-\boldsymbol{E}$ 两边同时左乘 $\boldsymbol{A}$ 得

$$\boldsymbol{A}\boldsymbol{A}^*\boldsymbol{B}=3\boldsymbol{A}\boldsymbol{B}-\boldsymbol{A}$$

由 $\boldsymbol{A}\boldsymbol{A}^*=|\boldsymbol{A}|\boldsymbol{E}=-2\boldsymbol{E}$ 得

$$-2\boldsymbol{B}=3\boldsymbol{A}\boldsymbol{B}-\boldsymbol{A}$$

整理得 $(3\boldsymbol{A}+2\boldsymbol{E})\boldsymbol{B}=\boldsymbol{A}$，又 $3\boldsymbol{A}+2\boldsymbol{E}=\mathrm{diag}(5, -4, 5)$，易知 $3\boldsymbol{A}+2\boldsymbol{E}$ 可逆，且

$$(3\boldsymbol{A}+2\boldsymbol{E})^{-1}=\mathrm{diag}\left(\frac{1}{5}, -\frac{1}{4}, \frac{1}{5}\right)$$

从而 $\boldsymbol{B}=(3\boldsymbol{A}+2\boldsymbol{E})^{-1}\boldsymbol{A}=\mathrm{diag}\left(\frac{1}{5}, \frac{1}{2}, \frac{1}{5}\right)$.

在利用伴随矩阵法求逆矩阵时，往往会涉及大量的计算，特别是对于高阶的普通方阵，这种方法不太适用，将在 2.5 节介绍一种相对简便实用的求逆矩阵的方法．对于抽象方阵求逆矩阵的问题，一般会用到定理 2.4 所提供的思路．

【例 2-24】　设方阵 $\boldsymbol{A}$ 满足 $\boldsymbol{A}^2+2\boldsymbol{A}-3\boldsymbol{E}=\boldsymbol{0}$，证明 $\boldsymbol{A}$ 和 $\boldsymbol{A}+4\boldsymbol{E}$ 都可逆，并分别求其逆矩阵．

分析： 由定理 2.4 可知，若能找到满足 $\boldsymbol{A}\boldsymbol{B}=\boldsymbol{E}$ 或 $\boldsymbol{B}\boldsymbol{A}=\boldsymbol{E}$ 的矩阵 $\boldsymbol{B}$，即可证明 $\boldsymbol{A}$ 可逆且 $\boldsymbol{A}^{-1}=\boldsymbol{B}$.

【解】　由 $\boldsymbol{A}^2+2\boldsymbol{A}-3\boldsymbol{E}=\boldsymbol{0}$ 可得 $\boldsymbol{A}(\boldsymbol{A}+2\boldsymbol{E})=3\boldsymbol{E}$，即

$$\boldsymbol{A}\left[\frac{1}{3}(\boldsymbol{A}+2\boldsymbol{E})\right]=\boldsymbol{E}$$

故 $\boldsymbol{A}$ 可逆，且 $\boldsymbol{A}^{-1}=\frac{1}{3}(\boldsymbol{A}+2\boldsymbol{E})$.

类似地，由 $\boldsymbol{A}^2+2\boldsymbol{A}-3\boldsymbol{E}=\boldsymbol{0}$ 可得 $(\boldsymbol{A}+4\boldsymbol{E})(\boldsymbol{A}-2\boldsymbol{E})=-5\boldsymbol{E}$，即

$$(\boldsymbol{A}+4\boldsymbol{E})\left[-\frac{1}{5}(\boldsymbol{A}-2\boldsymbol{E})\right]=\boldsymbol{E}$$

故 $\boldsymbol{A}+4\boldsymbol{E}$ 可逆，且 $(\boldsymbol{A}+4\boldsymbol{E})^{-1}=-\frac{1}{5}(\boldsymbol{A}-2\boldsymbol{E})$.

§ 2.4　分块矩阵

在矩阵运算中，对于行数和列数较高的矩阵，常会对其进行分块，把高阶矩阵的运算

转化为低阶矩阵的运算，使得运算简化且能突出矩阵的局部特性．本节将简单介绍分块矩阵的概念、运算及分块对角矩阵的一些性质．

2.4.1 分块矩阵的概念

把矩阵 $\boldsymbol{A}$ 用若干条纵线和横线分成许多个小矩阵，每个小矩阵称为 $\boldsymbol{A}$ 的子块，以子块为元素的形式上的矩阵称为分块矩阵．

例如，将 4×4 的矩阵 $\boldsymbol{A}$ 分块如下

$$\boldsymbol{A}=\left(\begin{array}{cc:cc} a & 1 & 0 & 0 \\ 0 & a & 0 & 0 \\ \hdashline 1 & 0 & b & 1 \\ 0 & 1 & 1 & b \end{array}\right)$$

若记 $\boldsymbol{A}_{11}=\begin{pmatrix} a & 1 \\ 0 & a \end{pmatrix}$，$\boldsymbol{0}_2=\begin{pmatrix} 0 & 0 \\ 0 & 0 \end{pmatrix}$，$\boldsymbol{E}_2=\begin{pmatrix} 1 & 0 \\ 0 & 1 \end{pmatrix}$，$\boldsymbol{A}_{22}=\begin{pmatrix} b & 1 \\ 1 & b \end{pmatrix}$，则 $\boldsymbol{A}_{11}$，$\boldsymbol{0}_2$，$\boldsymbol{E}_2$，$\boldsymbol{A}_{22}$ 是 $\boldsymbol{A}$ 的子块，而矩阵 $\boldsymbol{A}$ 称为以这 4 个子块为元素的分块矩阵，即

$$\boldsymbol{A}=\begin{pmatrix} \boldsymbol{A}_{11} & \boldsymbol{0}_2 \\ \boldsymbol{E}_2 & \boldsymbol{A}_{22} \end{pmatrix}$$

对同一个矩阵进行不同的划分会构成不同的分块矩阵，例如：

$$\left(\begin{array}{c:cc:c} a_{11} & a_{12} & a_{13} & a_{14} \\ a_{21} & a_{22} & a_{23} & a_{24} \\ \hdashline a_{31} & a_{32} & a_{33} & a_{34} \end{array}\right),\quad \left(\begin{array}{cccc} a_{11} & a_{12} & a_{13} & a_{14} \\ \hdashline a_{21} & a_{22} & a_{23} & a_{24} \\ \hdashline a_{31} & a_{32} & a_{33} & a_{34} \end{array}\right),\quad \left(\begin{array}{c:c:c:c} a_{11} & a_{12} & a_{13} & a_{14} \\ a_{21} & a_{22} & a_{23} & a_{24} \\ a_{31} & a_{32} & a_{33} & a_{34} \end{array}\right)$$

后两种分别称为按行分块和按列分块．该如何分块应视矩阵的结构与计算的需要而定，适当分块能使矩阵结构上的某些特征更加明显．

2.4.2 分块矩阵的运算

分块矩阵与普通矩阵的运算规则是类似的，运算时可直接将子块看作元素处理，但要注意子块作为小矩阵也要满足相应的运算规则．

1. 分块矩阵的加法

设矩阵 $\boldsymbol{A}$ 与 $\boldsymbol{B}$ 是同型矩阵，采用相同的分块法，有

$$\boldsymbol{A}=\begin{pmatrix} \boldsymbol{A}_{11} & \cdots & \boldsymbol{A}_{1r} \\ \vdots & & \vdots \\ \boldsymbol{A}_{s1} & \cdots & \boldsymbol{A}_{sr} \end{pmatrix},\quad \boldsymbol{B}=\begin{pmatrix} \boldsymbol{B}_{11} & \cdots & \boldsymbol{B}_{1r} \\ \vdots & & \vdots \\ \boldsymbol{B}_{s1} & \cdots & \boldsymbol{B}_{sr} \end{pmatrix}$$

其中 $\boldsymbol{A}_{ij}$ 与 $\boldsymbol{B}_{ij}$（$i=1$，…，s；$j=1$，…，r）是同型矩阵，则有

$$\boldsymbol{A}+\boldsymbol{B}=\begin{pmatrix} \boldsymbol{A}_{11}+\boldsymbol{B}_{11} & \cdots & \boldsymbol{A}_{1r}+\boldsymbol{B}_{1r} \\ \vdots & & \vdots \\ \boldsymbol{A}_{s1}+\boldsymbol{B}_{s1} & \cdots & \boldsymbol{A}_{sr}+\boldsymbol{B}_{sr} \end{pmatrix}$$

2. 分块矩阵的数乘

设分块矩阵 $\boldsymbol{A}=\begin{pmatrix}\boldsymbol{A}_{11} & \cdots & \boldsymbol{A}_{1r}\\ \vdots & & \vdots\\ \boldsymbol{A}_{s1} & \cdots & \boldsymbol{A}_{sr}\end{pmatrix}$，$\lambda$ 为常数，则 $\lambda\boldsymbol{A}=\begin{pmatrix}\lambda\boldsymbol{A}_{11} & \cdots & \lambda\boldsymbol{A}_{1r}\\ \vdots & & \vdots\\ \lambda\boldsymbol{A}_{s1} & \cdots & \lambda\boldsymbol{A}_{sr}\end{pmatrix}$.

【例 2-25】　将 4 阶方阵 $\boldsymbol{A}$ 与 $\boldsymbol{B}$ 分别按列分块后得 $\boldsymbol{A}=(\boldsymbol{\alpha},\boldsymbol{r}_2,\boldsymbol{r}_3,\boldsymbol{r}_4)$，$\boldsymbol{B}=(\boldsymbol{\beta},\boldsymbol{r}_2,\boldsymbol{r}_3,\boldsymbol{r}_4)$，若 $|\boldsymbol{A}|=m$，$|\boldsymbol{B}|=n$，求 $|2\boldsymbol{A}+\boldsymbol{B}|$.

【解】　$|2\boldsymbol{A}+\boldsymbol{B}|=|2(\boldsymbol{\alpha},\boldsymbol{r}_2,\boldsymbol{r}_3,\boldsymbol{r}_4)+(\boldsymbol{\beta},\boldsymbol{r}_2,\boldsymbol{r}_3,\boldsymbol{r}_4)|$

$=|(2\boldsymbol{\alpha}+\boldsymbol{\beta},3\boldsymbol{r}_2,3\boldsymbol{r}_3,3\boldsymbol{r}_4)|$　　分块矩阵的加法和数乘

$=|(2\boldsymbol{\alpha},3\boldsymbol{r}_2,3\boldsymbol{r}_3,3\boldsymbol{r}_4)|+|(\boldsymbol{\beta},3\boldsymbol{r}_2,3\boldsymbol{r}_3,3\boldsymbol{r}_4)|$　　行列式按第一列拆分

$=2\cdot3\cdot3\cdot3|(\boldsymbol{\alpha},\boldsymbol{r}_2,\boldsymbol{r}_3,\boldsymbol{r}_4)|+1\cdot3\cdot3\cdot3|(\boldsymbol{\beta},\boldsymbol{r}_2,\boldsymbol{r}_3,\boldsymbol{r}_4)|$　　行列式每列提出公因子

$=54m+27n$

3. 分块矩阵的乘法

设 $\boldsymbol{A}$ 为 $m\times l$ 矩阵，$\boldsymbol{B}$ 为 $l\times n$ 矩阵，分块成

$$\boldsymbol{A}=\begin{pmatrix}\boldsymbol{A}_{11} & \cdots & \boldsymbol{A}_{1t}\\ \vdots & & \vdots\\ \boldsymbol{A}_{s1} & \cdots & \boldsymbol{A}_{st}\end{pmatrix},\ \boldsymbol{B}=\begin{pmatrix}\boldsymbol{B}_{11} & \cdots & \boldsymbol{B}_{1r}\\ \vdots & & \vdots\\ \boldsymbol{B}_{t1} & \cdots & \boldsymbol{B}_{tr}\end{pmatrix}$$

其中，$\boldsymbol{A}_{i1}$，$\boldsymbol{A}_{i2}$，…，$\boldsymbol{A}_{it}$的列数分别等于 $\boldsymbol{B}_{1j}$，$\boldsymbol{B}_{2j}$，…，$\boldsymbol{B}_{tj}$的行数，那么

$$\boldsymbol{AB}=\begin{pmatrix}\boldsymbol{C}_{11} & \cdots & \boldsymbol{C}_{1r}\\ \vdots & & \vdots\\ \boldsymbol{C}_{s1} & \cdots & \boldsymbol{C}_{sr}\end{pmatrix}$$

其中，$\boldsymbol{C}_{ij}=\boldsymbol{A}_{i1}\boldsymbol{B}_{1j}+\boldsymbol{A}_{i2}\boldsymbol{B}_{2j}+\cdots+\boldsymbol{A}_{it}\boldsymbol{B}_{tj}$　$(i=1,\ \cdots,\ s;\ j=1,\ \cdots,\ r)$.

由于参与计算的子块是小矩阵，因此需要满足 $\boldsymbol{A}_{it}$的列数分别等于 $\boldsymbol{B}_{tj}$的行数，并且子块相乘也要区分左、右顺序，不能随便交换.

【例 2-26】　设矩阵

$$\boldsymbol{A}=\begin{pmatrix}1 & 1 & 1 & 0\\ 2 & -1 & 0 & 1\\ 0 & 0 & 1 & 2\\ 0 & 0 & 2 & 1\end{pmatrix},\ \boldsymbol{B}=\begin{pmatrix}1 & 1 & 0 & 0\\ 0 & 1 & 0 & 0\\ 2 & -1 & 1 & 0\\ 1 & 0 & 0 & 1\end{pmatrix}$$

用分块矩阵计算 $\boldsymbol{AB}$.

【解】　把 $\boldsymbol{A}$ 与 $\boldsymbol{B}$ 分块为

$$\boldsymbol{A}=\left(\begin{array}{cc:cc}1 & 1 & 1 & 0\\ 2 & -1 & 0 & 1\\ \hdashline 0 & 0 & 1 & 2\\ 0 & 0 & 2 & 1\end{array}\right)=\begin{pmatrix}\boldsymbol{A}_1 & \boldsymbol{E}\\ \boldsymbol{0} & \boldsymbol{A}_2\end{pmatrix},\ \boldsymbol{B}=\left(\begin{array}{cc:cc}1 & 1 & 0 & 0\\ 0 & 1 & 0 & 0\\ \hdashline 2 & -1 & 1 & 0\\ 1 & 0 & 0 & 1\end{array}\right)=\begin{pmatrix}\boldsymbol{B}_1 & \boldsymbol{0}\\ \boldsymbol{B}_2 & \boldsymbol{E}\end{pmatrix}$$

于是 $\boldsymbol{AB}=\begin{pmatrix}\boldsymbol{A}_1\boldsymbol{B}_1+\boldsymbol{B}_2 & \boldsymbol{E}\\ \boldsymbol{A}_2\boldsymbol{B}_2 & \boldsymbol{A}_2\end{pmatrix}$，其中

$$\boldsymbol{A}_1\boldsymbol{B}_1+\boldsymbol{B}_2=\begin{pmatrix}1 & 1\\ 2 & -1\end{pmatrix}\begin{pmatrix}1 & 1\\ 0 & 1\end{pmatrix}+\begin{pmatrix}2 & -1\\ 1 & 0\end{pmatrix}=\begin{pmatrix}3 & 1\\ 3 & 1\end{pmatrix}$$

$$A_2B_2=\begin{pmatrix}1&2\\2&1\end{pmatrix}\begin{pmatrix}2&-1\\1&0\end{pmatrix}=\begin{pmatrix}4&-1\\5&-2\end{pmatrix}$$

故 $AB=\begin{pmatrix}3&1&1&0\\3&1&0&1\\4&-1&1&2\\5&-2&2&1\end{pmatrix}$.

4. 分块矩阵的转置

设 $A=\begin{pmatrix}A_{11}&\cdots&A_{1r}\\\vdots&&\vdots\\A_{s1}&\cdots&A_{sr}\end{pmatrix}$，则 $A^{\mathrm{T}}=\begin{pmatrix}A_{11}^{\mathrm{T}}&\cdots&A_{s1}^{\mathrm{T}}\\\vdots&&\vdots\\A_{1r}^{\mathrm{T}}&\cdots&A_{sr}^{\mathrm{T}}\end{pmatrix}$.

注意：在改变子块本身位置的同时，作为小矩阵，子块本身的元素也要转置.

2.4.3 分块对角矩阵

若 n 阶方阵 A 的分块矩阵为

$$A=\begin{pmatrix}A_1&&&0\\&A_2&&\\&&\ddots&\\0&&&A_s\end{pmatrix}$$

其中，主对角线上的子块 $A_i(i=1,2,\cdots,s)$ 都是方阵，其余子块都是零矩阵，则称此分块矩阵为分块对角矩阵.

由矩阵的运算规则容易验证，分块对角矩阵具有与对角矩阵类似的性质：

① $\begin{pmatrix}A_1&&&0\\&A_2&&\\&&\ddots&\\0&&&A_s\end{pmatrix}^k=\begin{pmatrix}A_1^k&&&0\\&A_2^k&&\\&&\ddots&\\0&&&A_s^k\end{pmatrix}$

② $|A|=|A_1||A_2|\cdots|A_s|$

③ 若 $|A_i|\neq0$，则 $|A|\neq0$，且 $A^{-1}=\begin{pmatrix}A_1^{-1}&&&0\\&A_2^{-1}&&\\&&\ddots&\\0&&&A_s^{-1}\end{pmatrix}$

【例 2-27】 设 $A=\begin{pmatrix}1&2&0&0\\0&-1&0&0\\0&0&2&1\\0&0&3&2\end{pmatrix}$，求 A^{-1} 和 $|A^6|$.

【解】 把 A 分块为

$$A=\left(\begin{array}{cc:cc}1 & 2 & 0 & 0\\ 0 & -1 & 0 & 0\\ \hdashline 0 & 0 & 2 & 1\\ 0 & 0 & 3 & 2\end{array}\right)=\begin{pmatrix}A_1 & \mathbf{0}\\ \mathbf{0} & A_2\end{pmatrix}$$

其中 $A_1=\begin{pmatrix}1 & 2\\ 0 & -1\end{pmatrix}$，$A_2=\begin{pmatrix}2 & 1\\ 3 & 2\end{pmatrix}$，用伴随矩阵法分别求逆矩阵得

$$A_1^{-1}=\begin{pmatrix}1 & 2\\ 0 & -1\end{pmatrix},\ A_2^{-1}=\begin{pmatrix}2 & -1\\ -3 & 2\end{pmatrix}$$

故 $A^{-1}=\begin{pmatrix}1 & 2 & 0 & 0\\ 0 & -1 & 0 & 0\\ 0 & 0 & 2 & -1\\ 0 & 0 & -3 & 2\end{pmatrix}$.

且 $|A^6|=|A|^6=(|A_1||A_2|)^6=(-1\cdot 1)^6=1$.

【例 2-28】 设分块矩阵 $X=\begin{pmatrix}\mathbf{0} & A\\ B & \mathbf{0}\end{pmatrix}$，其中 s 阶方阵 A 与 t 阶方阵 B 都可逆，求 X 的逆矩阵.

【解】 设 X 的逆矩阵为

$$X^{-1}=\begin{pmatrix}X_{11} & X_{12}\\ X_{21} & X_{22}\end{pmatrix}$$

则由 $XX^{-1}=E$ 可得

$$\begin{pmatrix}\mathbf{0} & A\\ B & \mathbf{0}\end{pmatrix}\begin{pmatrix}X_{11} & X_{12}\\ X_{21} & X_{22}\end{pmatrix}=\begin{pmatrix}AX_{21} & AX_{22}\\ BX_{11} & BX_{12}\end{pmatrix}=\begin{pmatrix}E_s & \mathbf{0}\\ \mathbf{0} & E_t\end{pmatrix}$$

从而有

$$AX_{21}=E_s,\ AX_{22}=\mathbf{0},\ BX_{11}=\mathbf{0},\ BX_{12}=E_t$$

再由 A 与 B 可逆，解得

$$X_{21}=A^{-1},\ X_{22}=\mathbf{0},\ X_{11}=\mathbf{0},\ X_{12}=B^{-1}$$

因此 $X^{-1}=\begin{pmatrix}\mathbf{0} & B^{-1}\\ A^{-1} & \mathbf{0}\end{pmatrix}$.

此题的结论可推广到一般情形，即对于分块矩阵

$$A=\begin{pmatrix}\mathbf{0} & & & A_1\\ & & A_2 & \\ & \iddots & & \\ A_s & & & \mathbf{0}\end{pmatrix}$$

若子块 A_i（$i=1,2,\cdots,s$）均可逆，则有

$$A^{-1}=\begin{pmatrix}\mathbf{0} & & & A_s^{-1}\\ & & A_{s-1}^{-1} & \\ & \iddots & & \\ A_1^{-1} & & & \mathbf{0}\end{pmatrix}$$

§2.5 矩阵的初等变换

初等变换是矩阵的一种重要的运算形式，利用初等变换可以将矩阵化简，有利于研究矩阵的性质．初等变换在求逆矩阵、解线性方程组等方面有重要作用．

2.5.1 矩阵的初等变换的定义与化简

定义 2.11 矩阵的初等行变换是指：

（1）互换矩阵的两行（第 i 行与第 j 行互换，记作 $r_i \leftrightarrow r_j$）；

（2）用常数 $k \neq 0$ 乘某一行的所有元素（第 i 行乘 k，记作 $r_i \times k$）；

（3）把某一行所有元素的 k 倍加到另一行的对应元素上（第 j 行的 k 倍加到第 i 行上，记作 $r_i + kr_j$）．

把定义中的“行”换成“列”，即得到矩阵的初等列变换，所用记号把 r 换成 c 即可．矩阵的初等行变换和初等列变换统称为矩阵的初等变换．

利用初等变换可以直接改变矩阵中元素的数值，例如：

$$\begin{pmatrix} 1 & 2 & 0 & 5 \\ 2 & 4 & -6 & 2 \\ 3 & 0 & 7 & 1 \end{pmatrix} \xrightarrow[r_2 \times \frac{1}{2}]{r_1 \leftrightarrow r_3} \begin{pmatrix} 3 & 0 & 7 & 1 \\ 1 & 2 & -3 & 1 \\ 1 & 2 & 0 & 5 \end{pmatrix} \xrightarrow[c_1/3]{c_1 - \frac{1}{2}c_2} \begin{pmatrix} 1 & 0 & 7 & 1 \\ 0 & 2 & -3 & 1 \\ 0 & 2 & 0 & 5 \end{pmatrix}$$

经过初等变换后矩阵的元素会发生改变，本书用箭头连接变换前后的矩阵，并把所用初等变换依次写在箭头的上方和下方．显然，矩阵的初等变换是可逆的，其逆变换是同一类型的初等变换．

下面尝试利用初等变换将矩阵化为最简单的形式．已知矩阵

$$\boldsymbol{A} = \begin{pmatrix} 2 & 3 & 1 & -3 & -7 \\ 1 & 2 & 0 & -2 & -4 \\ 3 & -2 & 8 & 3 & 0 \\ 2 & -3 & 7 & 4 & 3 \end{pmatrix}$$

对其只作初等行变换可得

$$\boldsymbol{A} \xrightarrow{r_1 \leftrightarrow r_2} \begin{pmatrix} 1 & 2 & 0 & -2 & -4 \\ 2 & 3 & 1 & -3 & -7 \\ 3 & -2 & 8 & 3 & 0 \\ 2 & -3 & 7 & 4 & 3 \end{pmatrix} \xrightarrow[r_4 - 2r_1]{\substack{r_2 - 2r_1 \\ r_3 - 3r_1}} \begin{pmatrix} 1 & 2 & 0 & -2 & -4 \\ 0 & -1 & 1 & 1 & 1 \\ 0 & -8 & 8 & 9 & 12 \\ 0 & -7 & 7 & 8 & 11 \end{pmatrix}$$

$$\xrightarrow[r_4 - r_3]{\substack{r_3 - 8r_2 \\ r_4 - 7r_2}} \begin{pmatrix} 1 & 2 & 0 & -2 & -4 \\ 0 & -1 & 1 & 1 & 1 \\ 0 & 0 & 0 & 1 & 4 \\ 0 & 0 & 0 & 0 & 0 \end{pmatrix} = \boldsymbol{B}_1$$

形如 $\boldsymbol{B}_1$ 的矩阵称为行阶梯形矩阵，它的元素排布具有阶梯形的特点：

① 可画出一条由若干段竖线和横线交替连接的阶梯线，线的左下方若有元素，则均为 0；

② 阶梯线的每个台阶只有一行（每段竖线的高度为一行），台阶数即是非零行的行数

(元素全为零的行称为零行，否则称为非零行)；

③ 竖线后的第一个元素是该非零行的第一个非零元素（简称首非零元）.

对 $\boldsymbol{B}_1$继续作初等行变换可得

$$\boldsymbol{B}_1 \xrightarrow[r_1+2r_3]{r_2-r_3} \begin{pmatrix} 1 & 2 & 0 & 0 & 4 \\ 0 & -1 & 1 & 0 & -3 \\ 0 & 0 & 0 & 1 & 4 \\ 0 & 0 & 0 & 0 & 0 \end{pmatrix} \xrightarrow[r_2\times(-1)]{r_1+2r_2} \begin{pmatrix} 1 & 0 & 2 & 0 & -2 \\ 0 & 1 & -1 & 0 & 3 \\ 0 & 0 & 0 & 1 & 4 \\ 0 & 0 & 0 & 0 & 0 \end{pmatrix} = \boldsymbol{B}_2$$

矩阵 $\boldsymbol{B}_2$中的元素更为简单，形如 $\boldsymbol{B}_2$的矩阵称为行最简形矩阵，它具有下列特征：

① 它是行阶梯形矩阵；

② 各非零行的首非零元都是 1；

③ 每个首非零元所在列的其余元素都是 0.

行阶梯形矩阵与行最简形矩阵在线性代数中有十分重要的作用，事实上，关于这两类矩阵，有以下结论：

① 任意一个非零矩阵总可以经过有限次初等行变换化为行阶梯矩阵，并进一步化为行最简形矩阵；

② 一个矩阵的行阶梯矩阵是不唯一的，但行最简形矩阵是唯一确定的；

③ 同一矩阵的所有行阶梯形矩阵和行最简形矩阵的非零行的行数相同.

如果对行最简形矩阵 $\boldsymbol{B}_2$再作初等列变换，可得到形式更简单的矩阵：

$$\boldsymbol{B}_2 \xrightarrow[c_5+2c_1]{c_3-2c_1} \begin{pmatrix} 1 & 0 & 0 & 0 & 0 \\ 0 & 1 & -1 & 0 & 3 \\ 0 & 0 & 0 & 1 & 4 \\ 0 & 0 & 0 & 0 & 0 \end{pmatrix} \xrightarrow[c_5-3c_2]{c_3+c_2} \begin{pmatrix} 1 & 0 & 0 & 0 & 0 \\ 0 & 1 & 0 & 0 & 0 \\ 0 & 0 & 0 & 1 & 4 \\ 0 & 0 & 0 & 0 & 0 \end{pmatrix}$$

$$\xrightarrow[c_3\leftrightarrow c_4]{c_5-4c_4} \begin{pmatrix} 1 & 0 & 0 & 0 & 0 \\ 0 & 1 & 0 & 0 & 0 \\ 0 & 0 & 1 & 0 & 0 \\ 0 & 0 & 0 & 0 & 0 \end{pmatrix} = \boldsymbol{B}_3 = \begin{pmatrix} \boldsymbol{E}_3 & \boldsymbol{0} \\ \boldsymbol{0} & \boldsymbol{0} \end{pmatrix}$$

矩阵 $\boldsymbol{B}_3$的左上角是一个单位矩阵，其余各子块都是零矩阵 . 矩阵 $\boldsymbol{B}_3$称为矩阵 $\boldsymbol{A}$ 的标准形矩阵，它的非零行的行数也是 3，与矩阵 $\boldsymbol{A}$ 的行阶梯形矩阵及行最简形矩阵的非零行的行数是一样的 .

初等变换前后的矩阵显然不是相等的关系，这里引入矩阵等价的概念来描述：若矩阵 $\boldsymbol{A}$ 经有限次初等变换化为矩阵 $\boldsymbol{B}$，则称矩阵 $\boldsymbol{A}$ 与 $\boldsymbol{B}$ 等价 . 容易验证，矩阵的等价关系具有反身性（矩阵与自身等价）、对称性（若矩阵 $\boldsymbol{A}$ 与 $\boldsymbol{B}$ 等价，则矩阵 $\boldsymbol{B}$ 与 $\boldsymbol{A}$ 也等价）和传递性（若矩阵 $\boldsymbol{A}$ 与 $\boldsymbol{B}$ 等价，矩阵 $\boldsymbol{B}$ 与 $\boldsymbol{C}$ 等价，则矩阵 $\boldsymbol{A}$ 与 $\boldsymbol{C}$ 也等价）.

2.5.2　初等矩阵

初等变换是矩阵的一种重要运算，为进一步探讨它的性质和应用，需要了解初等矩阵的知识 .

定义 2.12　由单位矩阵 $\boldsymbol{E}$ 经过一次初等变换得到的矩阵称为初等矩阵 .

3 种初等变换对应 3 种初等矩阵：

（1）互换 $\boldsymbol{E}$ 的第 i 行与第 j 行（或互换第 i 列与第 j 列），得

$$\boldsymbol{E}(i,\ j)=\begin{pmatrix} 1 & & & & & & & & & \\ & \ddots & & & & & & & & \\ & & 1 & & & & & & & \\ & & & 0 & \cdots & \cdots & \cdots & 1 & & \\ & & & \vdots & 1 & & & \vdots & & \\ & & & \vdots & & \ddots & & \vdots & & \\ & & & \vdots & & & 1 & \vdots & & \\ & & & 1 & \cdots & \cdots & \cdots & 0 & & \\ & & & & & & & & 1 & \\ & & & & & & & & & \ddots \\ & & & & & & & & & & 1 \end{pmatrix}\begin{matrix} \\ \\ \\ \leftarrow 第\, i\, 行 \\ \\ \\ \\ \leftarrow 第\, j\, 行 \\ \\ \\ \\ \end{matrix}$$

（2）用常数 $k\neq 0$ 乘 $\boldsymbol{E}$ 的第 i 行（或第 i 列），得

$$\boldsymbol{E}(i(k))=\begin{pmatrix} 1 & & & & & & \\ & \ddots & & & & & \\ & & 1 & & & & \\ & & & k & & & \\ & & & & 1 & & \\ & & & & & \ddots & \\ & & & & & & 1 \end{pmatrix}\begin{matrix} \\ \\ \\ \leftarrow 第\, i\, 行 \\ \\ \\ \\ \end{matrix}$$

（3）把 $\boldsymbol{E}$ 的第 j 行的 k 倍加到第 i 行上（或第 j 列的 k 倍加到第 i 列），得

$$\boldsymbol{E}(i,\ j(k))=\begin{pmatrix} 1 & & & & & & \\ & \ddots & & & & & \\ & & 1 & \cdots & k & & \\ & & & \ddots & \vdots & & \\ & & & & 1 & & \\ & & & & & \ddots & \\ & & & & & & 1 \end{pmatrix}\begin{matrix} \\ \\ \leftarrow 第\, i\, 行 \\ \\ \leftarrow 第\, j\, 行 \\ \\ \\ \end{matrix}$$

容易验证，初等矩阵都是可逆的，且它们的逆矩阵还是初等矩阵，即

$$\boldsymbol{E}(i,\ j)^{-1}=\boldsymbol{E}(i,\ j),\ \boldsymbol{E}(i(k))^{-1}=\boldsymbol{E}\left(i\left(\frac{1}{k}\right)\right),\ \boldsymbol{E}(i,\ j(k))^{-1}=\boldsymbol{E}(i,\ j(-k))$$

定理 2.5　对 $m\times n$ 矩阵 $\boldsymbol{A}$ 进行一次初等行变换，相当于用相应的 m 阶初等矩阵左乘 $\boldsymbol{A}$；对 $\boldsymbol{A}$ 进行一次初等列变换，相当于用相应的 n 阶初等矩阵右乘 $\boldsymbol{A}$.

证明：只对初等行变换的情形进行证明，初等列变换类似可证．将矩阵 $\boldsymbol{A}$ 按行分块得

$$\boldsymbol{A}=(\boldsymbol{A}_1^{\mathrm{T}},\ \cdots,\ \boldsymbol{A}_i^{\mathrm{T}},\ \cdots,\ \boldsymbol{A}_j^{\mathrm{T}},\ \cdots,\ \boldsymbol{A}_m^{\mathrm{T}})^{\mathrm{T}}$$

其中 $\boldsymbol{A}_k=(a_{k1},\ a_{k2},\ \cdots,\ a_{kn})$．将 m 阶初等矩阵 $\boldsymbol{E}(i,\ j)$、$\boldsymbol{E}(i(k))$ 和 $\boldsymbol{E}(i,\ j(k))$ 看作分

块矩阵，由分块矩阵的乘法可得

$$
\boldsymbol{E}(i,\ j)\boldsymbol{A}=\begin{array}{r} \\ \\ \\ \text{第}\,i\,\text{行}\rightarrow \\ \\ \\ \\ \text{第}\,j\,\text{行}\rightarrow \\ \\ \\ \\ \end{array}\begin{pmatrix}
1 &&&&&&&&&& \\
& \ddots &&&&&&&&& \\
&& 1 &&&&&&&& \\
&&& 0 & \cdots & \cdots & \cdots & 1 &&& \\
&&& \vdots & 1 &&& \vdots &&& \\
&&& \vdots && \ddots && \vdots &&& \\
&&& \vdots &&& 1 & \vdots &&& \\
&&& 1 & \cdots & \cdots & \cdots & 0 &&& \\
&&&&&&&& 1 && \\
&&&&&&&&& \ddots & \\
&&&&&&&&&& 1
\end{pmatrix}\begin{pmatrix} \boldsymbol{A}_1 \\ \vdots \\ \boldsymbol{A}_i \\ \vdots \\ \boldsymbol{A}_j \\ \vdots \\ \boldsymbol{A}_m \end{pmatrix}=\begin{pmatrix} \boldsymbol{A}_1 \\ \vdots \\ \boldsymbol{A}_j \\ \vdots \\ \boldsymbol{A}_i \\ \vdots \\ \boldsymbol{A}_m \end{pmatrix}
$$

$$
\boldsymbol{E}(i(k))\boldsymbol{A}=\begin{array}{r} \\ \\ \\ \text{第}\,i\,\text{行}\rightarrow \\ \\ \\ \\ \end{array}\begin{pmatrix}
1 &&&&&& \\
& \ddots &&&&& \\
&& 1 &&&& \\
&&& k &&& \\
&&&& 1 && \\
&&&&& \ddots & \\
&&&&&& 1
\end{pmatrix}\begin{pmatrix} \boldsymbol{A}_1 \\ \vdots \\ \boldsymbol{A}_i \\ \vdots \\ \boldsymbol{A}_m \end{pmatrix}=\begin{pmatrix} \boldsymbol{A}_1 \\ \vdots \\ k\boldsymbol{A}_i \\ \vdots \\ \boldsymbol{A}_m \end{pmatrix}
$$

$$
\boldsymbol{E}(i,\ j(k))\boldsymbol{A}=\begin{array}{r} \\ \\ \text{第}\,i\,\text{行}\rightarrow \\ \\ \text{第}\,j\,\text{行}\rightarrow \\ \\ \\ \end{array}\begin{pmatrix}
1 &&&&& \\
& \ddots &&&& \\
&& 1 & \cdots & k && \\
&&& \ddots & \vdots && \\
&&&& 1 && \\
&&&&& \ddots & \\
&&&&&& 1
\end{pmatrix}\begin{pmatrix} \boldsymbol{A}_1 \\ \vdots \\ \boldsymbol{A}_i \\ \vdots \\ \boldsymbol{A}_j \\ \vdots \\ \boldsymbol{A}_m \end{pmatrix}=\begin{pmatrix} \boldsymbol{A}_1 \\ \vdots \\ \boldsymbol{A}_i+k\boldsymbol{A}_j \\ \vdots \\ \boldsymbol{A}_j \\ \vdots \\ \boldsymbol{A}_m \end{pmatrix}
$$

因此，$\boldsymbol{E}(i,\ j)\boldsymbol{A}$ 相当于把 $\boldsymbol{A}$ 的第 i 行和第 j 行互换；$\boldsymbol{E}(i(k))\boldsymbol{A}$ 相当于用数 k 乘 $\boldsymbol{A}$ 的第 i 行；$\boldsymbol{E}(i,\ j(k))\boldsymbol{A}$ 相当于把 $\boldsymbol{A}$ 的第 j 行的 k 倍加到第 i 行上.

综上可知，初等矩阵把矩阵的初等变换与矩阵的乘法联系了起来.

2.5.3　用初等变换求逆矩阵

初等变换可用于求方阵的逆矩阵，下面通过一个定理给出求逆矩阵的初等变换法，与伴随矩阵法相比，这种方法更为简便可行.

定理 2.6　方阵 $\boldsymbol{A}$ 可逆的充分必要条件是 $\boldsymbol{A}$ 可表示为有限个初等矩阵的乘积.

证明： 先证必要性. 设 n 阶方阵 $\boldsymbol{A}$ 可逆，且 $\boldsymbol{A}$ 经过有限次初等行变换化为行最简形矩阵 $\boldsymbol{B}$. 由定理 2.5 知，有初等矩阵 $\boldsymbol{P}_1$，$\boldsymbol{P}_2$，$\cdots$，$\boldsymbol{P}_l$使得

$$\boldsymbol{P}_l\cdots\boldsymbol{P}_2\boldsymbol{P}_1\boldsymbol{A}=\boldsymbol{B}$$

由方阵 $\boldsymbol{A}$ 与初等矩阵都可逆，得矩阵 $\boldsymbol{B}$ 也可逆，即 $|\boldsymbol{B}|\neq 0$. 作为行最简形矩阵，为使行

列式不等于零，$\boldsymbol{B}$ 不能有元素全为 0 的行，说明 $\boldsymbol{B}$ 的非零行数是 n，即 $\boldsymbol{B}$ 有 n 个首非零元 1. 由行最简形矩阵的特点，可知 n 阶方阵 $\boldsymbol{B}=\boldsymbol{E}$. 于是

$$\boldsymbol{A}=\boldsymbol{P}_1^{-1}\boldsymbol{P}_2^{-1}\cdots\boldsymbol{P}_l^{-1}\boldsymbol{E}=\boldsymbol{P}_1^{-1}\boldsymbol{P}_2^{-1}\cdots\boldsymbol{P}_l^{-1}$$

由于初等矩阵的逆矩阵还是初等矩阵，说明 $\boldsymbol{A}$ 可表示为有限个初等矩阵的乘积 .

再证充分性 . 若方阵 $\boldsymbol{A}$ 可表示为有限个初等矩阵的乘积，则由初等矩阵都可逆，直接可得 $\boldsymbol{A}$ 也可逆 .

设 n 阶方阵 $\boldsymbol{A}$ 可逆，由定理 2. 6 知，有初等矩阵 $\boldsymbol{Q}_1$，$\boldsymbol{Q}_2$，…，$\boldsymbol{Q}_l$使得

$$\boldsymbol{A}=\boldsymbol{Q}_1\boldsymbol{Q}_2\cdots\boldsymbol{Q}_l$$

由于初等矩阵都可逆，从而有

$$\boldsymbol{Q}_l^{-1}\cdots\boldsymbol{Q}_2^{-1}\boldsymbol{Q}_1^{-1}\boldsymbol{A}=\boldsymbol{E} \tag{2-2}$$

$$\boldsymbol{A}\boldsymbol{Q}_l^{-1}\cdots\boldsymbol{Q}_2^{-1}\boldsymbol{Q}_1^{-1}=\boldsymbol{E} \tag{2-3}$$

由定理 2. 5 可知，$\boldsymbol{A}$ 只用有限次初等行变换（左乘初等矩阵）就可以化为单位矩阵 $\boldsymbol{E}$，或者只用有限次初等列变换（右乘初等矩阵）就可以化为 $\boldsymbol{E}$. 在式（2-2）的两边右乘 $\boldsymbol{A}^{-1}$得

$$\boldsymbol{Q}_l^{-1}\cdots\boldsymbol{Q}_2^{-1}\boldsymbol{Q}_1^{-1}\boldsymbol{E}=\boldsymbol{A}^{-1} \tag{2-4}$$

式（2-2）和式（2-4）表明，对 $\boldsymbol{A}$ 进行一系列初等行变换化为 $\boldsymbol{E}$ 的同时，若对 $\boldsymbol{E}$ 进行相同的初等行变换，可将 $\boldsymbol{E}$ 化为 $\boldsymbol{A}^{-1}$. 综上，得到用初等行变换求逆矩阵的方法：构造一个分块矩阵 $(\boldsymbol{A}\,\vdots\,\boldsymbol{E})$，用初等行变换将其左半边的 $\boldsymbol{A}$ 化为 $\boldsymbol{E}$，这时右半边的 $\boldsymbol{E}$ 同步化出的矩阵就是 $\boldsymbol{A}^{-1}$，即

$$(\boldsymbol{A}\,\vdots\,\boldsymbol{E})\xrightarrow{\text{初等行变换}}(\boldsymbol{E}\,\vdots\,\boldsymbol{A}^{-1})$$

注意此过程只能用初等行变换 . 同理，由式（2-3）可得到用初等列变换求逆矩阵的方法（请读者自证），即

$$\begin{pmatrix}\boldsymbol{A}\\ \vdots\\ \boldsymbol{E}\end{pmatrix}\xrightarrow{\text{初等列变换}}\begin{pmatrix}\boldsymbol{E}\\ \vdots\\ \boldsymbol{A}^{-1}\end{pmatrix}$$

本书将主要应用初等行变换求逆矩阵 .

注意，在对 $(\boldsymbol{A}\,\vdots\,\boldsymbol{E})$ 作初等行变换时，若 $\boldsymbol{A}$ 化出的方阵 $\boldsymbol{B}$ 出现零行，例如：

$$(\boldsymbol{A}\,\vdots\,\boldsymbol{E})=\begin{pmatrix}1&-2&3&1&0&0\\1&1&2&0&1&0\\-2&4&-6&0&0&1\end{pmatrix}\xrightarrow[r_3+2r_1]{r_2-r_1}\left(\begin{array}{|ccc|ccc}\hline 1&-2&3&1&0&0\\0&3&-1&-1&1&0\\0&0&0&2&0&1\\\hline\end{array}\right)$$

则由行列式性质可得 $|\boldsymbol{B}|=0$. 又由定理 2. 5，存在初等矩阵 $\boldsymbol{P}_1$，$\boldsymbol{P}_2$，…，$\boldsymbol{P}_l$使

$$\boldsymbol{P}_l\cdots\boldsymbol{P}_2\boldsymbol{P}_1\boldsymbol{A}=\boldsymbol{B}$$

两边同时求方阵的行列式得 $|\boldsymbol{P}_l\cdots\boldsymbol{P}_2\boldsymbol{P}_1\boldsymbol{A}|=|\boldsymbol{P}_l|\cdots|\boldsymbol{P}_2||\boldsymbol{P}_1||\boldsymbol{A}|=|\boldsymbol{B}|=0$，由初等矩阵 $\boldsymbol{P}_1$，$\boldsymbol{P}_2$，…，$\boldsymbol{P}_l$可逆，得 $|\boldsymbol{A}|=0$，故方阵 $\boldsymbol{A}$ 不可逆 . 在实际计算时如果遇到此类情况，可直接终止变换，回答 $\boldsymbol{A}^{-1}$不存在即可 .

【例 2-29】 设 $\boldsymbol{A}=\begin{pmatrix}3&-2&0\\0&2&4\\1&0&1\end{pmatrix}$，求 $\boldsymbol{A}^{-1}$.

【解】 对 $(A \vdots E)$ 作初等行变换得

$$(A \vdots E)=\begin{pmatrix}3&-2&0&1&0&0\\0&2&4&0&1&0\\1&0&1&0&0&1\end{pmatrix}\xrightarrow{r_1\leftrightarrow r_3}\begin{pmatrix}1&0&1&0&0&1\\0&2&4&0&1&0\\3&-2&0&1&0&0\end{pmatrix}$$

$$\xrightarrow{r_3-3r_1}\begin{pmatrix}1&0&1&0&0&1\\0&2&4&0&1&0\\0&-2&-3&1&0&-3\end{pmatrix}\xrightarrow{r_3+r_2}\begin{pmatrix}1&0&1&0&0&1\\0&2&4&0&1&0\\0&0&1&1&1&-3\end{pmatrix}$$

$$\xrightarrow[r_2/2]{\substack{r_2-4r_3\\r_1-r_3}}\begin{pmatrix}1&0&0&-1&-1&4\\0&1&0&-2&-3/2&6\\0&0&1&1&1&-3\end{pmatrix}=(E \vdots A^{-1})$$

于是 $A^{-1}=\begin{pmatrix}-1&-1&4\\-2&-3/2&6\\1&1&-3\end{pmatrix}$.

【例 2-30】 已知 $A=\begin{pmatrix}2&2&0\\2&1&3\\0&1&0\end{pmatrix}$，求解矩阵方程 $AX=A+X$.

【解】 由 $AX=A+X$ 得 $(A-E)X=A$，又

$$(A-E \vdots E)=\begin{pmatrix}1&2&0&1&0&0\\2&0&3&0&1&0\\0&1&-1&0&0&1\end{pmatrix}\xrightarrow{r_2-2r_1}\begin{pmatrix}1&2&0&1&0&0\\0&-4&3&-2&1&0\\0&1&-1&0&0&1\end{pmatrix}$$

$$\xrightarrow{r_2\leftrightarrow r_3}\begin{pmatrix}1&2&0&1&0&0\\0&1&-1&0&0&1\\0&-4&3&-2&1&0\end{pmatrix}\xrightarrow{r_3+4r_2}\begin{pmatrix}1&2&0&1&0&0\\0&1&-1&0&0&1\\0&0&-1&-2&1&4\end{pmatrix}$$

$$\xrightarrow[r_3\times(-1)]{r_2-r_3}\begin{pmatrix}1&2&0&1&0&0\\0&1&0&2&-1&-3\\0&0&1&2&-1&-4\end{pmatrix}\xrightarrow{r_1-2r_2}\begin{pmatrix}1&0&0&-3&2&6\\0&1&0&2&-1&-3\\0&0&1&2&-1&-4\end{pmatrix}$$

$$=(E \vdots (A-E)^{-1})$$

得 $(A-E)^{-1}=\begin{pmatrix}-3&2&6\\2&-1&-3\\2&-1&-4\end{pmatrix}$，故 $X=(A-E)^{-1}A=\begin{pmatrix}-2&2&6\\2&0&-3\\2&-1&-3\end{pmatrix}$.

选读 —— 用初等变换解矩阵方程

对于形如 $AX=B$ 的矩阵方程，若 A 可逆，其解为 $X=A^{-1}B$. 为求出 X，可先求出 A^{-1}，再计算 $A^{-1}B$. 此外，还可用初等行变换直接求出 X. 因为 A 可逆，则由定理 2.5 和定理 2.6 可推出式 (2-5) 与式 (2-6) 成立，即

$$Q_l^{-1}\cdots Q_2^{-1}Q_1^{-1}A=E \tag{2-5}$$

$$AQ_l^{-1}\cdots Q_2^{-1}Q_1^{-1}=E \tag{2-6}$$

在式（2-5）的两边右乘 $\boldsymbol{A}^{-1}\boldsymbol{B}$ 得

$$\boldsymbol{Q}_l^{-1}\cdots\boldsymbol{Q}_2^{-1}\boldsymbol{Q}_1^{-1}\boldsymbol{B}=\boldsymbol{A}^{-1}\boldsymbol{B} \tag{2-7}$$

式（2-5）和式（2-7）表明，对 $\boldsymbol{A}$ 进行一系列初等行变换化为 $\boldsymbol{E}$ 的同时，若对 $\boldsymbol{B}$ 进行相同的初等行变换，可将 $\boldsymbol{B}$ 化为 $\boldsymbol{A}^{-1}\boldsymbol{B}=\boldsymbol{X}$. 综上，得到用初等行变换求解形如 $\boldsymbol{AX}=\boldsymbol{B}$ 的矩阵方程的方法：

$$(\boldsymbol{A}\mid\boldsymbol{B})\xrightarrow{\text{初等行变换}}(\boldsymbol{E}\mid\boldsymbol{A}^{-1}\boldsymbol{B})$$

【例 2-31】 承例 2-30

【解 2】 由 $\boldsymbol{AX}=\boldsymbol{A}+\boldsymbol{X}$ 得（$\boldsymbol{A}-\boldsymbol{E}$）$\boldsymbol{X}=\boldsymbol{A}$，又

$$(\boldsymbol{A}-\boldsymbol{E}\mid\boldsymbol{A})=\begin{pmatrix}1&2&0&2&2&0\\2&0&3&2&1&3\\0&1&-1&0&1&0\end{pmatrix}\xrightarrow[r_2\leftrightarrow r_3]{r_2-2r_1}\begin{pmatrix}1&2&0&2&2&0\\0&1&-1&0&1&0\\0&-4&3&-2&-3&3\end{pmatrix}$$

$$\xrightarrow[r_3/(-1)]{r_3+4r_2}\begin{pmatrix}1&2&0&2&2&0\\0&1&-1&0&1&0\\0&0&1&2&-1&-3\end{pmatrix}\xrightarrow[r_1-2r_2]{r_2+r_3}\begin{pmatrix}1&0&0&-2&2&6\\0&1&0&2&0&-3\\0&0&1&2&-1&-3\end{pmatrix}$$

$$=(\boldsymbol{E}\mid(\boldsymbol{A}-\boldsymbol{E})^{-1}\boldsymbol{A})$$

故 $\boldsymbol{X}=(\boldsymbol{A}-\boldsymbol{E})^{-1}\boldsymbol{A}=\begin{pmatrix}-2&2&6\\2&0&-3\\2&-1&-3\end{pmatrix}$.

类似地，若矩阵方程形如 $\boldsymbol{XA}=\boldsymbol{B}$，由 $\boldsymbol{A}$ 可逆，解得 $\boldsymbol{X}=\boldsymbol{BA}^{-1}$. 在式（2-6）的两边左乘 $\boldsymbol{BA}^{-1}$ 可得

$$\boldsymbol{BQ}_l^{-1}\cdots\boldsymbol{Q}_2^{-1}\boldsymbol{Q}_1^{-1}=\boldsymbol{BA}^{-1} \tag{2-8}$$

式（2-6）和式（2-8）表明，对 $\boldsymbol{A}$ 进行一系列初等列变换化为 $\boldsymbol{E}$ 的同时，若对 $\boldsymbol{B}$ 进行相同的初等列变换，可将 $\boldsymbol{B}$ 化为 $\boldsymbol{BA}^{-1}=\boldsymbol{X}$，从而得到用初等列变换求解形如 $\boldsymbol{XA}=\boldsymbol{B}$ 的矩阵方程的方法：

$$\begin{pmatrix}\boldsymbol{A}\\\vdots\\\boldsymbol{B}\end{pmatrix}\xrightarrow{\text{初等列变换}}\begin{pmatrix}\boldsymbol{E}\\\vdots\\\boldsymbol{BA}^{-1}\end{pmatrix}$$

§2.6 矩阵的秩

矩阵的秩是矩阵的一个本质特征，对于研究矩阵的理论与应用有着十分重要的作用．下面首先从子式的角度来描述矩阵的这个内在特征．

2.6.1 矩阵的秩的概念

定义 2.13 在 $m\times n$ 矩阵 A 中任选 k 行 k 列（$1\leqslant k\leqslant\min\{m, n\}$），位于这些选定的行列交叉处的 k^2 个元素，保持原来的位置次序构成的 k 阶行列式，称为矩阵 A 的一个 k 阶子式．

易知，$m\times n$ 矩阵的 k 阶子式共有 $C_m^kC_n^k$ 个，子式的最高阶数是 $\min\{m, n\}$.

【例 2-32】　设矩阵 $A=\begin{pmatrix}1 & 3 & -5 & 7\\0 & 1 & 2 & -3\\0 & 0 & 0 & 0\end{pmatrix}$，由定义可知，从 A 中可取到的最高阶子式是三阶，其中：

矩阵 A 中每个元素都是矩阵 A 的一个一阶子式，共 $C_3^1C_4^1=12$ 个；

取矩阵 A 的第 1、2 行与第 1、2 列交叉位置的元素可得到 A 的一个二阶子式

$$\begin{vmatrix}1 & 3\\0 & 1\end{vmatrix}=1\neq 0$$

这是一个非零子式．若取矩阵 A 的第 2、3 行与第 1、3 列交叉位置的元素可得到矩阵 A 的另一个二阶子式

$$\begin{vmatrix}0 & 2\\0 & 0\end{vmatrix}=0$$

这是一个零子式．易知，A 的二阶子式共 $C_3^2C_4^2=18$ 个；

矩阵 A 的三阶子式共 $C_3^3C_4^3=4$ 个，分别为

$$\begin{vmatrix}1 & 3 & -5\\0 & 1 & 2\\0 & 0 & 0\end{vmatrix},\quad\begin{vmatrix}1 & 3 & 7\\0 & 1 & -3\\0 & 0 & 0\end{vmatrix},\quad\begin{vmatrix}1 & -5 & 7\\0 & 2 & -3\\0 & 0 & 0\end{vmatrix},\quad\begin{vmatrix}3 & -5 & 7\\1 & 2 & -3\\0 & 0 & 0\end{vmatrix}$$

不难看出，矩阵 A 的所有三阶子式均等于 0.

在例 2-32 中，矩阵 A 的三阶子式都是零子式，而二阶子式中有零子式也有非零子式，即矩阵 A 的非零子式的最高阶数是 2，这个数字与矩阵本身的元素有关．

定义 2.14　矩阵 A 中的非零子式的最高阶数称为矩阵 A 的秩，记作 $R(A)$．

由于零矩阵没有非零子式，规定零矩阵的秩等于 0，即 $R(\mathbf{0})=0$.

在例 2-32 中，矩阵 A 的秩 $R(A)=2$，$\begin{vmatrix}1 & 3\\0 & 1\end{vmatrix}$、$\begin{vmatrix}3 & -5\\1 & 2\end{vmatrix}$ 等都是它的最高阶非零子式．一般来说，最高阶非零子式可能不止一个．

关于矩阵的秩，由定义可得以下结论：

① 若矩阵 A 为 $m\times n$ 矩阵，则 $0\leqslant R(A)\leqslant \min\{m, n\}$；

② 由于行列式与其转置行列式相等，A^T 的子式与 A 的子式对应相等，故有 $R(A^T)=R(A)$；

③ 若矩阵 A 中有某个 s 阶子式不为零，则有 $R(A)\geqslant s$；若矩阵 A 中所有 t 阶子式全为零，则有 $R(A)<t$；

④ 由于 n 阶方阵 A 的 n 阶子式只有一个 $|A|$，因此，当 $|A|\neq 0$ 时 $R(A)=n$，此时称矩阵 A 为满秩矩阵；当 $|A|=0$ 时 $R(A)<n$，此时称矩阵 A 为降秩矩阵．

换言之，可逆矩阵（非奇异矩阵）又称满秩矩阵；不可逆矩阵（奇异矩阵）又称降秩矩阵．对于 $m\times n$ 矩阵 A，若 $R(A)=m$，称其为行满秩矩阵；若 $R(A)=n$，则称其为列满秩矩阵．

【例 2-33】　已知 4 阶方阵 A 的秩 $R(A)=2$，则其伴随矩阵 A^* 的秩 $R(A^*)=$ ________．

分析： 由 $R(\boldsymbol{A})=2$，知 $\boldsymbol{A}$ 的所有三阶子式均为 0，而 $\boldsymbol{A}^*$ 的元素是 $|\boldsymbol{A}|$ 的代数余子式，恰为 $\boldsymbol{A}$ 的三阶子式，所以 $\boldsymbol{A}^*=\boldsymbol{0}$，从而 $R(\boldsymbol{A}^*)=0$.

2.6.2 矩阵的秩的求法

利用定义求矩阵的秩需要由高阶到低阶寻找最高阶非零子式.

【例 2-34】 求矩阵 $\boldsymbol{A}=\begin{pmatrix}2&-1&0&1&-2\\0&1&3&-2&4\\0&0&0&3&-1\\0&0&0&0&0\end{pmatrix}$ 的秩.

【解】 $\boldsymbol{A}$ 是一个行阶梯形矩阵，其非零行只有 3 行，$\boldsymbol{A}$ 的四阶子式必有一行都是 0，故所有四阶子式全为零. 而 $\boldsymbol{A}$ 存在一个三阶子式

$$\begin{vmatrix}2&-1&1\\0&1&-2\\0&0&3\end{vmatrix}=6\neq 0$$

所以 $R(\boldsymbol{A})=3$.

例 2-32 和例 2-34 中的矩阵都是行阶梯形矩阵，它们的秩分别等于各自非零行的行数. 从求秩的过程可以发现，此结论对于其他行梯形矩阵同样成立，即行阶梯形矩阵的秩等于它的非零行的行数.

【例 2-35】 求矩阵 $\boldsymbol{A}=\begin{pmatrix}1&2&3\\2&3&-5\\4&7&1\end{pmatrix}$ 的秩.

【解】 $\boldsymbol{A}$ 的三阶子式只有一个 $|\boldsymbol{A}|$，且

$$|\boldsymbol{A}|=\begin{vmatrix}1&2&3\\2&3&-5\\4&7&1\end{vmatrix}\xlongequal[r_3-4r_1]{r_2-2r_1}\begin{vmatrix}1&2&3\\0&-1&-11\\0&-1&-11\end{vmatrix}=0$$

而 $\boldsymbol{A}$ 存在一个二阶子式

$$\begin{vmatrix}1&2\\2&3\end{vmatrix}=-1\neq 0$$

故 $R(\boldsymbol{A})=2$.

对于行数和列数较高的矩阵，计算 k 阶子式的计算量较大，利用定义求秩是很麻烦的. 既然行阶梯形矩阵的秩就等于其非零行的行数，而任何非零矩阵经过有限次初等行变换都能化为行阶梯形矩阵，可考虑借助初等变换求矩阵的秩.

定理 2.7 矩阵的初等变换不改变矩阵的秩.

证明： 先证只作一次初等行变换的情形. 设矩阵 $\boldsymbol{A}$ 经一次初等行变换变为 $\boldsymbol{B}$，且 $R(\boldsymbol{A})=r$，可知 $\boldsymbol{A}$ 的任意 $r+1$ 阶子式皆为零.

① 当对 $\boldsymbol{A}$ 进行 $r_i\leftrightarrow r_j$ 的变换时，由互换两行行列式变换，知 $\boldsymbol{B}$ 中任何 $r+1$ 阶子式等于 1 或 -1 与 $\boldsymbol{A}$ 的某个 $r+1$ 阶子式的乘积，即 $\boldsymbol{B}$ 的任意 $r+1$ 阶子式为零.

② 当对 $\boldsymbol{A}$ 进行 $r_i\times k$（$k\neq 0$）的变换时，由行列式的性质 3，知 $\boldsymbol{B}$ 中任何 $r+1$ 阶子式等于 1 或 k 与 $\boldsymbol{A}$ 的某个 $r+1$ 阶子式的乘积，即 $\boldsymbol{B}$ 的任意 $r+1$ 阶子式为零.

③ 当对 $\boldsymbol{A}$ 进行 r_i+kr_j 的变换时，设 $\boldsymbol{B}$ 的任意一个 $r+1$ 阶子式为 $|\boldsymbol{B}_1|$：

如果它不含 $\boldsymbol{B}$ 的第 i 行，则 $|\boldsymbol{B}_1|$ 就是 $\boldsymbol{A}$ 的某个 $r+1$ 阶子式，此时 $|\boldsymbol{B}_1|=0$；

如果 $|\boldsymbol{B}_1|$ 同时含 $\boldsymbol{B}$ 的第 i 行和第 j 行，则由行列式的性质 6，$|\boldsymbol{B}_1|$ 也等于 $\boldsymbol{A}$ 的某个 $r+1$ 阶子式，从而 $|\boldsymbol{B}_1|=0$；

如果 $|\boldsymbol{B}_1|$ 只含 $\boldsymbol{B}$ 的第 i 行但不含第 j 行，则由行列式的性质 5，$|\boldsymbol{B}_1|$ 可按第 i 行拆分为 $|\boldsymbol{B}_1|=|\boldsymbol{A}_1|+k|\boldsymbol{A}_2|$，其中 $|\boldsymbol{A}_1|$ 和 $|\boldsymbol{A}_2|$ 是 $\boldsymbol{A}$ 的 $r+1$ 阶子式，即 $|\boldsymbol{B}_1|=0$.

综上所述，矩阵 $\boldsymbol{B}$ 的任意 $r+1$ 阶子式均为零，故 $R(\boldsymbol{B})<r+1$，即 $R(\boldsymbol{B})\leqslant R(\boldsymbol{A})$. 由于 $\boldsymbol{B}$ 也可经相应的初等变换变为 $\boldsymbol{A}$，因此有 $R(\boldsymbol{A})\leqslant R(\boldsymbol{B})$，从而 $R(\boldsymbol{A})=R(\boldsymbol{B})$.

经一次初等行变换结论成立，则经有限次初等行变换结论同样成立，即初等行变换不改变矩阵的秩 . 同理可证矩阵经初等列变换后秩也不变 .

利用定理 2.7，可得到求矩阵的秩的一般方法：用初等行变换把矩阵化为行阶梯形矩阵，其非零行的行数即为矩阵的秩 .

【例 2-36】　求矩阵 $\boldsymbol{A}=\begin{pmatrix}1&1&2&2&1\\0&2&1&2&-1\\2&0&3&2&3\\1&1&0&-2&-1\end{pmatrix}$ 的秩 .

【解】　对 $\boldsymbol{A}$ 作初等行变换化为行阶梯形矩阵

$$\boldsymbol{A}\xrightarrow[r_4-r_1]{r_3-2r_1}\begin{pmatrix}1&1&2&2&1\\0&2&1&2&-1\\0&-2&-1&-2&1\\0&0&-2&-4&-2\end{pmatrix}\xrightarrow[r_3\leftrightarrow r_4]{r_3+r_2}\begin{pmatrix}1&1&2&2&1\\0&2&1&2&-1\\0&0&-2&-4&-2\\0&0&0&0&0\end{pmatrix}$$

因为行阶梯形矩阵有 3 个非零行，故 $R(\boldsymbol{A})=3$.

【例 2-37】　设矩阵

$$\boldsymbol{A}=\begin{pmatrix}k&1&1\\1&k&1\\1&1&k\end{pmatrix}$$

已知 $R(\boldsymbol{A})=3$，求 k 的值 .

【解 1】　对 $\boldsymbol{A}$ 作初等行变换化为行阶梯形矩阵

$$\boldsymbol{A}\xrightarrow{r_1\leftrightarrow r_3}\begin{pmatrix}1&1&k\\1&k&1\\k&1&1\end{pmatrix}\xrightarrow[r_3-kr_1]{r_2-r_1}\begin{pmatrix}1&1&k\\0&k-1&1-k\\0&1-k&1-k^2\end{pmatrix}$$

$$\xrightarrow{r_3+r_2}\begin{pmatrix}1&1&k\\0&k-1&1-k\\0&0&-(k-1)(k+2)\end{pmatrix}$$

因 $R(\boldsymbol{A})=3$，故 $\begin{cases}k-1\neq0\\-(k-1)(k+2)\neq0\end{cases}$，即 $k\neq1$ 且 $k\neq-2$.

【解 2】　由 $R(\boldsymbol{A})=3$ 知 $\boldsymbol{A}$ 是满秩矩阵，即有 $|\boldsymbol{A}|\neq0$，由

$$|\boldsymbol{A}|\xrightarrow[c_1+c_3]{c_1+c_2}\begin{vmatrix}k+2 & 1 & 1\\ k+2 & k & 1\\ k+2 & 1 & k\end{vmatrix}\xrightarrow[r_3-r_1]{r_2-r_1}\begin{vmatrix}k+2 & 1 & 1\\ 0 & k-1 & 0\\ 0 & 0 & k-1\end{vmatrix}=(k+2)(k-1)^2$$

得 $k\neq 1$ 且 $k\neq -2$.

2.6.3 矩阵的秩的性质

关于矩阵的秩的性质，前面已给出了由定义得到的一些最基本的结论，下面再介绍几个常用性质．

① 若 $\boldsymbol{P}$、$\boldsymbol{Q}$ 可逆，则 $R(\boldsymbol{PAQ})=R(\boldsymbol{PA})=R(\boldsymbol{AQ})=R(\boldsymbol{A})$

此性质说明矩阵乘可逆矩阵后秩不变，利用定理 2.5、定理 2.6 和定理 2.7 容易证明该结论成立．

② $\max\{R(\boldsymbol{A}),\ R(\boldsymbol{B})\}\leqslant R(\boldsymbol{A},\ \boldsymbol{B})\leqslant R(\boldsymbol{A})+R(\boldsymbol{B})$

证明： 设 $R(\boldsymbol{A})=r$，$R(\boldsymbol{B})=t$.

作为分块矩阵$(\boldsymbol{A},\ \boldsymbol{B})$的一个子块，$\boldsymbol{A}$ 的最高阶非零子式肯定是$(\boldsymbol{A},\ \boldsymbol{B})$的一个非零子式，即$(\boldsymbol{A},\ \boldsymbol{B})$有某个 r 阶子式不为 0，因此 $R(\boldsymbol{A},\ \boldsymbol{B})\geqslant r$. 同理可得 $R(\boldsymbol{A},\ \boldsymbol{B})\geqslant t$，从而 $\max\{R(\boldsymbol{A}),\ R(\boldsymbol{B})\}\leqslant R(\boldsymbol{A},\ \boldsymbol{B})$.

由分块矩阵的运算可得

$$(\boldsymbol{A},\ \boldsymbol{B})=\begin{pmatrix}\boldsymbol{A}^{\mathrm{T}}\\ \boldsymbol{B}^{\mathrm{T}}\end{pmatrix}^{\mathrm{T}}$$

则有

$$R(\boldsymbol{A},\ \boldsymbol{B})=R\begin{pmatrix}\boldsymbol{A}^{\mathrm{T}}\\ \boldsymbol{B}^{\mathrm{T}}\end{pmatrix}^{\mathrm{T}}=R\begin{pmatrix}\boldsymbol{A}^{\mathrm{T}}\\ \boldsymbol{B}^{\mathrm{T}}\end{pmatrix}$$

设 $\boldsymbol{A}^{\mathrm{T}}$和 $\boldsymbol{B}^{\mathrm{T}}$分别作初等行变换化为行阶梯形矩阵 $\widetilde{\boldsymbol{A}}$ 和 $\widetilde{\boldsymbol{B}}$，则

$$\begin{pmatrix}\boldsymbol{A}^{\mathrm{T}}\\ \boldsymbol{B}^{\mathrm{T}}\end{pmatrix}\xrightarrow{\text{有限次初等行变换}}\begin{pmatrix}\widetilde{\boldsymbol{A}}\\ \widetilde{\boldsymbol{B}}\end{pmatrix}$$

由于 $R(\boldsymbol{A}^{\mathrm{T}})=R(\boldsymbol{A})$，$R(\boldsymbol{B}^{\mathrm{T}})=R(\boldsymbol{B})$，故 $\widetilde{\boldsymbol{A}}$ 和 $\widetilde{\boldsymbol{B}}$ 中分别含 r 和 t 个非零行，从而分块矩阵 $\begin{pmatrix}\widetilde{\boldsymbol{A}}\\ \widetilde{\boldsymbol{B}}\end{pmatrix}$中只有 $r+t$ 个非零行，即

$$R\begin{pmatrix}\boldsymbol{A}^{\mathrm{T}}\\ \boldsymbol{B}^{\mathrm{T}}\end{pmatrix}=R\begin{pmatrix}\widetilde{\boldsymbol{A}}\\ \widetilde{\boldsymbol{B}}\end{pmatrix}\leqslant r+s$$

综上可得

$$R(\boldsymbol{A},\ \boldsymbol{B})\leqslant R(\boldsymbol{A})+R(\boldsymbol{B})$$

特别地，当 $\boldsymbol{B}=\boldsymbol{b}$ 为列向量时，性质②可写为

$$R(\boldsymbol{A}) \leqslant R(\boldsymbol{A}, \boldsymbol{b}) \leqslant R(\boldsymbol{A})+1$$

说明矩阵增加一列后，秩至多增加 1.

③ $R(\boldsymbol{A}+\boldsymbol{B}) \leqslant R(\boldsymbol{A})+R(\boldsymbol{B})$

证明： 设 $\boldsymbol{A}$ 和 $\boldsymbol{B}$ 是 $m \times n$ 矩阵，对$(\boldsymbol{A}, \boldsymbol{B})$作初等列变换 $c_i+c_{n+i}(i=1, 2, \cdots, n)$可得$(\boldsymbol{A}+\boldsymbol{B}, \boldsymbol{B})$，由初等变换不改变矩阵的秩可知

$$R(\boldsymbol{A}+\boldsymbol{B}, \boldsymbol{B})=R(\boldsymbol{A}, \boldsymbol{B})$$

再由性质②，即得

$$R(\boldsymbol{A}+\boldsymbol{B}) \leqslant R(\boldsymbol{A}+\boldsymbol{B}, \boldsymbol{B})=R(\boldsymbol{A}, \boldsymbol{B}) \leqslant R(\boldsymbol{A})+R(\boldsymbol{B})$$

习　题　2

基础题

1. 若 $2\begin{pmatrix}2 & 4 & x\\0 & y & 2\end{pmatrix}-\begin{pmatrix}4 & z & 2\\0 & 9 & x\end{pmatrix}=3\begin{pmatrix}0 & z & 0\\0 & -1 & x\end{pmatrix}$，则 $x=$________，$y=$________，$z=$________.

2. 设 $\boldsymbol{A}=\begin{pmatrix}1 & 5\\-3 & 2\end{pmatrix}$，$\boldsymbol{B}=\begin{pmatrix}1 & 1\\-1 & 0\end{pmatrix}$，若矩阵 $\boldsymbol{X}$ 满足 $\boldsymbol{A}-2\boldsymbol{X}=\boldsymbol{B}$，则 $\boldsymbol{X}=$________.

3. 已知 $\boldsymbol{A}_{2\times3}$，$\boldsymbol{B}_{3\times4}$，$\boldsymbol{C}_{4\times4}$，则下列运算中有意义的是________.

A. $\boldsymbol{A}+\boldsymbol{B}$　　B. $\boldsymbol{AC}$　　C. $\boldsymbol{AB}+\boldsymbol{BC}$　　D. $\boldsymbol{BC}$

4. 设 $\boldsymbol{A}=\begin{pmatrix}1 & 2 & 3\\2 & -1 & -4\end{pmatrix}$，$\boldsymbol{B}=\begin{pmatrix}2 & 5\\0 & 1\\-1 & -3\end{pmatrix}$，则 $2\boldsymbol{A}-3\boldsymbol{B}^{\mathrm{T}}=$________，$\boldsymbol{AB}=$________.

5. 设 $\boldsymbol{A}=(1, 2, 3)$，$\boldsymbol{B}=(1, -1, 2)$，则 $\boldsymbol{AB}^{\mathrm{T}}=$________，$\boldsymbol{A}^{\mathrm{T}}\boldsymbol{B}=$________.

6. $(x, y, 1)\begin{pmatrix}a_{11} & a_{12} & b_1\\a_{12} & a_{22} & b_2\\b_1 & b_2 & c\end{pmatrix}\begin{pmatrix}x\\y\\1\end{pmatrix}=$____________.

7. 下列矩阵中，与$\begin{pmatrix}1 & 1\\0 & 1\end{pmatrix}$满足乘法可交换的是________.

A. $\begin{pmatrix}2 & 3\\0 & 2\end{pmatrix}$　　B. $\begin{pmatrix}1 & 1\\1 & 1\end{pmatrix}$　　C. $\begin{pmatrix}0 & 1\\0 & 2\end{pmatrix}$　　D. $\begin{pmatrix}1 & -1\\2 & -1\end{pmatrix}$

8. 已知矩阵 $\boldsymbol{A}=\begin{pmatrix}1\\-1\\1\end{pmatrix}$，$\boldsymbol{B}=(-1, 1, 1)$，则 $(\boldsymbol{AB})^{100}=$____________.

9. 已知 $\boldsymbol{A}=\begin{pmatrix}2 & 1\\1 & -2\end{pmatrix}$，则 $\boldsymbol{A}^{21}=$____________.

10. 设 $\boldsymbol{A}$ 为 n 阶方阵，$\boldsymbol{B}$ 为 n 阶对称矩阵，证明 $\boldsymbol{A}^{\mathrm{T}}+\boldsymbol{A}$ 和 $\boldsymbol{A}^{\mathrm{T}}\boldsymbol{B}\boldsymbol{A}$ 均为对称矩阵 .

11. 设 $\boldsymbol{A}$ 和 $\boldsymbol{B}$ 都是 n 阶对称阵，证明 $\boldsymbol{AB}$ 是对称阵的充分必要条件是 $\boldsymbol{AB}=\boldsymbol{BA}$.

12. 设 3 阶方阵 $\boldsymbol{A}$ 的伴随矩阵是 $\boldsymbol{A}^*$，若 $|\boldsymbol{A}|=3$，则 $|(2\boldsymbol{A})^2|=$________，$|\boldsymbol{A}^*|=$________，$|3\boldsymbol{A}^*-7\boldsymbol{A}^{-1}|=$________ .

13. 判断对错（假设下列运算均可行）

(　　) (1) 若 $\boldsymbol{A}^2=\boldsymbol{0}$，则 $\boldsymbol{A}=\boldsymbol{0}$.

(　　) (2) 若 $\boldsymbol{A}^2=\boldsymbol{A}$，则 $\boldsymbol{A}=\boldsymbol{0}$ 或 $\boldsymbol{A}=\boldsymbol{E}$.

(　　) (3) 若 $\boldsymbol{AB}\neq\boldsymbol{0}$，则 $\boldsymbol{A}\neq\boldsymbol{0}$ 且 $\boldsymbol{B}\neq\boldsymbol{0}$.

(　　) (4) $(\boldsymbol{AB})^k=\boldsymbol{A}^k\boldsymbol{B}^k$.

(　　) (5) $(\boldsymbol{A}+\boldsymbol{E})^2=\boldsymbol{A}^2+2\boldsymbol{A}+\boldsymbol{E}$.

(　　) (6) $(\boldsymbol{A}+\boldsymbol{B})(\boldsymbol{A}-\boldsymbol{B})=\boldsymbol{A}^2-\boldsymbol{B}^2$.

(　　) (7) 若 $\boldsymbol{A}\neq\boldsymbol{0}$，则 $|\boldsymbol{A}|\neq 0$.

(　　) (8) 若 $\boldsymbol{A}$ 与 $\boldsymbol{B}$ 满足 $\boldsymbol{AB}=\boldsymbol{0}$，则 $|\boldsymbol{A}|=0$ 或 $|\boldsymbol{B}|=0$.

(　　) (9) $|\boldsymbol{A}+\boldsymbol{B}|=|\boldsymbol{A}|+|\boldsymbol{B}|$.

(　　) (10) 若 $\boldsymbol{A}$ 与 $\boldsymbol{B}$ 均可逆，则 $\boldsymbol{A}+\boldsymbol{B}$ 可逆 .

(　　) (11) 若 $\boldsymbol{A}$ 可逆，且 $\boldsymbol{AB}=\boldsymbol{0}$，则 $\boldsymbol{B}=\boldsymbol{0}$.

(　　) (12) 若 $\boldsymbol{A}$ 不可逆，则 $\boldsymbol{AB}$ 也不可逆 .

14. 若方阵 $\boldsymbol{A}$ 满足 $\boldsymbol{A}^2+\boldsymbol{A}-3\boldsymbol{E}=\boldsymbol{0}$，则 $(\boldsymbol{A}+2\boldsymbol{E})^{-1}=$________________ .

15. 已知方阵 $\boldsymbol{A}$ 满足 $\boldsymbol{A}^2+3\boldsymbol{A}-\boldsymbol{E}=\boldsymbol{0}$，证明 $\boldsymbol{A}$ 和 $\boldsymbol{A}+\boldsymbol{E}$ 均可逆，并分别求逆矩阵 .

16. 求下列矩阵的逆矩阵 .

(1) $\begin{pmatrix}\cos\theta & -\sin\theta\\ \sin\theta & \cos\theta\end{pmatrix}$　　(2) $\begin{pmatrix}2 & 0 & 0\\ 0 & 4 & 0\\ 0 & 0 & -3\end{pmatrix}$

17. $\begin{pmatrix}1 & 0 & 0 & 0\\ 0 & 1 & 0 & 0\\ -1 & 2 & 1 & 0\\ 1 & 1 & 0 & 1\end{pmatrix}\begin{pmatrix}1 & 0 & 3 & 2\\ -1 & 2 & 0 & 1\\ 1 & 0 & 4 & 1\\ 0 & 1 & 2 & 0\end{pmatrix}=$________________ .

18. 设 $\boldsymbol{A}=\begin{pmatrix}1 & 1 & 0 & 0\\ 0 & -1 & 0 & 0\\ 0 & 0 & 1 & -1\\ 0 & 0 & -1 & 2\end{pmatrix}$，则 $\boldsymbol{A}^{-1}=$________________，$|\boldsymbol{A}^9|=$________ .

19. 设 $\boldsymbol{A}=\begin{pmatrix}0 & 1 & 0 & 0\\ 0 & 0 & 2 & 0\\ 0 & 0 & 0 & 3\\ 4 & 0 & 0 & 0\end{pmatrix}$，则 $\boldsymbol{A}^{-1}=$________________ .

20. 下面矩阵中，________不是行最简形矩阵 .

A. $\begin{pmatrix}0 & 1 & 0 & 1\\ 0 & 0 & 1 & 1\\ 0 & 0 & 0 & 0\end{pmatrix}$　B. $\begin{pmatrix}1 & 1 & 0 & 1\\ 0 & 1 & 1 & 1\\ 0 & 0 & 0 & 0\end{pmatrix}$　C. $\begin{pmatrix}1 & 0 & 1 & 0\\ 0 & 1 & 1 & 0\\ 0 & 0 & 0 & 1\end{pmatrix}$　D. $\begin{pmatrix}1 & 1 & 0 & 1\\ 0 & 0 & 1 & 1\\ 0 & 0 & 0 & 0\end{pmatrix}$

21. 矩阵$\begin{pmatrix} 2 & 1 & -1 & 3 \\ 2 & 3 & -3 & 5 \\ 1 & 2 & -2 & 3 \end{pmatrix}$的行最简形矩阵是__________.

22. 下面矩阵中不是初等矩阵的是________.

A. $\begin{pmatrix} 2 & 0 \\ 0 & 1 \end{pmatrix}$　　B. $\begin{pmatrix} 1 & 0 \\ -2 & 1 \end{pmatrix}$　　C. $\begin{pmatrix} 0 & 1 & 0 \\ 1 & 0 & 0 \\ 2 & 0 & 1 \end{pmatrix}$　　D. $\begin{pmatrix} 1 & 0 & 0 \\ 0 & 1 & 0 \\ 0 & 0 & -1 \end{pmatrix}$

23. 求下列矩阵的逆矩阵.

(1) $\begin{pmatrix} 2 & 2 & 3 \\ 1 & -1 & 0 \\ -1 & 2 & 1 \end{pmatrix}$　　(2) $\begin{pmatrix} 3 & -2 & 0 & -1 \\ 0 & 2 & 2 & 1 \\ 1 & -2 & -3 & -2 \\ 0 & 1 & 2 & 1 \end{pmatrix}$

24. 设$\boldsymbol{A}=\begin{pmatrix} 4 & 1 & -2 \\ 2 & 2 & 1 \\ 3 & 1 & -1 \end{pmatrix}$，$\boldsymbol{B}=\begin{pmatrix} 1 & -3 \\ 2 & 2 \\ 3 & -1 \end{pmatrix}$，求解矩阵方程$\boldsymbol{AX}=\boldsymbol{B}$.

25. 设$\boldsymbol{A}=\begin{pmatrix} 1 & 1 & -2 \\ 1 & 2 & 0 \\ 1 & 1 & 0 \end{pmatrix}$，$\boldsymbol{B}=\begin{pmatrix} 1 & -1 & 2 \\ 2 & 3 & 1 \end{pmatrix}$，求解矩阵方程$\boldsymbol{XA}=\boldsymbol{B}$.

26. 设$\boldsymbol{A}=\begin{pmatrix} 0 & 3 & 3 \\ 1 & 1 & 0 \\ -1 & 2 & 3 \end{pmatrix}$，且$\boldsymbol{AB}=\boldsymbol{A}+2\boldsymbol{B}$，求$\boldsymbol{B}$.

27. 求下列矩阵的秩.

(1) $\begin{pmatrix} 1 & 0 & 3 & 2 \\ 2 & 1 & 8 & 3 \\ 2 & -3 & 0 & 7 \end{pmatrix}$　　(2) $\begin{pmatrix} 0 & -5 & 2 & 1 & -6 \\ 2 & -1 & 0 & 1 & -1 \\ 3 & 1 & -1 & 1 & 2 \\ 1 & 2 & -1 & 0 & 3 \end{pmatrix}$

28. 下面说法正确的是________.

A. 若矩阵$\boldsymbol{A}$的秩是r，则$\boldsymbol{A}$中所有$r-1$阶子式必非零；

B. 若矩阵$\boldsymbol{A}$的秩是r，则有可能存在值为 0 的r阶子式；

C. 若从矩阵$\boldsymbol{A}$中划去一列得到矩阵$\boldsymbol{B}$，则有$R(\boldsymbol{A})>R(\boldsymbol{B})$；

D. 若矩阵$\boldsymbol{A}$存在r阶的非零子式，则$R(\boldsymbol{A})=r$.

29. 已知矩阵$\boldsymbol{A}=\begin{pmatrix} 1 & 1 & 2 & 1 & 3 \\ 2 & a & 1 & 2 & 6 \\ 4 & 5 & 5 & b & 12 \end{pmatrix}$的秩是 2，求$a$和$b$的值.

30. 设$\boldsymbol{A}=\begin{pmatrix} 1 & 1 & k \\ -1 & k & 1 \\ k & -1 & 1 \end{pmatrix}$，问$k$为何值时（1）$R(\boldsymbol{A})=1$；（2）$R(\boldsymbol{A})=2$；（3）$R(\boldsymbol{A})=3$.

综合题

31. 设$\boldsymbol{A}=\begin{pmatrix}\lambda & 1 & 0\\ 0 & \lambda & 1\\ 0 & 0 & \lambda\end{pmatrix}$，$k$为正整数，$\lambda$为常数，则$\boldsymbol{A}^k=$__________.

32. 设$\boldsymbol{P}=\begin{pmatrix}1 & 0 & 0\\ 0 & 2 & -1\\ 0 & -1 & 1\end{pmatrix}$，$\boldsymbol{\Lambda}=\mathrm{diag}(-1, 1, -1)$，若$\boldsymbol{AP}=\boldsymbol{P\Lambda}$，求$\boldsymbol{A}^{10}-5\boldsymbol{A}^7+2\boldsymbol{A}$.

33. 设方阵$\boldsymbol{A}$满足$2\boldsymbol{A}^2+\boldsymbol{A}-3\boldsymbol{E}=\boldsymbol{0}$，证明$3\boldsymbol{E}-\boldsymbol{A}$可逆，并求逆矩阵.

34. 已知n阶矩阵$\boldsymbol{A}$与$\boldsymbol{B}$满足$\boldsymbol{A}+\boldsymbol{B}=\boldsymbol{AB}$，

(1) 证明$\boldsymbol{A}-\boldsymbol{E}$和$\boldsymbol{B}-\boldsymbol{E}$均可逆，并求出逆矩阵；

(2) 已知$\boldsymbol{B}=\begin{pmatrix}1 & -3 & 0\\ 2 & 1 & 0\\ 0 & 0 & 2\end{pmatrix}$，求矩阵$\boldsymbol{A}$.

35. 设n阶方阵$\boldsymbol{A}$满足$\boldsymbol{AA}^{\mathrm{T}}=\boldsymbol{E}$，证明$|\boldsymbol{A}|=\pm1$.

36. 设$\boldsymbol{A}=\begin{pmatrix}1 & 0 & 0\\ 2 & 3 & 0\\ 4 & 5 & 6\end{pmatrix}$，$\boldsymbol{A}^*$是$\boldsymbol{A}$的伴随矩阵，则$(\boldsymbol{A}^*)^{-1}=$________，$|(\boldsymbol{A}^*)^*|=$________.

37. 已知$\boldsymbol{A}$的伴随矩阵$\boldsymbol{A}^*=\begin{pmatrix}1 & 0 & 0\\ 0 & 1 & 0\\ 0 & 0 & 4\end{pmatrix}$，且$|\boldsymbol{A}|>0$，$\boldsymbol{ABA}^{-1}=\boldsymbol{BA}^{-1}+3\boldsymbol{E}$，求$\boldsymbol{B}$.

38. 设$\boldsymbol{A}$是n阶方阵，$\boldsymbol{A}^*$是$\boldsymbol{A}$的伴随矩阵，证明：

(1) $|\boldsymbol{A}^*|=|\boldsymbol{A}|^{n-1}$；

(2) 若$\boldsymbol{A}$可逆，则$\boldsymbol{A}^*$也可逆，且$(\boldsymbol{A}^*)^{-1}=\dfrac{1}{|\boldsymbol{A}|}\boldsymbol{A}$.

39. 已知矩阵$\boldsymbol{A}=\begin{pmatrix}a_{11} & a_{12} & a_{13}\\ a_{21} & a_{22} & a_{23}\\ a_{31} & a_{32} & a_{33}\end{pmatrix}$，$\boldsymbol{B}=\begin{pmatrix}a_{21} & a_{22} & a_{23}-2a_{22}\\ a_{11} & a_{12} & a_{13}-2a_{12}\\ a_{31} & a_{32} & a_{33}-2a_{32}\end{pmatrix}$，$\boldsymbol{P}_1=\begin{pmatrix}0 & 1 & 0\\ 1 & 0 & 0\\ 0 & 0 & 1\end{pmatrix}$，$\boldsymbol{P}_2=\begin{pmatrix}1 & 0 & 0\\ 0 & 1 & 2\\ 0 & 0 & 1\end{pmatrix}$，则有$\boldsymbol{B}=$________.

A. $\boldsymbol{P}_1\boldsymbol{P}_2\boldsymbol{A}$　　B. $\boldsymbol{P}_1^{-1}\boldsymbol{AP}_2^{-1}$　　C. $\boldsymbol{AP}_1\boldsymbol{P}_2$　　D. $\boldsymbol{P}_2^{-1}\boldsymbol{AP}_1^{-1}$

40. 若$|\boldsymbol{A}|=2$，则3阶方阵$\boldsymbol{A}$的秩等于________.

A. 1　　B. 2　　C. 3　　D. 不能确定

41. 已知矩阵$R(\boldsymbol{A})=r$，k为常数，则$R(k\boldsymbol{A})=$____________.

42. 设 $\boldsymbol{A}$ 为 3×4 矩阵，且 $R(\boldsymbol{A})=2$，$\boldsymbol{B}=\begin{pmatrix}2&0&1\\3&5&2\\4&0&1\end{pmatrix}$，则 $R(\boldsymbol{BA})=$ ________ .

应用举例

密码学在经济、军事和科技等方面都起着极其重要的作用 . 1929 年，希尔（Hill）利用矩阵理论提出了在密码史上有重要地位的希尔加密算法 . 希尔密码主要用到了矩阵运算和模运算，这里仅对矩阵运算部分进行简单介绍，感兴趣的读者可查阅相关资料 .

在英文中有一种对信息进行加密的措施，其基本原理是将每个字母对应一个数字，然后传送这组整数 . 例如，对应表 2-2 所示，假定空格和 26 个英文字母分别对应一个非负整数.

表 2-2　字母与数字对照表

空格	A	B	C	D	E	F	G	H	I	J	K	L	M
0	1	2	3	4	5	6	7	8	9	10	11	12	13
N	O	P	Q	R	S	T	U	V	W	X	Y	Z	
14	15	16	17	18	19	20	21	22	23	24	25	26	

例如，信息“study math”可表示为密码“19，20，21，4，25，0，13，1，20，8”. 但是这种方法有一个致命缺点，破译者可从统计出来的字符频率中找到规律，进而找出破译的突破口，尤其是在计算机技术高度发达的今天，破译的速度更快 . 克服这一缺点的思路是将信息中的字母先分组，再利用矩阵乘法对信息进一步加密 . 具体地，将“study math”对应的数字按列依次写入行数为 3 的信息矩阵（不足 3 维用 0 补充）：

$$\boldsymbol{B}=\begin{pmatrix}19&4&13&8\\20&25&1&0\\21&0&20&0\end{pmatrix}$$

并选择 3 阶可逆矩阵 $\boldsymbol{A}$ 作为密钥，如：

$$\boldsymbol{A}=\begin{pmatrix}1&2&3\\1&1&2\\0&1&2\end{pmatrix}$$

用密钥 $\boldsymbol{A}$ 左乘 $\boldsymbol{B}$ 即可得到新的信息矩阵：

$$\boldsymbol{C}=\boldsymbol{AB}=\begin{pmatrix}122&54&75&8\\81&29&54&8\\62&25&41&0\end{pmatrix}$$

此时，密码变为“122，81，62，54，29，25，75，54，41，8，8”，同一字母对应的数字不再相同，而不同字母对应的数字反而可能相同，新密码会较难破译 . 接收方只需将收到的密码写为矩阵，利用密钥的逆矩阵 $\boldsymbol{A}^{-1}$ 即可求出初始信息矩阵 $\boldsymbol{B}=\boldsymbol{A}^{-1}\boldsymbol{C}$.

第3章 线性方程组

线性方程组是各方程的未知数均为一次的方程组，是最简单也是最重要的一类代数方程组．在科学技术和经济管理中，存在大量的有多个变量和多个约束条件的问题，这类问题往往归结为求解线性方程组．对线性方程组解法的研究，在理论和应用上都具有十分重要的意义，其本身也是线性代数的一个核心内容．本章主要介绍以行列式和矩阵为工具求解线性方程组的方法．

§3.1 线性方程组的基本概念

含有 m 个方程 n 个未知数的线性方程组的一般形式为

$$\begin{cases} a_{11}x_1+a_{12}x_2+\cdots+a_{1n}x_n=b_1 \\ a_{21}x_1+a_{22}x_2+\cdots+a_{2n}x_n=b_2 \\ \quad\vdots \\ a_{m1}x_1+a_{m2}x_2+\cdots+a_{mn}x_n=b_m \end{cases} \tag{3-1}$$

其中，系数 a_{ij}和常数项 b_i 都是已知数，x_j 是未知数（$i=1$，2，…，m；$j=1$，2，…，n）．当常数项 b_i（$i=1$，2，…，m）不全为零时，称线性方程组（3-1）为 n 元非齐次线性方程组，当常数项 b_i（$i=1$，2，…，m）全为零时，即

$$\begin{cases} a_{11}x_1+a_{12}x_2+\cdots+a_{1n}x_n=0 \\ a_{21}x_1+a_{22}x_2+\cdots+a_{2n}x_n=0 \\ \quad\vdots \\ a_{m1}x_1+a_{m2}x_2+\cdots+a_{mn}x_n=0 \end{cases} \tag{3-2}$$

称为 n 元齐次线性方程组．n 元线性方程组可简称为线性方程组或方程组．

若 $x_j=k_j$（$j=1$，2，…，n）能使方程组的每个方程成为恒等式，则称这组数为方程组的一个解，全体解构成的集合称为方程组的解集．方程组的解也可用列向量形式 $(k_1, k_2, \cdots, k_n)^{\mathrm{T}}$ 表示，称为方程组的解向量（简称解）．

若两个方程组有相同的解集，则称这两个方程组是同解方程组．

若 $x_1=x_2=\cdots=x_n=0$ 是方程组的解，则称这个解为零解，数值不全为零的解则称为非零解．显然，齐次线性方程组（3-2）一定有零解，但不一定有非零解．

利用矩阵的乘法运算，可得到线性方程组（3-1）的矩阵方程形式：

$$Ax=b$$

以及齐次线性方程组（3-2）的矩阵方程形式：

$$Ax=0$$

其中

$$A=\begin{pmatrix} a_{11} & a_{12} & \cdots & a_{1n} \\ a_{21} & a_{22} & \cdots & a_{2n} \\ \vdots & \vdots & & \vdots \\ a_{m1} & a_{m2} & \cdots & a_{mn} \end{pmatrix},\ x=\begin{pmatrix} x_1 \\ x_2 \\ \vdots \\ x_n \end{pmatrix},\ b=\begin{pmatrix} b_1 \\ b_2 \\ \vdots \\ b_m \end{pmatrix},\ 0=\begin{pmatrix} 0 \\ 0 \\ \vdots \\ 0 \end{pmatrix}$$

称 A 为系数矩阵，x 为解向量，b 为常数项向量，0 为 $m\times1$ 的零向量. 当 $m=n$ 时，系数矩阵 A 是 n 阶方阵，其行列式 $|A|$ 称为系数行列式.

此外，包含全体系数和常数的分块矩阵

$$(A,b)=\begin{pmatrix} a_{11} & a_{12} & \cdots & a_{1n} & b_1 \\ a_{21} & a_{22} & \cdots & a_{2n} & b_2 \\ \vdots & \vdots & & \vdots & \vdots \\ a_{m1} & a_{m2} & \cdots & a_{mn} & b_m \end{pmatrix}$$

称为线性方程组（3-1）的增广矩阵. 显然，增广矩阵包含了线性方程组的全部信息，一个方程组可完全由它的增广矩阵确定.

对于一般线性方程组，需要解决以下 3 个问题：

（1）如何判断线性方程组是否有解？

（2）若有解，如何判断解是否唯一？如何求出全体解？

（3）若解不唯一，解与解之间有什么关系，即解的结构如何？

解的结构问题将在第 4 章具体讨论，本章重点解决前两个问题.

§ 3.2　克拉默法则

克拉默法则（Cramer rule）是瑞士数学家克拉默于 1750 年在他的《线性代数分析导言》中发表的求解线性方程组的重要公式，它适用于变量和方程数目相等的线性方程组，是行列式在求解线性方程组中的一个重要应用.

定理 3.1（克拉默法则） 对于含有 n 个未知数 n 个方程的线性方程组

$$\begin{cases} a_{11}x_1+a_{12}x_2+\cdots+a_{1n}x_n=b_1 \\ a_{21}x_1+a_{22}x_2+\cdots+a_{2n}x_n=b_2 \\ \qquad\vdots \\ a_{n1}x_1+a_{n2}x_2+\cdots+a_{nn}x_n=b_n \end{cases} \tag{3-3}$$

如果其系数行列式不等于零，即

$$|A|=\begin{vmatrix} a_{11} & \cdots & a_{1n} \\ \vdots & & \vdots \\ a_{n1} & \cdots & a_{nn} \end{vmatrix}\neq0$$

则该方程组有唯一解

$$x_j=\frac{|\boldsymbol{A}_j|}{|\boldsymbol{A}|}\quad (j=1,2,\cdots,n)$$

其中，$|\boldsymbol{A}_j|$ $(j=1, 2, \cdots, n)$ 是将系数行列式$|\boldsymbol{A}|$中第 j 列的元素用方程组右端的常数项代替后所得到的行列式，即

$$|\boldsymbol{A}_j|=\begin{vmatrix} a_{11} & \cdots & a_{1,j-1} & b_1 & a_{1,j+1} & \cdots & a_{1n} \\ \vdots & & \vdots & \vdots & \vdots & & \vdots \\ a_{n1} & \cdots & a_{n,j-1} & b_n & a_{n,j+1} & \cdots & a_{nn} \end{vmatrix}$$

证明：由于线性方程组（3-3）的系数矩阵是 n 阶方阵

$$\boldsymbol{A}=\begin{pmatrix} a_{11} & \cdots & a_{1n} \\ \vdots & & \vdots \\ a_{n1} & \cdots & a_{nn} \end{pmatrix}$$

且 $\boldsymbol{x}=(x_1, x_2, \cdots, x_n)^{\mathrm{T}}$，$\boldsymbol{b}=(b_1, b_2, \cdots, b_n)^{\mathrm{T}}$，故方程组（3-3）可写为矩阵方程

$$\boldsymbol{Ax}=\boldsymbol{b}$$

由 $|\boldsymbol{A}|\neq 0$，有系数矩阵 $\boldsymbol{A}$ 可逆，即 $\boldsymbol{A}^{-1}$存在，对 $\boldsymbol{Ax}=\boldsymbol{b}$ 两端同时左乘 $\boldsymbol{A}^{-1}$得

$$\boldsymbol{A}^{-1}\boldsymbol{Ax}=\boldsymbol{A}^{-1}\boldsymbol{b}\Rightarrow \boldsymbol{x}=\boldsymbol{A}^{-1}\boldsymbol{b}$$

根据逆矩阵的唯一性，说明 $\boldsymbol{x}=\boldsymbol{A}^{-1}\boldsymbol{b}$ 是方程组（3-3）的唯一解向量.

由伴随矩阵法求得 $\boldsymbol{A}^{-1}=\frac{1}{|\boldsymbol{A}|}\boldsymbol{A}^*$，则 $\boldsymbol{x}=\frac{1}{|\boldsymbol{A}|}\boldsymbol{A}^*\boldsymbol{b}$，即

$$\begin{pmatrix} x_1 \\ x_2 \\ \vdots \\ x_n \end{pmatrix}=\frac{1}{|\boldsymbol{A}|}\begin{pmatrix} A_{11} & A_{21} & \cdots & A_{n1} \\ A_{12} & A_{22} & \cdots & A_{n2} \\ \vdots & \vdots & & \vdots \\ A_{1n} & A_{2n} & \cdots & A_{nn} \end{pmatrix}\begin{pmatrix} b_1 \\ b_2 \\ \vdots \\ b_n \end{pmatrix}=\frac{1}{|\boldsymbol{A}|}\begin{pmatrix} A_{11}b_1+A_{21}b_2+\cdots+A_{n1}b_n \\ A_{12}b_1+A_{22}b_2+\cdots+A_{n2}b_n \\ \vdots \\ A_{1n}b_1+A_{2n}b_2+\cdots+A_{nn}b_n \end{pmatrix}$$

由代数余子式 A_{ij}的性质，则有

$$x_j=\frac{1}{|\boldsymbol{A}|}A_{1j}b_1+A_{2j}b_2+\cdots+A_{nj}b_n=\frac{|\boldsymbol{A}_j|}{|\boldsymbol{A}|}\quad (j=1,2,\cdots,n)$$

综上可证，当方程组（3-3）的系数行列式$|\boldsymbol{A}|\neq 0$ 时，方程组有唯一解

$$x_j=\frac{|\boldsymbol{A}_j|}{|\boldsymbol{A}|}\quad (j=1,2,\cdots,n)$$

【例 3-1】 解线性方程组

$$\begin{cases} x_1+x_2+x_3+x_4=5 \\ x_1+2x_2-x_3+4x_4=-2 \\ 2x_1-3x_2-x_3-5x_4=-2 \\ 3x_1+x_2+2x_3+11x_4=0 \end{cases}$$

【解】 因为方程组的系数行列式

$$|\boldsymbol{A}|=\begin{vmatrix}1&1&1&1\\1&2&-1&4\\2&-3&-1&-5\\3&1&2&11\end{vmatrix}=-142\neq0$$

所以方程组有唯一解，且

$$x_1=\frac{1}{|\boldsymbol{A}|}\begin{vmatrix}5&1&1&1\\-2&2&-1&4\\-2&-3&-1&-5\\0&1&2&11\end{vmatrix}=\frac{-142}{-142}=1,\quad x_2=\frac{1}{|\boldsymbol{A}|}\begin{vmatrix}1&5&1&1\\1&-2&-1&4\\2&-2&-1&-5\\3&0&2&11\end{vmatrix}=\frac{-284}{-142}=2$$

$$x_3=\frac{1}{|\boldsymbol{A}|}\begin{vmatrix}1&1&5&1\\1&2&-2&4\\2&-3&-2&-5\\3&1&0&11\end{vmatrix}=\frac{-426}{-142}=3,\quad x_4=\frac{1}{|\boldsymbol{A}|}\begin{vmatrix}1&1&1&5\\1&2&-1&-2\\2&-3&-1&-2\\3&1&2&0\end{vmatrix}=\frac{142}{-142}=-1$$

用克拉默法则求解一个 n 元线性方程组，需要计算 $n+1$ 个 n 阶行列式，计算量很大，而且当方程组的未知数与方程的数目不一致时，或者当方程组的系数行列式等于零时，克拉默法则失效．但是，克拉默法则研究了方程组的系数与解的存在性和唯一性的关系，并将方程组的解利用系数和常数组成的行列式简洁明了地表示出来．与其在计算方面的作用相比，克拉默法则具有更多的理论价值．

不考虑求解公式，克拉默法则及其逆否命题可简述如下：

定理 3.2　如果线性方程组（3-3）的系数行列式 $|\boldsymbol{A}|\neq0$，则该方程组一定有解，且解是唯一的．

定理 3.3　如果线性方程组（3-3）无解或有一个以上的解，则它的系数行列式必为零.

当线性方程组（3-3）右端的常数项全为零时，得到齐次线性方程组

$$\begin{cases}a_{11}x_1+a_{12}x_2+\cdots+a_{1n}x_n=0\\a_{21}x_1+a_{22}x_2+\cdots+a_{2n}x_n=0\\\qquad\vdots\\a_{n1}x_1+a_{n2}x_2+\cdots+a_{nn}x_n=0\end{cases}\tag{3-4}$$

齐次线性方程组一定有零解，从而关于齐次线性方程组（3-4）有两个推论．

推论 1　如果齐次线性方程组（3-4）的系数行列式 $|\boldsymbol{A}|\neq0$，则该方程组只有零解，即没有非零解．

推论 2　如果齐次线性方程组（3-4）有非零解，则它的系数行列式必为零．

该结论在 3.3 节将扩充为充分必要条件，至于如何求出齐次线性方程组的非零解，也将在下一节中讨论．

【例 3-2】　已知齐次线性方程组

$$\begin{cases}x_1+x_2+(k+1)x_3=0\\x_1+(k+1)x_2+x_3=0\\(k+1)x_1+x_2+x_3=0\end{cases}$$

有非零解，问 k 应取何值?

【解】 方程组的系数行列式

$$|\boldsymbol{A}|=\begin{vmatrix}1&1&k+1\\1&k+1&1\\k+1&1&1\end{vmatrix}=\begin{vmatrix}k+3&1&k+1\\0&k&-k\\0&0&-k\end{vmatrix}=-k^2(k+3)$$

因为该齐次线性方程组有非零解，则 $|\boldsymbol{A}|=0$，即 $-k^2(k+3)=0$，故 $k=0$ 或 $k=-3$.

§3.3 消 元 法

消元法是求解一般线性方程组最常用的方法之一．它的基本思想是通过有限次消元变换把原方程组化为容易求解的同解方程组．

3.3.1 消元法与初等行变换

【例 3-3】 用消元法解线性方程组

$$\begin{cases}0.07x_1+0.08x_2+0.07x_3=4.48\\x_1+x_2+x_3=60\\x_1+2x_2+x_3=88\end{cases}$$

【解 1】 第一个方程两边乘以 100 得

$$\begin{cases}7x_1+8x_2+7x_3=448\\x_1+x_2+x_3=60\\x_1+2x_2+x_3=88\end{cases}\qquad ①$$

互换两个方程的位置得

$$\begin{cases}x_1+x_2+x_3=60\\7x_1+8x_2+7x_3=448\\x_1+2x_2+x_3=88\end{cases}\qquad ②$$

将第一个方程分别乘以-7 和-1 加到第二个和第三个方程上得

$$\begin{cases}x_1+x_2+x_3=60\\x_2=28\\x_2=28\end{cases}\qquad ③$$

将第二个方程乘以-1 加到第三个方程上得

$$\begin{cases}x_1+x_2+x_3=60\\x_2=28\\0=0\end{cases}\qquad ④$$

形如③的方程组称为阶梯形方程组．方程组④中第三个方程 0=0 是恒等式，它不能为方程组求解提供任何信息，是多余方程，因此④中的有效方程只有 2 个．由④的第二个方程知 $x_2=28$，将其回代到第一个方程得

$$\begin{cases} x_1 \quad +x_3 = 32 \\ x_2 \quad = 28 \end{cases} \qquad ⑤$$

形如⑤的方程组称为最简阶梯形方程组．方程组⑤中有 3 个未知数，但只有 2 个有效方程，会有 1 个自由未知数．自由未知数的取法不是唯一的，为使求解过程更具有“程序化”特点，可把⑤的每个台阶的第一个未知数（x_1 和 x_2）选为非自由未知数，剩下的 x_3 选为自由未知数，然后直接写出方程组的解

$$\begin{cases} x_1 = -x_3 + 32 \\ x_2 = 28 \end{cases} \qquad ⑥$$

其中，自由未知数 x_3 可任意取值，从而方程组有无穷多解．

在上述解题过程中，①到④是消元过程，④到⑤是回代过程．整个解题步骤始终把方程组看作一个整体，通过对其系数和常数进行变换，把整个方程变换成另一个方程组，其中用到 3 种变换：

① 互换两个方程的位置；

② 用一个非零数乘某个方程；

③ 把一个方程的 k 倍加到另一个方程上．

易证这些变换是可逆的，即变换后的方程组还可变回原方程组，因此变换前后的方程组是同解的．上述变换称为线性方程组的同解变换．由于对方程组进行的同解变换，实际上是对不同方程的系数和常数之间进行对应运算，与未知数无关，因此，对方程组进行同解变换等同于对方程组的增广矩阵进行初等行变换．

【例 3-4】 承例 3-3.

【解 2】 对方程组的增广矩阵进行初等行变换得

$$(\boldsymbol{A},\boldsymbol{b}) = \begin{pmatrix} 0.07 & 0.08 & 0.07 & 4.48 \\ 1 & 1 & 1 & 60 \\ 1 & 2 & 1 & 88 \end{pmatrix}$$

$$\xrightarrow{r_1 \times 100} \begin{pmatrix} 7 & 8 & 7 & 448 \\ 1 & 1 & 1 & 60 \\ 1 & 2 & 1 & 88 \end{pmatrix}$$

$$\xrightarrow{r_1 \leftrightarrow r_2} \begin{pmatrix} 1 & 1 & 1 & 60 \\ 7 & 8 & 7 & 448 \\ 1 & 2 & 1 & 88 \end{pmatrix}$$

$$\xrightarrow[r_3 - r_1]{r_2 - 7r_1} \begin{pmatrix} 1 & 1 & 1 & 60 \\ 0 & 1 & 0 & 28 \\ 0 & 1 & 0 & 28 \end{pmatrix}$$

$$\xrightarrow{r_3 - r_2} \begin{pmatrix} 1 & 1 & 1 & 60 \\ 0 & 1 & 0 & 28 \\ 0 & 0 & 0 & 0 \end{pmatrix} = \boldsymbol{B}_1$$

④到⑤的回代过程亦可用矩阵的初等行变换来完成．

$$B_1 \xrightarrow{r_1 - r_2} \begin{pmatrix} 1 & 0 & 1 & 32 \\ 0 & 1 & 0 & 28 \\ 0 & 0 & 0 & 0 \end{pmatrix} = B_2$$

可见，方程组④和⑤的增广矩阵 $\boldsymbol{B}_1$ 和 $\boldsymbol{B}_2$ 是（$\boldsymbol{A}$，$\boldsymbol{b}$）的行阶梯形矩阵．特别地，$\boldsymbol{B}_2$ 还是（$\boldsymbol{A}$，$\boldsymbol{b}$）的行最简形矩阵，由 $\boldsymbol{B}_2$ 可以很方便地求出方程组的解⑥．值得注意的是，作为（$\boldsymbol{A}$，$\boldsymbol{b}$）的行阶梯形矩阵，$\boldsymbol{B}_2$ 中非零行的个数正好是有效方程的个数，因此，有效方程的个数可以用增广矩阵的秩 $R(\boldsymbol{A}, \boldsymbol{b})$ 来表示．

由于任意非零矩阵总可经有限次初等行变换化为行阶梯形矩阵和行最简形矩阵，因此，在方程组有解的情况下，用消元法解线性方程组，实质上就是对方程组的增广矩阵作初等行变换化为行最简形矩阵的过程．

【例 3-5】 解线性方程组

$$\begin{cases} x_1 + x_2 + x_3 = 1 \\ 2x_1 + 5x_2 + 3x_3 = 3 \\ 4x_1 + 4x_2 + 5x_3 = 2 \end{cases}$$

【解】 对增广矩阵（$\boldsymbol{A}$，$\boldsymbol{b}$）作初等行变换化为行最简形矩阵

$$(\boldsymbol{A}, \boldsymbol{b}) = \begin{pmatrix} 1 & 1 & 1 & 1 \\ 2 & 5 & 3 & 3 \\ 4 & 4 & 5 & 2 \end{pmatrix} \xrightarrow[r_3 - 4r_1]{r_2 - 2r_1} \begin{pmatrix} 1 & 1 & 1 & 1 \\ 0 & 3 & 1 & 1 \\ 0 & 0 & 1 & -2 \end{pmatrix}$$

$$\xrightarrow[r_1 - r_3]{r_2 - r_3} \begin{pmatrix} 1 & 1 & 0 & 3 \\ 0 & 3 & 0 & 3 \\ 0 & 0 & 1 & -2 \end{pmatrix} \xrightarrow[r_1 - r_2]{r_2 \times \frac{1}{3}} \begin{pmatrix} 1 & 0 & 0 & 2 \\ 0 & 1 & 0 & 1 \\ 0 & 0 & 1 & -2 \end{pmatrix}$$

从而解得 $x_1 = 2$，$x_2 = 1$，$x_3 = -2$.

在例 3-5 中，因为未知数个数与有效方程个数 $R(\boldsymbol{A}, \boldsymbol{b})$ 均为 3，所以没有自由未知数，方程组有唯一解．综合例 3-3 和例 3-5 的解的情况可知，在方程组有解时，其解是否唯一是由自由未知数是否存在决定的，且自由未知数的个数正好是未知数个数与有效方程个数的差值．具体地，对于线性方程组 $\boldsymbol{Ax} = \boldsymbol{b}$，若 $\boldsymbol{A}$ 是 $m \times n$ 矩阵，则该方程组有 n 个未知数，在其有解的前提下，有以下结论成立：

① 当 $R(\boldsymbol{A}, \boldsymbol{b}) = n$ 时，不存在自由未知数，方程组有唯一解；

② 当 $R(\boldsymbol{A}, \boldsymbol{b}) < n$ 时，存在 $n - R(\boldsymbol{A}, \boldsymbol{b})$ 个自由未知数，方程组有无穷多解．

3.3.2 解的判别定理

对于线性方程组 $\boldsymbol{Ax} = \boldsymbol{b}$，利用矩阵的秩和初等行变换已解决“若有解，如何判断解是否唯一？如何求出全体解？”接下来，继续利用矩阵的秩考虑“如何判断线性方程组是否有解？”

对于线性方程组 $\boldsymbol{Ax} = \boldsymbol{b}$，将增广矩阵（$\boldsymbol{A}$，$\boldsymbol{b}$）化为行阶梯形矩阵后，可由非零行的行数得到 $R(\boldsymbol{A})$ 与 $R(\boldsymbol{A}, \boldsymbol{b})$ 的值．设 $R(\boldsymbol{A}) = r$，则由矩阵的秩的性质

$$R(\boldsymbol{A}) \leqslant R(\boldsymbol{A},\boldsymbol{b}) \leqslant R(\boldsymbol{A})+1$$

可知二者的关系只有 $R(\boldsymbol{A})<R(\boldsymbol{A},\boldsymbol{b})=r+1$ 和 $R(\boldsymbol{A})=R(\boldsymbol{A},\boldsymbol{b})=r$ 两种．

① 若 $R(\boldsymbol{A})<R(\boldsymbol{A},\boldsymbol{b})=r+1$，$(\boldsymbol{A},\ \boldsymbol{b})$ 的行阶梯形矩阵具有以下形式：

$$(\boldsymbol{A},\boldsymbol{b}) \xrightarrow{r} \begin{pmatrix} d_1 & * & * & \cdots & \cdots & \cdots & \cdots & * \\ 0 & \cdots & 0 & d_2 & * & \cdots & \cdots & * \\ \vdots & & & & & & & \vdots \\ 0 & \cdots & \cdots & \cdots & 0 & d_r & \cdots & * \\ 0 & \cdots & \cdots & \cdots & \cdots & \cdots & 0 & d_{r+1} \\ 0 & & & \cdots & \cdots & & & 0 \\ \vdots & & & & & & & \vdots \\ 0 & & & \cdots & \cdots & & & 0 \end{pmatrix} \begin{matrix} \left.\begin{matrix} \\ \\ \\ \\ \end{matrix}\right\} r\text{行} \\ \\ \\ \\ \\ \end{matrix}$$

其中，d_i（$i=1$，2，…，$r+1$）是每个非零行的首非零元．此时，行阶梯形矩阵的第 $r+1$ 行对应矛盾方程 $0=d_{r+1}\neq 0$，从而方程组 $\boldsymbol{Ax}=\boldsymbol{b}$ 无解．

② 若 $R(\boldsymbol{A})=R(\boldsymbol{A},\boldsymbol{b})=r$，$(\boldsymbol{A},\ \boldsymbol{b})$ 的行阶梯形矩阵的第 $r+1$ 行对应恒等式 $0=0$，方程组 $\boldsymbol{Ax}=\boldsymbol{b}$ 有解，继续将其化为行最简形矩阵即可求出方程组的解．

将3.3.1节的结论综合起来，即可得到线性方程组的解的判定定理．

定理3.4　n 元线性方程组 $\boldsymbol{Ax}=\boldsymbol{b}$

① 无解的充分必要条件是 $R(\boldsymbol{A})<R(\boldsymbol{A},\boldsymbol{b})$；

② 有解的充分必要条件是 $R(\boldsymbol{A})=R(\boldsymbol{A},\boldsymbol{b})$，且当 $R(\boldsymbol{A})=R(\boldsymbol{A},\boldsymbol{b})=n$ 时，方程组有唯一解；当 $R(\boldsymbol{A})=R(\boldsymbol{A},\boldsymbol{b})<n$ 时，方程组有无穷多解．

综上所述，在求解线性方程组的 $\boldsymbol{Ax}=\boldsymbol{b}$ 时可分为两步：

① 对增广矩阵 $(\boldsymbol{A},\ \boldsymbol{b})$ 作初等行变换化为行阶梯形矩阵，求出 $R(\boldsymbol{A})$ 与 $R(\boldsymbol{A},\ \boldsymbol{b})$ 的值，当 $R(\boldsymbol{A})<R(\boldsymbol{A},\boldsymbol{b})$ 时，方程组无解；

② 当 $R(\boldsymbol{A})=R(\boldsymbol{A},\boldsymbol{b})=r$ 时，方程组有解，继续将行阶梯形矩阵化为行最简形矩阵．若 $r=n$，可得到方程组的唯一解；若 $r<n$，方程组有 $n-r$ 个自由未知数，用自由未知数表示出非自由未知数，即得到方程组无穷多解．

【例3-6】　解线性方程组

$$\begin{cases} x_1+x_2-3x_3-x_4=1 \\ 3x_1-x_2-3x_3+4x_4=4 \\ x_1+5x_2-9x_3-8x_4=0 \end{cases}$$

【解】　对增广矩阵 $(\boldsymbol{A},\ \boldsymbol{b})$ 作初等行变换化为行阶梯形矩阵

$$(\boldsymbol{A},\boldsymbol{b})=\begin{pmatrix} 1 & 1 & -3 & -1 & 1 \\ 3 & -1 & -3 & 4 & 4 \\ 1 & 5 & -9 & -8 & 0 \end{pmatrix} \xrightarrow[r_3-r_1]{r_2-3r_1} \begin{pmatrix} 1 & 1 & -3 & -1 & 1 \\ 0 & -4 & 6 & 7 & 1 \\ 0 & 4 & -6 & -7 & -1 \end{pmatrix}$$

$$\xrightarrow[r_2\times\left(-\frac{1}{4}\right)]{r_3+r_2}\begin{pmatrix}1 & 1 & -3 & -1 & 1\\ 0 & 1 & -\frac{3}{2} & -\frac{7}{4} & -\frac{1}{4}\\ 0 & 0 & 0 & 0 & 0\end{pmatrix}=\boldsymbol{B}_1$$

由 $R(\boldsymbol{A})=R(\boldsymbol{A},\boldsymbol{b})=2<4$，知方程组有无穷多解，继续化行最简形矩阵

$$\boldsymbol{B}_1\xrightarrow{r_1-r_2}\begin{pmatrix}1 & 0 & -\frac{3}{2} & \frac{3}{4} & \frac{5}{4}\\ 0 & 1 & -\frac{3}{2} & -\frac{7}{4} & -\frac{1}{4}\\ 0 & 0 & 0 & 0 & 0\end{pmatrix}$$

取 x_1 和 x_2 为非自由未知数，x_3 和 x_4 为自由未知数，可得

$$\begin{cases}x_1=\frac{3}{2}x_3-\frac{3}{4}x_4+\frac{5}{4}\\ x_2=\frac{3}{2}x_3+\frac{7}{4}x_4-\frac{1}{4}\end{cases}(x_3,x_4\text{ 可任意取值})$$

令 $x_3=c_1$，$x_4=c_2$，可写出方程组的向量形式的通解

$$\begin{pmatrix}x_1\\ x_2\\ x_3\\ x_4\end{pmatrix}=\begin{pmatrix}\frac{3}{2}c_1-\frac{3}{4}c_2+\frac{5}{4}\\ \frac{3}{2}c_1+\frac{7}{4}c_2-\frac{1}{4}\\ c_1\\ c_2\end{pmatrix}=c_1\begin{pmatrix}\frac{3}{2}\\ \frac{3}{2}\\ 1\\ 0\end{pmatrix}+c_2\begin{pmatrix}-\frac{3}{4}\\ \frac{7}{4}\\ 0\\ 1\end{pmatrix}+\begin{pmatrix}\frac{5}{4}\\ -\frac{1}{4}\\ 0\\ 0\end{pmatrix}(c_1,c_2\text{ 为任意常数})$$

第 4 章会借助通解形式研究线性方程组的解的结构 .

【例 3-7】 设有线性方程组

$$\begin{cases}kx_1+x_2+x_3=1\\ x_1+kx_2+x_3=k\\ x_1+x_2+kx_3=k^2\end{cases}$$

问 k 取何值时，此方程组（1）有唯一解；（2）无解；（3）有无穷多解？并在有无穷多解时求其通解 .

【解 1】 对增广矩阵（$\boldsymbol{A}$，$\boldsymbol{b}$）作初等行变换化为行阶梯形矩阵

$$(\boldsymbol{A},\boldsymbol{b})=\begin{pmatrix}k & 1 & 1 & 1\\ 1 & k & 1 & k\\ 1 & 1 & k & k^2\end{pmatrix}\xrightarrow{r_1\leftrightarrow r_3}\begin{pmatrix}1 & 1 & k & k^2\\ 1 & k & 1 & k\\ k & 1 & 1 & 1\end{pmatrix}$$

$$\xrightarrow[r_3-kr_1]{r_2-r_1}\begin{pmatrix}1 & 1 & k & k^2\\ 0 & k-1 & 1-k & k-k^2\\ 0 & 1-k & 1-k^2 & 1-k^3\end{pmatrix}$$

$$\xrightarrow[r_3\times(-1)]{r_3+r_2}\begin{pmatrix}1&1&k&k^2\\0&k-1&1-k&k-k^2\\0&0&(k+2)(k-1)&k^3+k^2-k-1\end{pmatrix}$$

① 当 $k\neq-2$ 且 $k\neq1$ 时，$R(\boldsymbol{A})=R(\boldsymbol{A},\boldsymbol{b})=3$，方程组有唯一解；

② 当 $k=-2$ 时，$R(\boldsymbol{A})=2$，$R(\boldsymbol{A},\boldsymbol{b})=3$，方程组无解；

③ 当 $k=1$ 时，$R(\boldsymbol{A})=R(\boldsymbol{A},\boldsymbol{b})=2<3$，方程组有无穷多解，这时

$$(\boldsymbol{A},\boldsymbol{b})\xrightarrow{r}\begin{pmatrix}1&1&1&1\\0&0&0&0\\0&0&0&0\end{pmatrix}$$

取 x_2 和 x_3 为自由未知数，可得 $x_1=-x_2-x_3+1$，令 $x_2=c_1$，$x_3=c_2$，得通解

$$\begin{pmatrix}x_1\\x_2\\x_3\end{pmatrix}=c_1\begin{pmatrix}-1\\1\\0\end{pmatrix}+c_2\begin{pmatrix}-1\\0\\1\end{pmatrix}+\begin{pmatrix}1\\0\\0\end{pmatrix}(c_1,c_2\text{ 为任意常数})$$

【解 2】因系数矩阵 A 是方阵，故可利用克拉默法则求有唯一解的条件．由于

$$|\boldsymbol{A}|=\begin{vmatrix}k&1&1\\1&k&1\\1&1&k\end{vmatrix}=\begin{vmatrix}k+2&1&1\\k+2&k&1\\k+2&1&k\end{vmatrix}=\begin{vmatrix}k+2&1&1\\0&k-1&0\\0&0&k-1\end{vmatrix}=(k+2)(k-1)^2$$

因此，当 $k\neq-2$ 且 $k\neq1$ 时 $|\boldsymbol{A}|\neq0$，此时方程组有唯一解．

当 $k=-2$ 时

$$(\boldsymbol{A},\boldsymbol{b})=\begin{pmatrix}-2&1&1&1\\1&-2&1&-2\\1&1&-2&4\end{pmatrix}\xrightarrow{r_1\leftrightarrow r_3}\begin{pmatrix}1&1&-2&4\\1&-2&1&-2\\-2&1&1&1\end{pmatrix}$$

$$\xrightarrow[r_3+2r_1]{r_2-r_1}\begin{pmatrix}1&1&-2&4\\0&-3&3&-6\\0&3&-3&9\end{pmatrix}\xrightarrow{r_3+r_2}\begin{pmatrix}1&1&-2&4\\0&-3&3&-6\\0&0&0&3\end{pmatrix}$$

知 $R(\boldsymbol{A})=2$，$R(\boldsymbol{A},\boldsymbol{b})=3$，方程组无解．

当 $k=1$ 时

$$(\boldsymbol{A},\boldsymbol{b})=\begin{pmatrix}1&1&1&1\\1&1&1&1\\1&1&1&1\end{pmatrix}\xrightarrow[r_3-r_1]{r_2-r_1}\begin{pmatrix}1&1&1&1\\0&0&0&0\\0&0&0&0\end{pmatrix}$$

知 $R(\boldsymbol{A})=R(\boldsymbol{A},\boldsymbol{b})=2<3$，方程组有无穷多解，类似解 1 可得通解

$$\begin{pmatrix}x_1\\x_2\\x_3\end{pmatrix}=c_1\begin{pmatrix}-1\\1\\0\end{pmatrix}+c_2\begin{pmatrix}-1\\0\\1\end{pmatrix}+\begin{pmatrix}1\\0\\0\end{pmatrix}(c_1,c_2\text{ 为任意常数})$$

由于齐次线性方程组 $\boldsymbol{Ax}=\boldsymbol{0}$ 一定有零解，故由定理 3.4 可得到下面的定理．

定理 3.5　n 元齐次线性方程组 $\boldsymbol{Ax}=\boldsymbol{0}$ 只有零解的充分必要条件是 $R(\boldsymbol{A})=n$；有非零解的充分必要条件是 $R(\boldsymbol{A})<n$.

推论　当系数矩阵是方阵时，齐次线性方程组 $\boldsymbol{Ax}=\boldsymbol{0}$ 只有零解的充分必要条件是

$|\boldsymbol{A}|\neq 0$；有非零解的充分必要条件是$|\boldsymbol{A}|=0$.

【例 3-8】 解齐次线性方程组

$$\begin{cases}x_1+2x_2+x_3+3x_4=0\\2x_1+x_2-x_3-6x_4=0\\x_1-x_2-2x_3-9x_4=0\end{cases}$$

【解】 对系数矩阵$\boldsymbol{A}$作初等行变换化为行最简形矩阵

$$\boldsymbol{A}=\begin{pmatrix}1&2&1&3\\2&1&-1&-6\\1&-1&-2&-9\end{pmatrix}\xrightarrow[r_3-r_1]{r_2-2r_1}\begin{pmatrix}1&2&1&3\\0&-3&-3&-12\\0&-3&-3&-12\end{pmatrix}$$

$$\xrightarrow[r_2\times\left(-\frac{1}{3}\right)]{r_3-r_2}\begin{pmatrix}1&2&1&3\\0&1&1&4\\0&0&0&0\end{pmatrix}\xrightarrow{r_1-2r_2}\begin{pmatrix}1&0&-1&-5\\0&1&1&4\\0&0&0&0\end{pmatrix}$$

取x_3和x_4为自由未知数，可得$\begin{cases}x_1=x_3+5x_4\\x_2=-x_3-4x_4\end{cases}$，令$x_3=c_1$，$x_4=c_2$，得通解

$$\begin{pmatrix}x_1\\x_2\\x_3\\x_4\end{pmatrix}=c_1\begin{pmatrix}1\\-1\\1\\0\end{pmatrix}+c_2\begin{pmatrix}5\\-4\\0\\1\end{pmatrix}\ (c_1,c_2\text{ 为任意常数})$$

【例 3-9】 已知齐次线性方程组

$$\begin{cases}x_1+2x_2+3x_3=0\\x_1-x_2+6x_3=0\\3x_1-2x_2+kx_3=0\end{cases}$$

有非零解，问k应取何值？并求出全体非零解.

【解】 对系数矩阵$\boldsymbol{A}$作初等行变换

$$\boldsymbol{A}=\begin{pmatrix}1&2&3\\1&-1&6\\3&-2&k\end{pmatrix}\xrightarrow[r_3-3r_1]{r_2-r_1}\begin{pmatrix}1&2&3\\0&-3&3\\0&-8&k-9\end{pmatrix}\xrightarrow[r_3+8r_2]{r_2\times\left(-\frac{1}{3}\right)}\begin{pmatrix}1&2&3\\0&1&-1\\0&0&k-17\end{pmatrix}$$

因齐次线性方程组有非零解，故$R(A)<3$，即$k=17$.

当$k=17$时

$$\boldsymbol{A}=\begin{pmatrix}1&2&3\\1&-1&6\\3&-2&17\end{pmatrix}\xrightarrow{r}\begin{pmatrix}1&2&3\\0&1&-1\\0&0&0\end{pmatrix}\xrightarrow{r_1-2r_2}\begin{pmatrix}1&0&5\\0&1&-1\\0&0&0\end{pmatrix}$$

取x_3为自由未知数，可得$\begin{cases}x_1=-5x_3\\x_2=x_3\end{cases}$，令$x_3=c$，由于零解

$$\begin{cases} x_1=-5c=0 \\ x_2=c=0 \\ x_3=c=0 \end{cases}$$

需有 $c=0$，因此排除这个值即可得到全体非零解

$$\begin{pmatrix} x_1 \\ x_2 \\ x_3 \end{pmatrix}=c\begin{pmatrix} -5 \\ 1 \\ 1 \end{pmatrix}(c\neq 0)$$

除用于判定线性方程组的解之外，由定理 3.4 还可推导出多个有用的结论，下面介绍两个常用的定理.

定理 3.6　矩阵方程 $\boldsymbol{AX}=\boldsymbol{B}$ 有解的充分必要条件是 $R(\boldsymbol{A})=R(\boldsymbol{A},\boldsymbol{B})$.

证明： 设 $\boldsymbol{A}$ 是 $m\times n$ 矩阵，$\boldsymbol{B}$ 是 $m\times l$ 矩阵，则 $\boldsymbol{X}$ 是 $n\times l$ 矩阵. 把 $\boldsymbol{X}$ 和 $\boldsymbol{B}$ 按列分块得 $\boldsymbol{X}=(x_1,x_2,\cdots,x_l)$，$\boldsymbol{B}=(b_1,b_2,\cdots,b_l)$，则 $\boldsymbol{AX}=\boldsymbol{B}$ 等价于 l 个线性方程组

$$\boldsymbol{Ax}_i=\boldsymbol{b}_i\quad(i=1,2,\cdots,l)$$

若 $(\boldsymbol{A},\boldsymbol{B})=(\boldsymbol{A},\boldsymbol{b}_1,\boldsymbol{b}_2,\cdots,\boldsymbol{b}_l)$ 只作初等行变换化为行阶梯形矩阵（$\widetilde{\boldsymbol{A}}$，$\widetilde{\boldsymbol{b}}_1$，$\widetilde{\boldsymbol{b}}_2$，…，$\widetilde{\boldsymbol{b}}_l$），则 $\boldsymbol{A}$ 的行阶梯形矩阵是 $\widetilde{\boldsymbol{A}}$，（$\boldsymbol{A}$，$\boldsymbol{b}_i$）的行阶梯形矩阵是（$\widetilde{\boldsymbol{A}}$，$\widetilde{\boldsymbol{b}}_i$），其中 $i=1$，2，…，l. 设 $R(\boldsymbol{A})=r$，可得

$$\begin{aligned} \boldsymbol{AX}=\boldsymbol{B}\text{ 有解} &\Leftrightarrow \boldsymbol{Ax}_i=\boldsymbol{b}_i\text{ 有解}\quad(i=1,2,\cdots,l) \\ &\Leftrightarrow R(\boldsymbol{A})=R(\boldsymbol{A},\boldsymbol{b}_i)=r\quad(i=1,2,\cdots,l) \\ &\Leftrightarrow \widetilde{\boldsymbol{A}}\text{ 和 }\widetilde{\boldsymbol{b}}_i\text{ 的后 }m-r\text{ 行都是零行}\quad(i=1,2,\cdots,l) \\ &\Leftrightarrow (\widetilde{\boldsymbol{A}},\widetilde{\boldsymbol{b}}_1,\widetilde{\boldsymbol{b}}_2,\cdots,\widetilde{\boldsymbol{b}}_l)\text{ 的后 }m-r\text{ 行都是零行} \\ &\Leftrightarrow R(\boldsymbol{A})=R(\boldsymbol{A},\boldsymbol{B})=r \end{aligned}$$

定理 3.7　设 $\boldsymbol{AB}=\boldsymbol{C}$，则 $R(\boldsymbol{C})\leqslant\min\{R(\boldsymbol{A}),R(\boldsymbol{B})\}$.

证明： 因 $\boldsymbol{AB}=\boldsymbol{C}$，故矩阵方程 $\boldsymbol{AX}=\boldsymbol{C}$ 有解 $\boldsymbol{X}=\boldsymbol{B}$，则由定理 3.5 有 $R(\boldsymbol{A})=R(\boldsymbol{A},\boldsymbol{C})$，而 $\boldsymbol{C}$ 作为（$\boldsymbol{A}$，$\boldsymbol{C}$）的子块，有 $R(\boldsymbol{C})\leqslant R(\boldsymbol{A},\boldsymbol{C})$，故 $R(\boldsymbol{C})\leqslant R(\boldsymbol{A})$.

再由 $\boldsymbol{B}^{\mathrm{T}}\boldsymbol{A}^{\mathrm{T}}=\boldsymbol{C}^{\mathrm{T}}$，可得 $R(\boldsymbol{B}^{\mathrm{T}})=R(\boldsymbol{B}^{\mathrm{T}},\boldsymbol{C}^{\mathrm{T}})$，即

$$R(\boldsymbol{C})=R(\boldsymbol{C}^{\mathrm{T}})\leqslant R(\boldsymbol{B}^{\mathrm{T}},\boldsymbol{C}^{\mathrm{T}})=R(\boldsymbol{B}^{\mathrm{T}})=R(\boldsymbol{B})$$

从而有 $R(\boldsymbol{C})\leqslant\min\{R(\boldsymbol{A}),R(\boldsymbol{C})\}$.

选读——矛盾方程组与最小二乘解

无解的线性方程组亦称为矛盾方程组. 具体地，当 $R(\boldsymbol{A})<R(\boldsymbol{A},\boldsymbol{b})$ 时，非齐次线性方程组 $\boldsymbol{Ax}=\boldsymbol{b}$ 无解，此时不存在列向量 $\boldsymbol{x}$ 满足 $\boldsymbol{Ax}-\boldsymbol{b}=\boldsymbol{0}$. 若从工程意义上出发寻找最优近似解，则容许引入偏差向量

$$\boldsymbol{e}=\boldsymbol{Ax}-\boldsymbol{b}$$

若将线性方程组（3-1）简记为

$$\sum_{j=1}^{n}a_{ij}x_j=b_i\quad(i=1,2,\cdots,m)$$

则有 $e=(\delta_1,\delta_2,\cdots,\delta_m)^{\mathrm{T}}$，其中

$$\delta_i = \sum_{j=1}^{n} a_{ij}x_j - b_i \quad (i=1,\ 2,\ \cdots,\ m)$$

最优近似解应使偏差能按某种度量标准达到最小．为了便于计算、分析与应用，通常要求偏差向量 $\boldsymbol{e}$ 的2-范数为最小，即

$$\| \delta_i \|_2^2 = \sum_{i=1}^{m} \delta_i^2 = \sum_{i=1}^{m} \left[\sum_{j=1}^{n} a_{ij}x_j - b_i \right]^2$$

为最小．这种要求偏差平方和最小的原则称为最小二乘原则，利用最小二乘原则求解问题的方法称为最小二乘法，求出的解则称为最小二乘解．设

$$Q(x_1,\ x_2,\ \cdots,\ x_n) = \sum_{i=1}^{m} \left[\sum_{j=1}^{n} a_{ij}x_j - b_i \right]^2$$

从而求最小二乘解的问题转化为求函数最小值点的问题．显然，偏差的平方和无最大值，但总有最小值，函数 Q 在最小值点关于每个自变量的偏导数均为零，即

$$\frac{\partial Q}{\partial x_k}=0(k=1,2,\cdots,n)$$

由于

$$\frac{\partial Q}{\partial x_k} = \sum_{i=1}^{m} 2a_{ik}\left[\sum_{j=1}^{n} a_{ij}x_j - b_i \right] = 2(a_{1k},\ a_{2k},\ \cdots,\ a_{mk}) \begin{pmatrix} \sum_{j=1}^{n} a_{1j}x_j - b_1 \\ \sum_{j=1}^{n} a_{2j}x_j - b_2 \\ \vdots \\ \sum_{j=1}^{n} a_{mj}x_j - b_m \end{pmatrix}$$

故有

$$\begin{pmatrix} \frac{\partial Q}{\partial x_1} \\ \frac{\partial Q}{\partial x_2} \\ \vdots \\ \frac{\partial Q}{\partial x_n} \end{pmatrix} = 2\begin{pmatrix} a_{11} & a_{21} & \cdots & a_{m1} \\ a_{12} & a_{22} & \cdots & a_{m2} \\ \vdots & \vdots & & \vdots \\ a_{1n} & a_{2n} & \cdots & a_{mn} \end{pmatrix} \begin{pmatrix} \sum_{j=1}^{n} a_{1j}x_j - b_1 \\ \sum_{j=1}^{n} a_{2j}x_j - b_2 \\ \vdots \\ \sum_{j=1}^{n} a_{mj}x_j - b_m \end{pmatrix} = \begin{pmatrix} 0 \\ 0 \\ \vdots \\ 0 \end{pmatrix}$$

表示为矩阵形式为

$$2\boldsymbol{A}^{\mathrm{T}}(\boldsymbol{Ax}-\boldsymbol{b})=\boldsymbol{0}$$

整理得到

$$\boldsymbol{A}^{\mathrm{T}}\boldsymbol{Ax}=\boldsymbol{A}^{\mathrm{T}}\boldsymbol{b}$$

可以证明这类方程组一定有解，此处从略．该方程组称为原矛盾方程组对应的正规方程组（或正则方程组、法方程组）．综上所述，求解正规方程组即可求出矛盾方程组在最小二乘意义下的最优近似解．

习　题　3

基础题

1. 当 λ 取何值时，方程组$\begin{cases}\lambda x_1-2x_2=5\\-8x_1+\lambda x_2=1\end{cases}$有唯一解？并求出此解 .

2. 设齐次线性方程组$\begin{cases}x_1+kx_2+x_3=0\\kx_1+x_2+x_3=0\\x_1-x_2+3x_3=0\end{cases}$有非零解，则 $k=$________ .

3. 若齐次线性方程组$\begin{cases}x_1-x_2+x_3=0\\2x_1+\lambda x_2+(2-\lambda)x_3=0\\x_1+(\lambda+1)x_2+x_3=0\end{cases}$只有零解，则 λ ________ .

4. 已知齐次线性方程组 $\boldsymbol{Ax}=\boldsymbol{0}$ 的系数矩阵化成行阶梯形矩阵为$\begin{pmatrix}1&2&1\\0&4&-1\\0&0&\lambda+3\end{pmatrix}$，则当 λ ________时，该方程组只有零解 .

5. 已知非齐次线性方程组 $\boldsymbol{Ax}=\boldsymbol{b}$，且$(\boldsymbol{A},\boldsymbol{b})\xrightarrow{r}\begin{pmatrix}1&-1&1&0&0\\0&2&1&3&-2\\0&0&m-1&0&n+1\\0&0&0&m-1&0\end{pmatrix}$，若方程组无解，则 m 和 n 的取值应满足________ .

6. 求解下列齐次线性方程组 .

（1）$\begin{cases}2x_1+x_2+x_3-x_4=0\\2x_1+2x_2+x_3+2x_4=0\\x_1+x_2+2x_3-x_4=0\end{cases}$　　（2）$\begin{cases}x_1+2x_2+x_3-x_4=0\\5x_1+10x_2+x_3-5x_4=0\\3x_1+6x_2-x_3-3x_4=0\end{cases}$

（3）$\begin{cases}2x_1+3x_2-x_3+5x_4=0\\3x_1+x_2+2x_3-7x_4=0\\4x_1+x_2-3x_3+6x_4=0\\x_1-2x_2+4x_3-7x_4=0\end{cases}$　　（4）$\begin{cases}2x_1-5x_2+x_3-3x_4=0\\-3x_1+4x_2-2x_3+x_4=0\\x_1+2x_2-x_3+3x_4=0\\-2x_1+15x_2-6x_3+13x_4=0\end{cases}$

7. 问 k 取何值时，齐次线性方程组$\begin{cases}kx_1+x_2+x_3=0\\x_1+x_3=0\\x_1+kx_3=0\end{cases}$有非零解？并求出全体非零解 .

8. 求齐次线性方程组$\begin{cases}3x_1+x_2-2x_3+4x_4=0\\x_1+x_2=0\\-2x_1-x_2+x_3-2x_4=0\end{cases}$的全体非零解 .

9. 求解下列非齐次线性方程组.

(1) $\begin{cases}x_1+2x_2-2x_3=1\\2x_1+2x_2-4x_3=2\\-2x_1-4x_2+3x_3=-3\end{cases}$ (2) $\begin{cases}x_1+x_2-3x_3-x_4=1\\3x_1-x_2-3x_3+4x_4=4\\x_1+5x_2-9x_3-8x_4=0\end{cases}$

(3) $\begin{cases}x_1+x_2+x_3+x_4=2\\3x_1+x_2+x_3-3x_4=0\\2x_1+x_2+x_3+3x_4=3\\5x_1+3x_2+3x_3-x_4=4\end{cases}$ (4) $\begin{cases}2x_1+x_2-x_3+x_4=1\\3x_1-2x_2+2x_3-3x_4=2\\5x_1+x_2-x_3+2x_4=-1\\2x_1-x_2+x_3-3x_4=4\end{cases}$

10. 问线性方程组

$$\begin{cases}x_1+x_2-x_3=1\\2x_1+3x_2+\lambda x_3=3\\x_1+\lambda x_2+3x_3=2\end{cases}$$

在 λ 取何值时，(1) 有唯一解；(2) 无解；(3) 有无穷多解？并在有无穷多解时求其通解.

11. 问 k 取何值时，线性方程组

$$\begin{cases}kx_1-x_2=k\\kx_2-x_3=k\\kx_3-x_4=k\\-x_1+kx_4=k\end{cases}$$

(1) 有唯一解；(2) 无解；(3) 有无穷多解？并在有无穷多解时求其通解.

12. 设线性方程组

$$\begin{cases}(2-\lambda)x_1+2x_2-2x_3=1\\2x_1+(5-\lambda)x_2-4x_3=2\\-2x_1-4x_2+(5-\lambda)x_3=-\lambda-1\end{cases}$$

问 λ 为何值时，此方程组有唯一解、无解或有无穷多解？并在有无穷多解时求其通解.

综合题

13. 已知线性方程组 $\boldsymbol{Ax}=\boldsymbol{0}$，若 $\boldsymbol{A}$ 为 n 阶方阵，且 $R(\boldsymbol{A})<n$，则该方程组________.

A. 有唯一解　　B. 有无穷多解

C. 无解　　D. 只有零解

14. 对于非齐次线性方程组 $\boldsymbol{Ax}=\boldsymbol{b}$，已知 $\boldsymbol{A}$ 为 n 阶方阵，则下列结论正确的是________.

A. 若 $R(\boldsymbol{A})=n$，则 $\boldsymbol{Ax}=\boldsymbol{b}$ 有唯一解

B. 若 $|\boldsymbol{A}|=0$，则 $\boldsymbol{Ax}=\boldsymbol{b}$ 有无穷多解

C. 若 $R(\boldsymbol{A})=R(\boldsymbol{A},\boldsymbol{b})$，则 $\boldsymbol{Ax}=\boldsymbol{b}$ 有唯一解

D. 若 $R(\boldsymbol{A})<n$，则 $\boldsymbol{Ax}=\boldsymbol{b}$ 有无穷多解

15. 设 $\boldsymbol{A}$ 为 $m\times n$ 矩阵，则下列关于线性方程组的结论正确的是________.

A. 若 $\boldsymbol{Ax}=\boldsymbol{0}$ 只有零解，则 $\boldsymbol{Ax}=\boldsymbol{b}$ 有唯一解

B. 若 $\boldsymbol{Ax}=\boldsymbol{0}$ 有非零解，则 $\boldsymbol{Ax}=\boldsymbol{b}$ 有无穷多解

C. 若 $\boldsymbol{Ax}=\boldsymbol{b}$ 有无穷多解，则 $\boldsymbol{Ax}=\boldsymbol{0}$ 只有零解

D. 若 $\boldsymbol{Ax}=\boldsymbol{b}$ 有无穷多解，则 $\boldsymbol{Ax}=\boldsymbol{0}$ 有非零解

16. 已知非齐次线性方程组 $\boldsymbol{Ax}=\boldsymbol{b}$，若 $\boldsymbol{A}$ 为 $m\times n$ 矩阵，且 $R(\boldsymbol{A})=r$，则有________.

A. $r=m$ 时，$\boldsymbol{Ax}=\boldsymbol{b}$ 有解

B. $r=n$ 时，$\boldsymbol{Ax}=\boldsymbol{b}$ 有唯一解

C. $m=n$ 时，$\boldsymbol{Ax}=\boldsymbol{b}$ 有无穷多解

D. $r<n$ 时，$\boldsymbol{Ax}=\boldsymbol{b}$ 有无穷多解

17. 一个幼儿园的营养师安排幼儿的早餐食谱由 3 种食物 A、B、C 构成，其中幼儿的营养早餐要求包含 2 个单位的铁，3 个单位的维生素 A，5 个单位的钙. 表 3-1 给出的是每百克的食物 A、B、C 所包含的铁、维生素 A 和钙的量.

表 3-1　食物营养素

食物	营养素		
	铁	维生素 A	钙
食物 A	1	2	2
食物 B	1	3	1
食物 C	1	1	3

请写出该早餐食谱中所含食物 A、B、C 的量应满足的方程组，并求出 3 种食物的用量.

18. 现有三人分别是木工、电工、油漆工，经协商后决定合作完成各自住房的装修. 表 3-2 给出协商后的工作天数分配方案，且协议如下：

(1) 每人工作 10 天（包括在自己家的日子）；

(2) 日工资额应使得每人的总收入和总支出相等；

(3) 三人中最低日工资不低于 100 元，且最高日工资与最低日工资差额不超过 125 元.

表 3-2　工作天数分配方案

在谁家	工人		
	木工	电工	油漆工
木工家	2	1	3
电工家	4	5	1
油漆工家	4	4	6

假设每人每天的工作时间长度相同，无论在谁家干活都按正常情况工作，既不偷懒也不加班. 试建立线性方程组描述该问题，并求出每人的日工资额.

应用举例

现代城市道路网错综复杂，车流量大，难免出现交通拥堵的状况．为解决城市交通问题，需要根据实际的车流量信息，设计流量控制方案或重新规划部分道路．因此，对道路网的车流量调查是分析、评价及改善城市交通状况的基础．交通流量的调查涉及道路网中的每条道路和每个交叉路口，在人力、物力和财力有限的情况下，有时只能选择部分路段作详细调查，未调查路段的交通流量则可通过列出交通网络平衡方程组来确定．

【示例】 某城市要规划设计部分城区的道路，为了使设计的结果合理，首先对城区内的部分道路的交通流量（每小时通过的车数）作了调查，结果如图 3-1 所示．

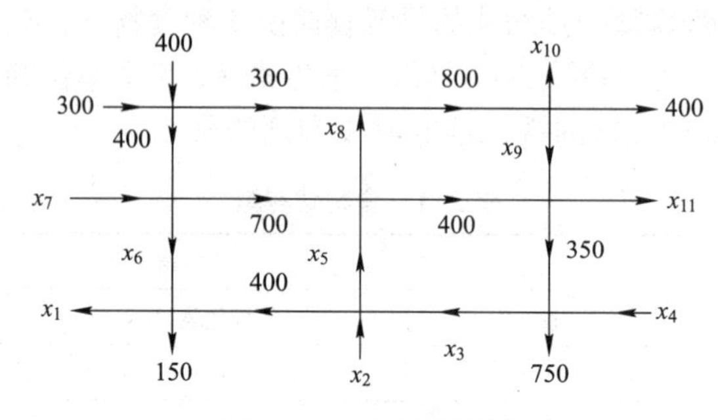

图 3-1 交通流量图

若给出以下假设：

（1）进入十字路口的车次等于驶出十字路口的车次；

（2）全部进入城区道路的车次等于全部驶出城区道路的车次；

（3）道路全部是单行线．

试确定城区中其他未被调查道路的流量 x_i（$i=1, \cdots, 11$）．

【解析】：

根据已知条件，由假设（1）可得各路口的流量方程

$$x_6+400=x_1+150$$

$$x_2+x_3=x_5+400$$

$$x_4+350=750+x_3$$

$$x_9+400=x_{11}+350$$

$$x_5+700=x_8+400$$

$$x_7+400=x_6+700$$

$$x_8+300=800$$

$$800=x_9+x_{10}+400$$

由假设（2）可得总的流量方程

$$400+300+x_7+x_2+x_4=x_1+150+750+x_{11}+400+x_{10}$$

整理得线性方程组

$$\begin{cases} x_1-x_6=250 \\ x_2+x_3-x_5=400 \\ x_3-x_4=-400 \\ x_9-x_{11}=-50 \\ x_5-x_8=-300 \\ x_6-x_7=-300 \\ x_8=500 \\ x_9+x_{10}=400 \\ -x_1+x_2+x_4+x_7-x_{10}-x_{11}=600 \end{cases}$$

问题转换为求解非齐次线性方程组的问题．将增广矩阵化为行最简形矩阵

$$\begin{pmatrix} 1 & 0 & 0 & 0 & 0 & 0 & -1 & 0 & 0 & 0 & 0 & -50 \\ 0 & 1 & 0 & 1 & 0 & 0 & 0 & 0 & 0 & 0 & 0 & 1\ 000 \\ 0 & 0 & 1 & -1 & 0 & 0 & 0 & 0 & 0 & 0 & 0 & -400 \\ 0 & 0 & 0 & 0 & 1 & 0 & 0 & 0 & 0 & 0 & 0 & 200 \\ 0 & 0 & 0 & 0 & 0 & 1 & -1 & 0 & 0 & 0 & 0 & -300 \\ 0 & 0 & 0 & 0 & 0 & 0 & 0 & 1 & 0 & 0 & 0 & 500 \\ 0 & 0 & 0 & 0 & 0 & 0 & 0 & 0 & 1 & 0 & -1 & -50 \\ 0 & 0 & 0 & 0 & 0 & 0 & 0 & 0 & 0 & 1 & 1 & 450 \\ 0 & 0 & 0 & 0 & 0 & 0 & 0 & 0 & 0 & 0 & 0 & 0 \end{pmatrix}$$

令 x_4，x_7，x_{11} 为自由未知数，得线性方程组的解

$$\begin{cases} x_1=x_7-50 \\ x_2=-x_4+1\ 000 \\ x_3=x_4-400 \\ x_5=200 \\ x_6=x_7-300 \\ x_8=500 \\ x_9=x_{11}-50 \\ x_{10}=-x_{11}+450 \end{cases}$$

从而，自由未知数每取定一组数值，即可得到未知道路的一组流量值．但是，对于实际问题，需注意对自由未知数的取值进行分析．因为道路是单行线，且流量应该是非负数，所以自由未知数的取值应满足以下条件

$$\begin{cases} 400\leqslant x_4\leqslant 1\ 000 \\ 300\leqslant x_7 \\ 50\leqslant x_{11}\leqslant 450 \end{cases}$$

第4章

向量与向量空间

线性代数主要研究的是有限维向量空间上的线性映射．凡是线性问题都可以用向量空间的观点加以讨论，因此，向量空间和与之相联系的矩阵理论构成了线性代数的中心内容．本章主要介绍向量的概念及向量之间的线性关系和性质，并以向量为工具探讨线性方程组解的结构，最后介绍向量空间的基本内容．

§4.1　向量的线性表示

4.1.1　n 维向量与向量组

定义 4.1　由 n 个数 a_1，a_2，…，a_n 组成的有序数组

$$(a_1,a_2,\cdots,a_n)\text{或}\begin{pmatrix}a_1\\a_2\\\vdots\\a_n\end{pmatrix}$$

称为一个 n 维向量，简称向量，其中，a_i 称为该向量的第 i 个分量．

分量全为实数的向量称为实向量，分量全为复数的向量称为复向量．若无特殊说明，本书只讨论实向量．n 维向量可写作一行，也可写作一列，分别称为行向量（或行矩阵）和列向量（或列矩阵），它们被视作不同的向量，且都遵循矩阵的运算规则．本书将列向量用小写字母如 $\boldsymbol{\alpha}$，$\boldsymbol{\beta}$ 等表示，将行向量用 $\boldsymbol{\alpha}^{\mathrm{T}}$，$\boldsymbol{\beta}^{\mathrm{T}}$ 等表示．文中所涉及的向量在没有指明是行向量还是列向量时，默认当作列向量．

在解析几何中，3 维向量的坐标正是 3 个有序实数构成的数组．3 维向量的全体所组成的集合 $\mathbb{R}^3=\{(x,y,z)^{\mathrm{T}}\mid x,y,z\in\mathbb{R}\}$ 称为 3 维向量空间，类似地，n 维向量的全体构成的集合 $\mathbb{R}^n=\{(x_1,x_2,\cdots,x_n)^{\mathrm{T}}\mid x_1,x_2,\cdots,x_n\in\mathbb{R}\}$ 称为 n 维向量空间．

定义 4.2　若干个同维数的列向量（或同维数的行向量）所组成的集合叫作列向量组（或行向量组）．

本书若无特别指明，一般给出的均为列向量组，故简称为向量组．

【例 4-1】　一个 $m\times n$ 矩阵的全体列向量是一个含有 n 个 m 维列向量的列向量组，而它的全体行向量是一个含有 m 个 n 维行向量的行向量组．

上述向量组分别称为矩阵的列向量组和矩阵的行向量组，它们都是只含有限个向量的向量组．反之，只含有限个向量的向量组则可构成一个矩阵，例如，n 个 m 维列向量的向量组 $\boldsymbol{A}$：$\boldsymbol{\alpha}_1$，$\boldsymbol{\alpha}_2$，…，$\boldsymbol{\alpha}_n$ 可构成 $m\times n$ 矩阵 $\boldsymbol{A}=(\boldsymbol{\alpha}_1,\ \boldsymbol{\alpha}_2,\ \cdots,\ \boldsymbol{\alpha}_n)$，同理，$m$ 个 n 维行向量的向量组 $\boldsymbol{B}$：$\boldsymbol{\beta}_1^{\mathrm{T}}$，$\boldsymbol{\beta}_2^{\mathrm{T}}$，…，$\boldsymbol{\beta}_m^{\mathrm{T}}$ 可构成 $m\times n$ 矩阵

$$\boldsymbol{B}_{m\times n}=\begin{pmatrix}\boldsymbol{\beta}_1^{\mathrm{T}}\\ \boldsymbol{\beta}_2^{\mathrm{T}}\\ \vdots\\ \boldsymbol{\beta}_m^{\mathrm{T}}\end{pmatrix}=(\boldsymbol{\beta}_1,\boldsymbol{\beta}_2,\cdots,\boldsymbol{\beta}_m)^{\mathrm{T}}$$

总之，有限个向量构成的有序向量组可与矩阵一一对应．

【例 4-2】 n 维向量空间 $\mathbb{R}^n$ 是一个含有无穷个 n 维向量的向量组．

【例 4-3】 设 $m\times n$ 矩阵 $\boldsymbol{A}$，当 $R(\boldsymbol{A})<n$ 时，齐次线性方程组 $\boldsymbol{Ax}=\boldsymbol{0}$ 的全体解是一个含无穷个 n 维向量的向量组．

本节和 4.2 节将只讨论含有限个向量的向量组，后续再把讨论的结果推广到含有无穷多个向量的向量组．

4.1.2　向量的线性表示

定义 4.3　对于向量组 $\boldsymbol{A}$：$\boldsymbol{\alpha}_1$，$\boldsymbol{\alpha}_2$，…，$\boldsymbol{\alpha}_n$，若存在一组数 k_1，k_2，…，k_n，使得

$$\boldsymbol{\beta}=k_1\boldsymbol{\alpha}_1+k_2\boldsymbol{\alpha}_2+\cdots+k_n\boldsymbol{\alpha}_n$$

则称向量 $\boldsymbol{\beta}$ 是向量组 $\boldsymbol{A}$ 的一个线性组合，也称向量 $\boldsymbol{\beta}$ 能由向量组 $\boldsymbol{A}$ 线性表示，k_1，k_2，…，k_n 称为线性组合的系数．

定理 4.1　向量 $\boldsymbol{\beta}$ 能由向量组 $\boldsymbol{A}$：$\boldsymbol{\alpha}_1$，$\boldsymbol{\alpha}_2$，…，$\boldsymbol{\alpha}_n$ 线性表示的充分必要条件是

$$R(\boldsymbol{A},\boldsymbol{\beta})=R(\boldsymbol{A})$$

其中，$\boldsymbol{A}=(\boldsymbol{\alpha}_1,\boldsymbol{\alpha}_2,\cdots,\boldsymbol{\alpha}_n)$．

证明：记 $\boldsymbol{k}=(\boldsymbol{k}_1,\boldsymbol{k}_2,\cdots,\boldsymbol{k}_n)^{\mathrm{T}}$，则

$$\boldsymbol{\beta}=k_1\boldsymbol{\alpha}_1+k_2\boldsymbol{\alpha}_2+\cdots+k_n\boldsymbol{\alpha}_n\Leftrightarrow\boldsymbol{\beta}=\boldsymbol{Ak}$$

故 $\boldsymbol{\beta}$ 能由向量组 $\boldsymbol{A}$ 线性表示⇔线性方程组 $\boldsymbol{Ak}=\boldsymbol{\beta}$ 有解⇔$R(\boldsymbol{A},\boldsymbol{\beta})=R(\boldsymbol{A})$．

【例 4-4】 n 维向量空间 $\mathbb{R}^n$ 中任一向量都可由向量组 $\boldsymbol{E}$：$\boldsymbol{e}_1$，$\boldsymbol{e}_2$，…，$\boldsymbol{e}_n$ 线性表示，其中 e_i 为第 i 个分量为 1、其他分量为 0 的 n 维向量．

【例 4-5】 设 $\boldsymbol{\alpha}_1=\begin{pmatrix}1\\1\\2\\2\end{pmatrix}$，$\boldsymbol{\alpha}_2=\begin{pmatrix}1\\2\\1\\3\end{pmatrix}$，$\boldsymbol{\alpha}_3=\begin{pmatrix}1\\-1\\4\\0\end{pmatrix}$，$\boldsymbol{\beta}=\begin{pmatrix}1\\0\\3\\1\end{pmatrix}$，证明向量 $\boldsymbol{\beta}$ 能由向量组 $\boldsymbol{A}$：$\boldsymbol{\alpha}_1$，$\boldsymbol{\alpha}_2$，$\boldsymbol{\alpha}_3$ 线性表示，并求出线性表示式．

【解】 记 $\boldsymbol{A}=(\boldsymbol{\alpha}_1,\boldsymbol{\alpha}_2,\boldsymbol{\alpha}_3)$，则

$$(\boldsymbol{A},\boldsymbol{\beta})=\begin{pmatrix}1&1&1&1\\1&2&-1&0\\2&1&4&3\\2&3&0&1\end{pmatrix}\xrightarrow[\substack{r_2-r_1\\r_4-2r_1}]{r_3+r_2-3r_1}\begin{pmatrix}1&1&1&1\\0&1&-2&-1\\0&0&0&0\\0&1&-2&-1\end{pmatrix}\xrightarrow[r_1-r_2]{r_4-r_2}\begin{pmatrix}1&0&3&2\\0&1&-2&-1\\0&0&0&0\\0&0&0&0\end{pmatrix}$$

得 $R(\boldsymbol{A},\boldsymbol{\beta})=R(\boldsymbol{A})=2<3$，即 $\boldsymbol{Ax}=\boldsymbol{\beta}$ 有无穷多解，故 $\boldsymbol{\beta}$ 能由 $\boldsymbol{A}$：$\boldsymbol{\alpha}_1$，$\boldsymbol{\alpha}_2$，$\boldsymbol{\alpha}_3$ 线性表示．

线性方程组 $\boldsymbol{Ax}=\boldsymbol{\beta}$ 等价于$\begin{cases}x_1=-3x_3+2\\x_2=2x_3-1\end{cases}$，记 $x_3=c$，则

$$\boldsymbol{x}=\begin{pmatrix}x_1\\x_2\\x_3\end{pmatrix}=\begin{pmatrix}-3c+2\\2c-1\\c\end{pmatrix}$$

故 $\boldsymbol{\beta}=(-3c+2)\boldsymbol{\alpha}_1+(2c-1)\boldsymbol{\alpha}_2+c\boldsymbol{\alpha}_3$，其中 c 为任意常数．

【例 4-6】 已知向量组 $\boldsymbol{A}$：$\boldsymbol{\alpha}_1=(1,1,1+\lambda)^{\mathrm{T}}$，$\boldsymbol{\alpha}_2=(1,1+\lambda,1)^{\mathrm{T}}$，$\boldsymbol{\alpha}_3=(1+\lambda,1,1)^{\mathrm{T}}$，又有向量 $\boldsymbol{b}=(\lambda,3,0)^{\mathrm{T}}$，问 λ 为何值时：

（1）向量 $\boldsymbol{b}$ 能由向量组 $\boldsymbol{A}$：$\boldsymbol{\alpha}_1$，$\boldsymbol{\alpha}_2$，$\boldsymbol{\alpha}_3$ 线性表示，且表示式唯一；

（2）向量 $\boldsymbol{b}$ 不能由向量组 $\boldsymbol{A}$：$\boldsymbol{\alpha}_1$，$\boldsymbol{\alpha}_2$，$\boldsymbol{\alpha}_3$ 线性表示；

（3）向量 $\boldsymbol{b}$ 能由向量组 $\boldsymbol{A}$：$\boldsymbol{\alpha}_1$，$\boldsymbol{\alpha}_2$，$\boldsymbol{\alpha}_3$ 线性表示且表示式不唯一，并求表示式．

【解】 记 $\boldsymbol{A}=(\boldsymbol{\alpha}_1,\boldsymbol{\alpha}_2,\boldsymbol{\alpha}_3)$，则

$$(\boldsymbol{A},\boldsymbol{b})=\begin{pmatrix}1&1&1+\lambda&\lambda\\1&1+\lambda&1&3\\1+\lambda&1&1&0\end{pmatrix}\xrightarrow[r_3-(1+\lambda)r_1]{r_2-r_1}\begin{pmatrix}1&1&1+\lambda&\lambda\\0&\lambda&-\lambda&3-\lambda\\0&-\lambda&-2\lambda-\lambda^2&-\lambda-\lambda^2\end{pmatrix}$$

$$\xrightarrow{r_3+r_2}\begin{pmatrix}1&1&1+\lambda&\lambda\\0&\lambda&-\lambda&3-\lambda\\0&0&-\lambda(3+\lambda)&(1-\lambda)(3+\lambda)\end{pmatrix}$$

（1）当 $\lambda\neq0$ 且 $\lambda\neq-3$ 时，$R(\boldsymbol{A},\boldsymbol{b})=R(\boldsymbol{A})=3$，$\boldsymbol{Ax}=\boldsymbol{b}$ 有唯一解，此时 $\boldsymbol{b}$ 能由向量组 $\boldsymbol{A}$：$\boldsymbol{\alpha}_1$，$\boldsymbol{\alpha}_2$，$\boldsymbol{\alpha}_3$ 线性表示，且表示式唯一．

（2）当 $\lambda=0$ 时，$(\boldsymbol{A},\boldsymbol{b})\xrightarrow{r}\begin{pmatrix}1&1&1&0\\0&0&0&1\\0&0&0&0\end{pmatrix}$，得 $R(\boldsymbol{A},\boldsymbol{b})=2>R(\boldsymbol{A})=1$，$\boldsymbol{Ax}=\boldsymbol{b}$ 无解，此时 $\boldsymbol{b}$ 不能由向量组 $\boldsymbol{A}$：$\boldsymbol{\alpha}_1$，$\boldsymbol{\alpha}_2$，$\boldsymbol{\alpha}_3$ 线性表示．

（3）当 $\lambda=-3$ 时，$(\boldsymbol{A},\boldsymbol{b})\xrightarrow{r}\begin{pmatrix}1&0&-1&-1\\0&1&-1&-2\\0&0&0&0\end{pmatrix}$，得 $R(\boldsymbol{A},\boldsymbol{b})=R(\boldsymbol{A})=2<3$，$\boldsymbol{Ax}=\boldsymbol{b}$ 有无穷多解，此时 $\boldsymbol{b}$ 能由向量组 $\boldsymbol{A}$：$\boldsymbol{\alpha}_1$，$\boldsymbol{\alpha}_2$，$\boldsymbol{\alpha}_3$ 线性表示且表示式不唯一．

线性方程组 $\boldsymbol{Ax}=\boldsymbol{b}$ 等价于$\begin{cases}x_1=x_3-1\\x_2=x_3-2\end{cases}$，记 $x_3=c$，则

$$\boldsymbol{x}=\begin{pmatrix}x_1\\x_2\\x_3\end{pmatrix}=\begin{pmatrix}c-1\\c-2\\c\end{pmatrix}$$

故 $\boldsymbol{b}=(c-1)\boldsymbol{\alpha}_1+(c-2)\boldsymbol{\alpha}_2+c\boldsymbol{\alpha}_3$，其中 c 为任意常数．

4.1.3 向量组的线性表示

定义 4.4 若向量组 $\boldsymbol{B}:\boldsymbol{\beta}_1,\boldsymbol{\beta}_2,\cdots,\boldsymbol{\beta}_t$ 中每个向量都能由向量组 $\boldsymbol{A}:\boldsymbol{\alpha}_1,\boldsymbol{\alpha}_2,\cdots,\boldsymbol{\alpha}_s$ 线性表

示,则称向量组 $\boldsymbol{B}$ 可由向量组 $\boldsymbol{A}$ 线性表示.

默认定义中的向量为列向量,设 $\boldsymbol{A}=(\boldsymbol{\alpha}_1,\boldsymbol{\alpha}_2,\cdots,\boldsymbol{\alpha}_s)$,$\boldsymbol{B}=(\boldsymbol{\beta}_1,\boldsymbol{\beta}_2,\cdots,\boldsymbol{\beta}_t)$,则

向量组 $\boldsymbol{B}$:$\boldsymbol{\beta}_1$,$\boldsymbol{\beta}_2$,…,$\boldsymbol{\beta}_t$ 可由向量组 $\boldsymbol{A}$:$\boldsymbol{\alpha}_1$,$\boldsymbol{\alpha}_2$,…,$\boldsymbol{\alpha}_s$ 线性表示

$\Leftrightarrow \forall i=1,\cdots,t$,线性方程组 $\boldsymbol{A}\boldsymbol{x}_i=\boldsymbol{\beta}_i$ 有解

$\Leftrightarrow$矩阵方程 $\boldsymbol{AX}=\boldsymbol{B}$ 有解,其中 $\boldsymbol{X}=(\boldsymbol{x}_1,\boldsymbol{x}_2,\cdots,\boldsymbol{x}_t)$

$\Leftrightarrow R(\boldsymbol{A},\boldsymbol{B})=R(\boldsymbol{A})$

定理 4.2　向量组 $\boldsymbol{B}$:$\boldsymbol{\beta}_1$,$\boldsymbol{\beta}_2$,…,$\boldsymbol{\beta}_t$ 可由向量组 $\boldsymbol{A}$:$\boldsymbol{\alpha}_1$,$\boldsymbol{\alpha}_2$,…,$\boldsymbol{\alpha}_s$ 线性表示的充分必要条件是 $R(\boldsymbol{A},\boldsymbol{B})=R(\boldsymbol{A})$,其中 $\boldsymbol{A}=(\boldsymbol{\alpha}_1,\boldsymbol{\alpha}_2,\cdots,\boldsymbol{\alpha}_s)$,$\boldsymbol{B}=(\boldsymbol{\beta}_1,\boldsymbol{\beta}_2,\cdots,\boldsymbol{\beta}_t)$.

定义 4.5　若向量组 $\boldsymbol{A}$:$\boldsymbol{\alpha}_1$,$\boldsymbol{\alpha}_2$,…,$\boldsymbol{\alpha}_s$ 与向量组 $\boldsymbol{B}$:$\boldsymbol{\beta}_1$,$\boldsymbol{\beta}_2$,…,$\boldsymbol{\beta}_t$ 可以相互线性表示,则称这两个向量组等价.

由向量组 $\boldsymbol{A}$,$\boldsymbol{B}$ 等价可得 $R(\boldsymbol{A},\boldsymbol{B})=R(\boldsymbol{A})$ 且 $R(\boldsymbol{B},\boldsymbol{A})=R(\boldsymbol{B})$,又因作初等变换可将 $(\boldsymbol{A},\boldsymbol{B})$ 化为 $(\boldsymbol{B},\boldsymbol{A})$,即 $R(\boldsymbol{A},\boldsymbol{B})=R(\boldsymbol{B},\boldsymbol{A})$,从而有以下结论成立.

定理 4.3　向量组 $\boldsymbol{A}$:$\boldsymbol{\alpha}_1$,$\boldsymbol{\alpha}_2$,…,$\boldsymbol{\alpha}_s$ 与向量组 $\boldsymbol{B}$:$\boldsymbol{\beta}_1$,$\boldsymbol{\beta}_2$,…,$\boldsymbol{\beta}_t$ 等价的充分必要条件是 $R(\boldsymbol{A},\boldsymbol{B})=R(\boldsymbol{A})=R(\boldsymbol{B})$,其中 $\boldsymbol{A}=(\boldsymbol{\alpha}_1,\boldsymbol{\alpha}_2,\cdots,\boldsymbol{\alpha}_s)$,$\boldsymbol{B}=(\boldsymbol{\beta}_1,\boldsymbol{\beta}_2,\cdots,\boldsymbol{\beta}_t)$.

本节定理的证明主要应用的基础是向量语言与矩阵及线性方程组语言的对应或转化,在后续各节中,读者仍需注重此类的对应或转化.

【例 4-7】　设

$$\boldsymbol{\alpha}_1=\begin{pmatrix}1\\-1\\1\\-1\end{pmatrix},\ \boldsymbol{\alpha}_2=\begin{pmatrix}3\\1\\1\\3\end{pmatrix},\ \boldsymbol{\beta}_1=\begin{pmatrix}2\\0\\1\\1\end{pmatrix},\ \boldsymbol{\beta}_2=\begin{pmatrix}1\\1\\0\\2\end{pmatrix},\ \boldsymbol{\beta}_3=\begin{pmatrix}3\\-1\\2\\0\end{pmatrix}$$

证明向量组 $\boldsymbol{\alpha}_1$,$\boldsymbol{\alpha}_2$ 与向量组 $\boldsymbol{\beta}_1$,$\boldsymbol{\beta}_2$,$\boldsymbol{\beta}_3$ 等价.

证明: 记 $\boldsymbol{A}=(\boldsymbol{\alpha}_1,\boldsymbol{\alpha}_2)$,$\boldsymbol{B}=(\boldsymbol{\beta}_1,\boldsymbol{\beta}_2,\boldsymbol{\beta}_3)$,则

$$(\boldsymbol{A},\boldsymbol{B})=\begin{pmatrix}1&3&2&1&3\\-1&1&0&1&-1\\1&1&1&0&2\\-1&3&1&2&0\end{pmatrix}\xrightarrow[\substack{r_3-r_1\\r_4+r_1}]{r_2+r_1}\begin{pmatrix}1&3&2&1&3\\0&4&2&2&2\\0&-2&-1&-1&-1\\0&6&3&3&3\end{pmatrix}$$

$$\xrightarrow[\substack{r_3+r_2\\r_4-3r_2}]{r_2/2}\begin{pmatrix}1&3&2&1&3\\0&2&1&1&1\\0&0&0&0&0\\0&0&0&0&0\end{pmatrix}$$

可得 $R(\boldsymbol{A},\boldsymbol{B})=R(\boldsymbol{A})=2$. 又

$$\boldsymbol{B}\to\begin{pmatrix}2&1&3\\1&1&1\\0&0&0\\0&0&0\end{pmatrix}\xrightarrow[r_2-2r_1]{r_1\leftrightarrow r_2}\begin{pmatrix}1&1&1\\0&-1&1\\0&0&0\\0&0&0\end{pmatrix}$$

故 $R(\boldsymbol{B})=2$. 综上得向量组 $\boldsymbol{\alpha}_1$,$\boldsymbol{\alpha}_2$ 与向量组 $\boldsymbol{\beta}_1$,$\boldsymbol{\beta}_2$,$\boldsymbol{\beta}_3$ 等价.

§4.2 向量组的线性相关性

4.2.1 线性相关性的概念

定义 4.6 设向量组 $\boldsymbol{A}$：$\boldsymbol{\alpha}_1$，$\boldsymbol{\alpha}_2$，…，$\boldsymbol{\alpha}_n$，若存在不全为零的数 k_1，k_2，…，k_n，使得 $k_1\boldsymbol{\alpha}_1+k_2\boldsymbol{\alpha}_2+\cdots+k_n\boldsymbol{\alpha}_n=\boldsymbol{0}$，则称为向量组 $\boldsymbol{A}$：$\boldsymbol{\alpha}_1$，$\boldsymbol{\alpha}_2$，…，$\boldsymbol{\alpha}_n$ 线性相关．否则，称向量组 $\boldsymbol{A}$：$\boldsymbol{\alpha}_1$，$\boldsymbol{\alpha}_2$，…，$\boldsymbol{\alpha}_n$ 线性无关．

定义 4.7 若只有 $k_1=k_2=\cdots=k_n=0$ 时，才有 $k_1\boldsymbol{\alpha}_1+k_2\boldsymbol{\alpha}_2+\cdots+k_n\boldsymbol{\alpha}_n=\boldsymbol{0}$，则称向量组 $\boldsymbol{A}$：$\boldsymbol{\alpha}_1$，$\boldsymbol{\alpha}_2$，…，$\boldsymbol{\alpha}_n$ 线性无关．

关于向量组的线性相关性，容易得到：

① 单个向量 $\boldsymbol{\alpha}$ 线性相关即 $\boldsymbol{\alpha}=\boldsymbol{0}$，线性无关即 $\boldsymbol{\alpha}\neq\boldsymbol{0}$.

② 若 $\boldsymbol{\alpha}_1$，$\boldsymbol{\alpha}_2$，…，$\boldsymbol{\alpha}_n$ 线性无关，则 $\boldsymbol{\alpha}_1$，$\boldsymbol{\alpha}_2$，…，$\boldsymbol{\alpha}_{n-1}$线性无关．

证明：反证法．

假设 $\boldsymbol{\alpha}_1$，$\boldsymbol{\alpha}_2$，…，$\boldsymbol{\alpha}_{n-1}$线性相关，则存在不全为零的 k_1，k_2，…，k_{n-1}，使得

$$k_1\boldsymbol{\alpha}_1+k_2\boldsymbol{\alpha}_2+\cdots+k_{n-1}\boldsymbol{\alpha}_{n-1}=\boldsymbol{0}$$

即

$$k_1\boldsymbol{\alpha}_1+k_2\boldsymbol{\alpha}_2+\cdots+k_{n-1}\boldsymbol{\alpha}_{n-1}+0\boldsymbol{\alpha}_n=\boldsymbol{0}$$

可得 $\boldsymbol{\alpha}_1$，$\boldsymbol{\alpha}_2$，…，$\boldsymbol{\alpha}_n$ 线性相关，与已知矛盾，所以 $\boldsymbol{\alpha}_1$，$\boldsymbol{\alpha}_2$，…，$\boldsymbol{\alpha}_{n-1}$线性无关．

③ 若 $\boldsymbol{\alpha}_1$，$\boldsymbol{\alpha}_2$，…，$\boldsymbol{\alpha}_n$ 线性相关，则 $\boldsymbol{\alpha}_1$，$\boldsymbol{\alpha}_2$，…，$\boldsymbol{\alpha}_n$，$\boldsymbol{\beta}$ 线性相关．

结论②和③可推广为，若向量组中有一部分向量组（简称部分组）线性相关，则该向量组线性相关；若向量组线性无关，则其中任一部分组也线性无关.

④ 向量组 $\boldsymbol{A}$：$\boldsymbol{\alpha}_1$，$\boldsymbol{\alpha}_2$，…，$\boldsymbol{\alpha}_n$ 线性相关即齐次线性方程组 $\boldsymbol{Ax}=\boldsymbol{0}$ 有非零解，向量组 $\boldsymbol{A}$ 线性无关即方程组 $\boldsymbol{Ax}=\boldsymbol{0}$ 只有零解，其中 $\boldsymbol{A}=(\boldsymbol{\alpha}_1,\boldsymbol{\alpha}_2,\cdots,\boldsymbol{\alpha}_n)$.

定理 4.4 设 $\boldsymbol{\alpha}_1$，$\boldsymbol{\alpha}_2$，…，$\boldsymbol{\alpha}_n$ 都为 m 维向量，则向量组 $\boldsymbol{A}$：$\boldsymbol{\alpha}_1$，$\boldsymbol{\alpha}_2$，…，$\boldsymbol{\alpha}_n$ 线性相关的充分必要条件是 $R(\boldsymbol{A})<n$；向量组 $\boldsymbol{A}$ 线性无关的充分必要条件是 $R(\boldsymbol{A})=n$，其中 $\boldsymbol{A}=(\boldsymbol{\alpha}_1,\boldsymbol{\alpha}_2,\cdots,\boldsymbol{\alpha}_n)$.

定理 4.4 将向量组线性相关性的结论转化为矩阵秩的讨论．

推论 1 设 $\boldsymbol{\alpha}_1$，$\boldsymbol{\alpha}_2$，…，$\boldsymbol{\alpha}_n$ 都为 m 维向量，当 $m=n$ 时，$\boldsymbol{A}=(\boldsymbol{\alpha}_1,\boldsymbol{\alpha}_2,\cdots,\boldsymbol{\alpha}_n)$ 为 n 阶方阵，则向量组 $\boldsymbol{\alpha}_1$，$\boldsymbol{\alpha}_2$，…，$\boldsymbol{\alpha}_n$ 线性相关的充分必要条件是 $|\boldsymbol{A}|=0$；$\boldsymbol{\alpha}_1$，$\boldsymbol{\alpha}_2$，…，$\boldsymbol{\alpha}_n$ 线性无关的充分必要条件是 $|\boldsymbol{A}|\neq0$.

推论 2 设 $\boldsymbol{\alpha}_1$，$\boldsymbol{\alpha}_2$，…，$\boldsymbol{\alpha}_n$ 都为 m 维向量，若 $m<n$，则 $\boldsymbol{\alpha}_1$，$\boldsymbol{\alpha}_2$，…，$\boldsymbol{\alpha}_n$ 线性相关．

证明：$\boldsymbol{A}=(\boldsymbol{\alpha}_1,\boldsymbol{\alpha}_2,\cdots,\boldsymbol{\alpha}_n)$ 为 $m\times n$ 矩阵，由矩阵秩的性质得 $R(\boldsymbol{A})\leqslant m$，又 $m<n$，故 $R(\boldsymbol{A})<n$，由定理 4.4 得 $\boldsymbol{\alpha}_1$，$\boldsymbol{\alpha}_2$，…，$\boldsymbol{\alpha}_n$ 线性相关．

【例 4-8】 已知 $\boldsymbol{\alpha}_1=(1,1,1)^{\mathrm{T}}$，$\boldsymbol{\alpha}_2=(0,2,5)^{\mathrm{T}}$，$\boldsymbol{\alpha}_3=(2,4,7)^{\mathrm{T}}$，试判断向量组 $\boldsymbol{\alpha}_1$，$\boldsymbol{\alpha}_2$，$\boldsymbol{\alpha}_3$ 及向量组 $\boldsymbol{\alpha}_1$，$\boldsymbol{\alpha}_2$ 的线性相关性．

【解】 记 $\boldsymbol{A}_0=(\boldsymbol{\alpha}_1,\boldsymbol{\alpha}_2)$，$\boldsymbol{A}=(\boldsymbol{\alpha}_1,\boldsymbol{\alpha}_2,\boldsymbol{\alpha}_3)$，则

$$A=\begin{pmatrix}1&0&2\\1&2&4\\1&5&7\end{pmatrix}\xrightarrow[r_3-r_1]{r_2-r_1}\begin{pmatrix}1&0&2\\0&2&2\\0&5&5\end{pmatrix}\xrightarrow[r_3-5r_2]{r_2/2}\begin{pmatrix}1&0&2\\0&1&1\\0&0&0\end{pmatrix}$$

因 $R(\boldsymbol{A}_0)=2$，故 $\boldsymbol{\alpha}_1$，$\boldsymbol{\alpha}_2$ 线性无关；而 $R(\boldsymbol{A})=2<3$，故 $\boldsymbol{\alpha}_1$，$\boldsymbol{\alpha}_2$，$\boldsymbol{\alpha}_3$ 线性相关.

【例 4-9】 已知向量组 $\boldsymbol{\alpha}_1$，$\boldsymbol{\alpha}_2$，$\boldsymbol{\alpha}_3$ 线性无关，$\boldsymbol{\beta}_1=\boldsymbol{\alpha}_1+\boldsymbol{\alpha}_2$，$\boldsymbol{\beta}_2=\boldsymbol{\alpha}_2+\boldsymbol{\alpha}_3$，$\boldsymbol{\beta}_3=\boldsymbol{\alpha}_1+\boldsymbol{\alpha}_3$，试证 $\boldsymbol{\beta}_1$，$\boldsymbol{\beta}_2$，$\boldsymbol{\beta}_3$ 线性无关.

证法一： 利用线性相关性的定义.

设有系数 x_1，x_2，x_3，使得 $x_1\boldsymbol{\beta}_1+x_2\boldsymbol{\beta}_2+x_3\boldsymbol{\beta}_3=\boldsymbol{0}$，即

$$x_1(\boldsymbol{\alpha}_1+\boldsymbol{\alpha}_2)+x_2(\boldsymbol{\alpha}_2+\boldsymbol{\alpha}_3)+x_3(\boldsymbol{\alpha}_1+\boldsymbol{\alpha}_3)=\boldsymbol{0}$$

整理得 $(x_1+x_3)\boldsymbol{\alpha}_1+(x_1+x_2)\boldsymbol{\alpha}_2+(x_2+x_3)\boldsymbol{\alpha}_3=\boldsymbol{0}$，由 $\boldsymbol{\alpha}_1$，$\boldsymbol{\alpha}_2$，$\boldsymbol{\alpha}_3$ 线性无关得

$$\begin{cases}x_1+x_3=0\\x_1+x_2=0\\x_2+x_3=0\end{cases}$$

此方程组的系数矩阵 $\boldsymbol{C}=\begin{pmatrix}1&0&1\\1&1&0\\0&1&1\end{pmatrix}$，其行列式 $|\boldsymbol{C}|=2\neq0$，知该方程组只有零解 $x_1=x_2=x_3=0$，所以 $\boldsymbol{\beta}_1$，$\boldsymbol{\beta}_2$，$\boldsymbol{\beta}_3$ 线性无关.

证法二： 讨论向量组对应矩阵的秩.

由已知得

$$(\boldsymbol{\beta}_1,\boldsymbol{\beta}_2,\boldsymbol{\beta}_3)=(\boldsymbol{\alpha}_1,\boldsymbol{\alpha}_2,\boldsymbol{\alpha}_3)\begin{pmatrix}1&0&1\\1&1&0\\0&1&1\end{pmatrix}$$

上式记作 $\boldsymbol{B}=\boldsymbol{AK}$. 由 $\boldsymbol{\alpha}_1$，$\boldsymbol{\alpha}_2$，$\boldsymbol{\alpha}_3$ 线性无关，则 $R(\boldsymbol{A})=3$. 又 $|\boldsymbol{K}|=2\neq0$，故 $\boldsymbol{K}$ 可逆，由矩阵秩的性质得 $R(\boldsymbol{B})=R(\boldsymbol{A})=3$，所以 $\boldsymbol{\beta}_1$，$\boldsymbol{\beta}_2$，$\boldsymbol{\beta}_3$ 线性无关.

4.2.2　线性相关性与线性表示的关系

定理 4.5　向量组 $\boldsymbol{\alpha}_1$，$\boldsymbol{\alpha}_2$，…，$\boldsymbol{\alpha}_n$ 线性相关的充分必要条件是该向量组中至少有一个向量能由其余 $n-1$ 个向量线性表示.

证明： 必要性. 设向量组 $\boldsymbol{\alpha}_1$，$\boldsymbol{\alpha}_2$，…，$\boldsymbol{\alpha}_n$ 线性相关，则有不全为零的 n 个数 k_1，k_2，…，k_n，使得 $k_1\boldsymbol{\alpha}_1+k_2\boldsymbol{\alpha}_2+\cdots+k_n\boldsymbol{\alpha}_n=\boldsymbol{0}$. 不妨设 $k_n\neq0$，则

$$\boldsymbol{\alpha}_n=-\frac{k_1}{k_n}\boldsymbol{\alpha}_1-\frac{k_2}{k_n}\boldsymbol{\alpha}_2-\cdots-\frac{k_{n-1}}{k_n}\boldsymbol{\alpha}_{n-1}$$

即 $\boldsymbol{\alpha}_n$ 可由 $\boldsymbol{\alpha}_1$，$\boldsymbol{\alpha}_2$，…，$\boldsymbol{\alpha}_{n-1}$ 线性表示.

充分性. 不妨设 $\boldsymbol{\alpha}_n$ 可由 $\boldsymbol{\alpha}_1$，$\boldsymbol{\alpha}_2$，…，$\boldsymbol{\alpha}_{n-1}$ 线性表示，即存在 λ_1，λ_2，…，λ_{n-1}，使

$$\boldsymbol{\alpha}_n=\lambda_1\boldsymbol{\alpha}_1+\lambda_2\boldsymbol{\alpha}_2+\cdots+\lambda_{n-1}\boldsymbol{\alpha}_{n-1}$$

则 $\lambda_1\boldsymbol{\alpha}_1+\lambda_2\boldsymbol{\alpha}_2+\cdots+\lambda_{n-1}\boldsymbol{\alpha}_{n-1}-\boldsymbol{\alpha}_n=\boldsymbol{0}$，即 $\boldsymbol{\alpha}_1$，$\boldsymbol{\alpha}_2$，…，$\boldsymbol{\alpha}_n$ 线性相关.

由定理 4.5 易证，若只有两个向量 $\boldsymbol{\alpha}$，$\boldsymbol{\beta}$，则它们线性相关的充分必要条件是 $\boldsymbol{\alpha}$，$\boldsymbol{\beta}$ 的分量对应成比例（存在 k，使得 $\boldsymbol{\alpha}=k\boldsymbol{\beta}$ 或 $\boldsymbol{\beta}=k\boldsymbol{\alpha}$）.

定理 4.6 若向量组 $\boldsymbol{\alpha}_1$，$\boldsymbol{\alpha}_2$，…，$\boldsymbol{\alpha}_n$ 线性无关，向量组 $\boldsymbol{\alpha}_1$，$\boldsymbol{\alpha}_2$，…，$\boldsymbol{\alpha}_n$，$\boldsymbol{\beta}$ 线性相关，则 $\boldsymbol{\beta}$ 必能由 $\boldsymbol{\alpha}_1$，$\boldsymbol{\alpha}_2$，…，$\boldsymbol{\alpha}_n$ 线性表示，且表示式唯一 .

证明： 记 $\boldsymbol{A}=(\boldsymbol{\alpha}_1,\boldsymbol{\alpha}_2,\cdots,\boldsymbol{\alpha}_n)$，$\boldsymbol{B}=(\boldsymbol{A},\boldsymbol{\beta})$. 由向量组 $\boldsymbol{\alpha}_1$，$\boldsymbol{\alpha}_2$，…，$\boldsymbol{\alpha}_n$ 线性无关，得 $R(\boldsymbol{A})=n$；向量组 $\boldsymbol{\alpha}_1$，$\boldsymbol{\alpha}_2$，…，$\boldsymbol{\alpha}_n$，$\boldsymbol{\beta}$ 线性相关，则 $R(\boldsymbol{B})<n+1$.

又因 $R(\boldsymbol{B})\geqslant R(\boldsymbol{A})=n$，故 $R(\boldsymbol{B})=R(\boldsymbol{A})=n$，知方程组 $\boldsymbol{Ax}=\boldsymbol{\beta}$ 有唯一解，因此向量 $\boldsymbol{\beta}$ 可由 $\boldsymbol{\alpha}_1$，$\boldsymbol{\alpha}_2$，…，$\boldsymbol{\alpha}_n$ 线性表示，且表示式唯一 .

推论 3 已知向量组 $\boldsymbol{\alpha}_1$，$\boldsymbol{\alpha}_2$，…，$\boldsymbol{\alpha}_n$ 线性无关，若向量 $\boldsymbol{\beta}$ 可由 $\boldsymbol{\alpha}_1$，$\boldsymbol{\alpha}_2$，…，$\boldsymbol{\alpha}_n$ 线性表示，则表示式唯一 .

证明： 若向量 $\boldsymbol{\beta}$ 可由 $\boldsymbol{\alpha}_1$，$\boldsymbol{\alpha}_2$，…，$\boldsymbol{\alpha}_n$ 线性表示，则向量组 $\boldsymbol{\alpha}_1$，$\boldsymbol{\alpha}_2$，…，$\boldsymbol{\alpha}_n$，$\boldsymbol{\beta}$ 线性相关；由定理 4.6，$\boldsymbol{\beta}$ 由 $\boldsymbol{\alpha}_1$，$\boldsymbol{\alpha}_2$，…，$\boldsymbol{\alpha}_n$ 线性表示的表示式唯一 .

推论 4 若向量组 $\boldsymbol{A}$：$\boldsymbol{\alpha}_1$，$\boldsymbol{\alpha}_2$，…，$\boldsymbol{\alpha}_s$ 和向量组 $\boldsymbol{B}$：$\boldsymbol{\beta}_1$，$\boldsymbol{\beta}_2$，…，$\boldsymbol{\beta}_t$ 等价，且 $\boldsymbol{A}$，$\boldsymbol{B}$ 都线性无关，则 $s=t$.

证明： 记 $\boldsymbol{A}=(\boldsymbol{\alpha}_1,\boldsymbol{\alpha}_2,\cdots,\boldsymbol{\alpha}_s)$，$\boldsymbol{B}=(\boldsymbol{\beta}_1,\boldsymbol{\beta}_2,\cdots,\boldsymbol{\beta}_t)$. 由向量组 $\boldsymbol{A}$ 和 $\boldsymbol{B}$ 线性无关，得 $R(\boldsymbol{A})=s$，$R(\boldsymbol{B})=t$. 又由向量组 $\boldsymbol{A}$ 和 $\boldsymbol{B}$ 等价，$R(\boldsymbol{A},\boldsymbol{B})=R(\boldsymbol{A})=R(\boldsymbol{B})$，故 $s=t$.

【例 4-10】 设向量组 $\boldsymbol{\alpha}_1$，$\boldsymbol{\alpha}_2$，$\boldsymbol{\alpha}_3$ 线性相关，向量组 $\boldsymbol{\alpha}_2$，$\boldsymbol{\alpha}_3$，$\boldsymbol{\alpha}_4$ 线性无关，证明 $\boldsymbol{\alpha}_1$ 能由 $\boldsymbol{\alpha}_2$，$\boldsymbol{\alpha}_3$ 线性表示，且表示式唯一 .

证明： 已知 $\boldsymbol{\alpha}_2$，$\boldsymbol{\alpha}_3$，$\boldsymbol{\alpha}_4$ 线性无关，则 $\boldsymbol{\alpha}_2$，$\boldsymbol{\alpha}_3$ 线性无关，又 $\boldsymbol{\alpha}_1$，$\boldsymbol{\alpha}_2$，$\boldsymbol{\alpha}_3$ 线性相关，由定理 4.6，$\boldsymbol{\alpha}_1$ 能由 $\boldsymbol{\alpha}_2$，$\boldsymbol{\alpha}_3$ 线性表示，且表示式唯一 .

§4.3 向量组的秩

向量组中的向量个数可能是有限个，也可能是无穷多个 . 对于任意一个向量组，希望能从中找出尽可能少的向量，使其能线性表示出该向量组中的任何向量 . 为此引入向量组的秩和极大无关组的概念 .

4.3.1 向量组的秩的概念

定义 4.8 若向量组 $\boldsymbol{A}$ 的一个部分组 $\boldsymbol{A}_0$：$\boldsymbol{\alpha}_{i_1}$，$\boldsymbol{\alpha}_{i_2}$，…，$\boldsymbol{\alpha}_{i_r}$ 满足

① 向量组 $\boldsymbol{A}_0$ 线性无关；

② 向量组 $\boldsymbol{A}$ 的任一向量都可用 $\boldsymbol{A}_0$ 线性表示，

则称 $\boldsymbol{A}_0$ 是向量组 $\boldsymbol{A}$ 的一个极大线性无关向量组，简称为极大无关组 .

由定义易知，若 $\boldsymbol{A}_0$ 是向量组 $\boldsymbol{A}$ 的极大无关组，则向量组 $\boldsymbol{A}$ 和 $\boldsymbol{A}_0$ 可以相互线性表示，即 $\boldsymbol{A}$ 与 $\boldsymbol{A}_0$ 等价，而且一个向量组的极大无关组可能不是唯一的 .

【例 4-11】 设向量组 $\boldsymbol{A}$：$\boldsymbol{\alpha}_1=\begin{pmatrix}1\\2\end{pmatrix}$，$\boldsymbol{\alpha}_2=\begin{pmatrix}3\\7\end{pmatrix}$，$\boldsymbol{\alpha}_3=\begin{pmatrix}1\\3\end{pmatrix}$，易得 $\boldsymbol{\alpha}_1$，$\boldsymbol{\alpha}_2$ 线性无关，且

$$\boldsymbol{\alpha}_1=1\boldsymbol{\alpha}_1+0\boldsymbol{\alpha}_2,\ \boldsymbol{\alpha}_2=0\boldsymbol{\alpha}_1+1\boldsymbol{\alpha}_2,\ \boldsymbol{\alpha}_3=(-2)\boldsymbol{\alpha}_1+1\boldsymbol{\alpha}_2$$

故 $\boldsymbol{\alpha}_1$，$\boldsymbol{\alpha}_2$ 是向量组 $\boldsymbol{\alpha}_1$，$\boldsymbol{\alpha}_2$，$\boldsymbol{\alpha}_3$ 的一个极大无关组 . 同理，$\boldsymbol{\alpha}_1$，$\boldsymbol{\alpha}_3$ 和 $\boldsymbol{\alpha}_2$，$\boldsymbol{\alpha}_3$ 分别都是向量组 $\boldsymbol{\alpha}_1$，$\boldsymbol{\alpha}_2$，$\boldsymbol{\alpha}_3$ 的极大无关组 .

若 $\boldsymbol{A}_0$，$\boldsymbol{A}_1$ 都是向量组 $\boldsymbol{A}$ 的极大无关组，则 $\boldsymbol{A}_0$，$\boldsymbol{A}_1$ 都与 $\boldsymbol{A}$ 等价，从而向量组 $\boldsymbol{A}_0$ 和 $\boldsymbol{A}_1$

等价，再由 4.2 节的推论 4 可得，向量组 $\boldsymbol{A}_0$，$\boldsymbol{A}_1$ 中向量的个数相等，因此，$\boldsymbol{A}$ 的任意两个极大无关组所含向量的个数是相同的.

定义 4.9　向量组 $\boldsymbol{A}$ 的极大线性无关组所含向量的个数称为向量组 $\boldsymbol{A}$ 的秩，记作 $R_{\boldsymbol{A}}$. 只含零向量的向量组没有极大无关组，规定它的秩为 0.

由极大无关组中向量的个数可确定向量组的秩，如例 4-11 中 $R_{\boldsymbol{A}}=2$.

关于极大无关组，还可得到以下等价定义：

定义 4.8′　若向量组 $\boldsymbol{A}$ 的一个部分组 $\boldsymbol{A}_0$：$\boldsymbol{\alpha}_{i_1}$，$\boldsymbol{\alpha}_{i_2}$，…，$\boldsymbol{\alpha}_{i_r}$满足

① 向量组 $\boldsymbol{A}_0$ 线性无关；

② 向量组 $\boldsymbol{A}$ 中任意 $r+1$ 个向量都线性相关，

则称 $\boldsymbol{A}_0$ 是向量组 $\boldsymbol{A}$ 的一个极大无关组.

证明：充分性. 若 $\boldsymbol{A}$ 中任意 $r+1$ 个向量线性相关，则任取向量组 $\boldsymbol{A}$ 中一个向量 $\boldsymbol{\alpha}_k$，有 $\boldsymbol{\alpha}_{i_1}$，$\boldsymbol{\alpha}_{i_2}$，…，$\boldsymbol{\alpha}_{i_r}$，$\boldsymbol{\alpha}_k$ 线性相关. 又 $\boldsymbol{A}_0$：$\boldsymbol{\alpha}_{i_1}$，$\boldsymbol{\alpha}_{i_2}$，…，$\boldsymbol{\alpha}_{i_r}$线性无关，由定理 4.6，有 $\boldsymbol{\alpha}_k$ 可由向量组 $\boldsymbol{A}_0$ 线性表示，故 $\boldsymbol{A}_0$ 是 $\boldsymbol{A}$ 的极大无关组.

必要性. 设 $\boldsymbol{A}_0$：$\boldsymbol{\alpha}_{i_1}$，$\boldsymbol{\alpha}_{i_2}$，…，$\boldsymbol{\alpha}_{i_r}$是 $\boldsymbol{A}$ 的极大无关组. 从 $\boldsymbol{A}$ 中任取 $r+1$ 个向量构成部分组 $\boldsymbol{B}$：$\boldsymbol{\beta}_1$，$\boldsymbol{\beta}_2$，…，$\boldsymbol{\beta}_{r+1}$，显然 $\boldsymbol{B}$ 可由 $\boldsymbol{A}$ 线性表示. 由 $\boldsymbol{A}$ 与其极大无关组 $\boldsymbol{A}_0$ 等价，知 $\boldsymbol{B}$ 可由 $\boldsymbol{A}_0$ 线性表示；记 $\boldsymbol{A}_0=(\boldsymbol{\alpha}_{i_1},\boldsymbol{\alpha}_{i_2},\cdots,\boldsymbol{\alpha}_{i_r})$，$\boldsymbol{B}=(\boldsymbol{\beta}_1,\boldsymbol{\beta}_2,\cdots,\boldsymbol{\beta}_{r+1})$，则

$$R(\boldsymbol{B})\leqslant R(\boldsymbol{A}_0,\boldsymbol{B})=R(\boldsymbol{A}_0)=r<r+1$$

故向量组 $\boldsymbol{B}$ 线性相关，即向量组 $\boldsymbol{A}$ 中任意 $r+1$ 个向量都线性相关.

由定义 4.8′可得，对于向量组 $\boldsymbol{A}$，若 $R_{\boldsymbol{A}}=r$，则 $\boldsymbol{A}$ 中任意 r 个线性无关的向量都是 $\boldsymbol{A}$ 的一个极大无关组.

4.3.2　向量组的秩与矩阵的秩的联系

定义 4.10　矩阵 $\boldsymbol{A}$ 的行向量组的秩称为矩阵 $\boldsymbol{A}$ 的行秩，$\boldsymbol{A}$ 的列向量组的秩称为矩阵 $\boldsymbol{A}$ 的列秩.

【例 4-12】　设矩阵 $\boldsymbol{A}=\begin{pmatrix}1&0&0\\2&1&0\\3&2&0\end{pmatrix}$，则 $\boldsymbol{A}$ 的行向量组为

$$\boldsymbol{\gamma}_1=(1,0,0),\ \boldsymbol{\gamma}_2=(2,1,0),\ \boldsymbol{\gamma}_3=(3,2,0)$$

易知 $\boldsymbol{\gamma}_1$，$\boldsymbol{\gamma}_2$ 线性无关，$\boldsymbol{\gamma}_3=-\boldsymbol{\gamma}_1+2\boldsymbol{\gamma}_2$，故 $\boldsymbol{\gamma}_1$，$\boldsymbol{\gamma}_2$ 是 $\boldsymbol{A}$ 的行向量组的一个极大无关组，因而 $\boldsymbol{A}$ 的行秩为 2.

$\boldsymbol{A}$ 的列向量组为

$$\boldsymbol{\alpha}_1=\begin{pmatrix}1\\2\\3\end{pmatrix},\ \boldsymbol{\alpha}_2=\begin{pmatrix}0\\1\\2\end{pmatrix},\ \boldsymbol{\alpha}_3=\begin{pmatrix}0\\0\\0\end{pmatrix}$$

易知 $\boldsymbol{\alpha}_1$，$\boldsymbol{\alpha}_2$ 是 $\boldsymbol{A}$ 的列向量组的一个极大无关组，故 $\boldsymbol{A}$ 的列秩为 2.

可以证明任一矩阵的行秩与列秩都是相等的，而且等于矩阵的秩.

定理 4.7　矩阵 $\boldsymbol{A}$ 的秩等于其行秩，也等于其列秩.

证明：首先证明 $\boldsymbol{A}$ 的秩等于其列秩.

设$\boldsymbol{A}=(\boldsymbol{\alpha}_1,\boldsymbol{\alpha}_2,\cdots,\boldsymbol{\alpha}_n)$，$R(\boldsymbol{A})=r$，并设$D_r\neq 0$为$\boldsymbol{A}$的一个非零的$r$阶子式．不妨设$D_r$中元素所在的列号依次为$i_1$，$i_2$，…，$i_r$，则$D_r$为矩阵$\boldsymbol{A}_0=(\boldsymbol{\alpha}_{i_1},\boldsymbol{\alpha}_{i_2},\cdots,\boldsymbol{\alpha}_{i_r})$的非零子式，从而$R(\boldsymbol{A}_0)=r$，即列向量组$\boldsymbol{\alpha}_{i_1}$，$\boldsymbol{\alpha}_{i_2}$，…，$\boldsymbol{\alpha}_{i_r}$线性无关．

同理，由$R(\boldsymbol{A})=r$，$\boldsymbol{A}$中任意$r+1$阶子式为零，则$\boldsymbol{A}$中任意$r+1$个列向量线性相关，否则$\boldsymbol{A}$中会有$r+1$阶非零子式，矛盾．

综上可得$\boldsymbol{\alpha}_{i_1}$，$\boldsymbol{\alpha}_{i_2}$，…，$\boldsymbol{\alpha}_{i_r}$为$\boldsymbol{A}$的列向量组的极大无关组，故$\boldsymbol{A}$的秩等于其列秩．

同理$\boldsymbol{A}^{\mathrm{T}}$的秩等于其列秩，又由$R(\boldsymbol{A}^{\mathrm{T}})=R(\boldsymbol{A})$，故$\boldsymbol{A}$的秩也等于其行秩．

由于含有限个向量的有序向量组与矩阵一一对应，因此，向量组$\boldsymbol{\alpha}_1$，$\boldsymbol{\alpha}_2$，…，$\boldsymbol{\alpha}_n$的秩也可记作$R(\boldsymbol{\alpha}_1,\boldsymbol{\alpha}_2,\cdots,\boldsymbol{\alpha}_n)$．利用定义求向量组的秩和极大无关组是相对烦琐的，而定理4.7提供了一种更为有效的方法．

【例 4-13】 设矩阵$\boldsymbol{A}=\begin{pmatrix}1&1&-2&1&4\\2&-1&-1&1&2\\2&-3&1&-1&2\\3&6&-9&7&9\end{pmatrix}$，求矩阵$\boldsymbol{A}$的列向量组的秩和一个极大无关组，并将其他列向量用该极大无关组线性表示．

分析：为求矩阵$\boldsymbol{A}$的列向量组的极大无关组，应试图不改变矩阵的任何子式所在的列，所以只能使用初等行变换．

【解】 设$\boldsymbol{A}=(\boldsymbol{\alpha}_1,\boldsymbol{\alpha}_2,\boldsymbol{\alpha}_3,\boldsymbol{\alpha}_4,\boldsymbol{\alpha}_5)$，对其进行初等行变换

$$\boldsymbol{A}=(\boldsymbol{\alpha}_1,\boldsymbol{\alpha}_2,\boldsymbol{\alpha}_3,\boldsymbol{\alpha}_4,\boldsymbol{\alpha}_5)\xrightarrow[\substack{r_3-2r_1\\r_4-3r_1}]{r_2-r_3}\begin{pmatrix}1&1&-2&1&4\\0&2&-2&2&0\\0&-5&5&-3&-6\\0&3&-3&4&-3\end{pmatrix}$$

$$\xrightarrow[\substack{r_3+5r_2\\r_4-3r_2}]{r_2\times\frac{1}{2}}\begin{pmatrix}1&1&-2&1&4\\0&1&-1&1&0\\0&0&0&2&-6\\0&0&0&1&-3\end{pmatrix}\xrightarrow[r_4-r_3]{r_3\times\frac{1}{2}}\begin{pmatrix}1&1&-2&1&4\\0&1&-1&1&0\\0&0&0&1&-3\\0&0&0&0&0\end{pmatrix}=\boldsymbol{A}_1$$

得$R(\boldsymbol{A})=3$，故矩阵$\boldsymbol{A}$的列秩为3．从$\boldsymbol{A}$中选择1，2，4列，可得$R(\boldsymbol{\alpha}_1,\boldsymbol{\alpha}_2,\boldsymbol{\alpha}_4)=3$，即$\boldsymbol{\alpha}_1$，$\boldsymbol{\alpha}_2$，$\boldsymbol{\alpha}_4$线性无关，从而$\boldsymbol{\alpha}_1$，$\boldsymbol{\alpha}_2$，$\boldsymbol{\alpha}_4$为$\boldsymbol{A}$的列向量组的一个极大无关组．

为方便将$\boldsymbol{\alpha}_3$，$\boldsymbol{\alpha}_5$用$\boldsymbol{\alpha}_1$，$\boldsymbol{\alpha}_2$，$\boldsymbol{\alpha}_4$表示，继续将$\boldsymbol{A}_1$化为行最简形

$$\boldsymbol{A}_1\xrightarrow[r_2-r_3]{r_1-r_2}\begin{pmatrix}1&0&-1&0&4\\0&1&-1&0&3\\0&0&0&1&-3\\0&0&0&0&0\end{pmatrix}=\boldsymbol{B}$$

设$\boldsymbol{B}=(\boldsymbol{\beta}_1,\boldsymbol{\beta}_2,\boldsymbol{\beta}_3,\boldsymbol{\beta}_4,\boldsymbol{\beta}_5)$，显见$\boldsymbol{\beta}_3=-\boldsymbol{\beta}_1-\boldsymbol{\beta}_2$，即

$$-\boldsymbol{\beta}_1-\boldsymbol{\beta}_2-\boldsymbol{\beta}_3+0\boldsymbol{\beta}_4+0\boldsymbol{\beta}_5=\boldsymbol{0}$$

由于从$\boldsymbol{A}$到$\boldsymbol{B}$只作了初等行变换，故$\boldsymbol{Ax}=\boldsymbol{0}$与$\boldsymbol{Bx}=\boldsymbol{0}$是同解方程组，即有

$$-\boldsymbol{\alpha}_1-\boldsymbol{\alpha}_2-\boldsymbol{\alpha}_3+0\boldsymbol{\alpha}_4+0\boldsymbol{\alpha}_5=\boldsymbol{0}$$

即 $\boldsymbol{\alpha}_3=-\boldsymbol{\alpha}_1-\boldsymbol{\alpha}_2$. 同理得 $\boldsymbol{\alpha}_5=4\boldsymbol{\alpha}_1+3\boldsymbol{\alpha}_2-3\boldsymbol{\alpha}_4$.

§ 4.4　线性方程组解的结构

针对线性方程组有无穷多解的情况，本节将利用向量组的线性相关性理论，进一步研究线性方程组解的结构问题.

4.4.1　齐次线性方程组解的结构

设有 n 元齐次线性方程组

$$\boldsymbol{A}\boldsymbol{x}=\boldsymbol{0} \tag{4-1}$$

其中系数矩阵 $\boldsymbol{A}=(a_{ij})_{m\times n}$.

齐次线性方程组（4-1）的解有以下性质：

性质 1　若 $\boldsymbol{x}=\boldsymbol{\xi}_1$，$\boldsymbol{x}=\boldsymbol{\xi}_2$ 都是齐次线性方程组（4-1）的解，则 $\boldsymbol{x}=\boldsymbol{\xi}_1+\boldsymbol{\xi}_2$ 也是齐次线性方程组（4-1）的解.

证明： 由 $\boldsymbol{A\xi}_1=\boldsymbol{0}$，$\boldsymbol{A\xi}_2=\boldsymbol{0}$，知 $\boldsymbol{A}(\boldsymbol{\xi}_1+\boldsymbol{\xi}_2)=\boldsymbol{A\xi}_1+\boldsymbol{A\xi}_2=\boldsymbol{0}$.

性质 2　若 $\boldsymbol{x}=\boldsymbol{\xi}$ 是齐次线性方程组（4-1）的解，k 为任意数，则 $\boldsymbol{x}=k\boldsymbol{\xi}$ 也是齐次线性方程组（4-1）的解.

证明： 由 $\boldsymbol{A\xi}=\boldsymbol{0}$，知 $\boldsymbol{A}(k\boldsymbol{\xi})=k(\boldsymbol{A\xi})=k\boldsymbol{0}=\boldsymbol{0}$.

定义 4.11　设 $\boldsymbol{\xi}_1$，$\boldsymbol{\xi}_2$，…，$\boldsymbol{\xi}_t$ 是齐次线性方程组（4-1）的一组解向量，且

① $\boldsymbol{\xi}_1$，$\boldsymbol{\xi}_2$，…，$\boldsymbol{\xi}_t$ 线性无关；

② 方程组（4-1）的任一解向量都可用 $\boldsymbol{\xi}_1$，$\boldsymbol{\xi}_2$，…，$\boldsymbol{\xi}_t$ 线性表示，

则称 $\boldsymbol{\xi}_1$，$\boldsymbol{\xi}_2$，…，$\boldsymbol{\xi}_t$ 是齐次线性方程组（4-1）的一个基础解系.

由定义可知，基础解系实际上就是齐次线性方程组全体解向量的一个极大无关组. 当 $R(\boldsymbol{A})=n$ 时，方程组（4-1）只有零解，此时没有基础解系；当 $R(\boldsymbol{A})<n$ 时，方程组有无穷多个非零解，此时存在基础解系.

假设方程组（4-1）的系数矩阵 $\boldsymbol{A}$ 经过初等行变换，得到行最简形为

$$\boldsymbol{B}=\begin{pmatrix} 1 & \cdots & 0 & b_{11} & \cdots & b_{1,n-r} \\ \vdots & & \vdots & \vdots & & \vdots \\ 0 & \cdots & 1 & b_{r,1} & \cdots & b_{r,n-r} \\ 0 & \cdots & 0 & 0 & \cdots & 0 \\ \vdots & & \vdots & \vdots & & \vdots \\ 0 & \cdots & 0 & 0 & \cdots & 0 \end{pmatrix}$$

与 $\boldsymbol{B}$ 对应的齐次方程组为

$$\begin{cases} x_1+b_{11}x_{r+1}+\cdots+b_{1,n-r}x_n=0 \\ x_2+b_{21}x_{r+1}+\cdots+b_{2,n-r}x_n=0 \\ \cdots \\ x_r+b_{r1}x_{r+1}+\cdots+b_{r,n-r}x_n=0 \end{cases} \tag{4-2}$$

齐次线性方程组（4-1）与（4-2）同解，令 x_{r+1}，…，x_n 为自由未知数，得

$$\begin{cases}x_1=-b_{11}x_{r+1}-\cdots-b_{1,n-r}x_n\\x_2=-b_{21}x_{r+1}-\cdots-b_{2,n-r}x_n\\\cdots\\x_r=-b_{r1}x_{r+1}-\cdots-b_{r,n-r}x_n\end{cases}$$

分别记 x_{r+1}，…，x_n 为 c_1，…，c_{n-r}，则齐次线性方程组（4-1）的通解为

$$x=\begin{pmatrix}x_1\\\vdots\\x_r\\x_{r+1}\\x_{r+2}\\\vdots\\x_n\end{pmatrix}=c_1\begin{pmatrix}-b_{11}\\\vdots\\-b_{r,1}\\1\\0\\\vdots\\0\end{pmatrix}+c_2\begin{pmatrix}-b_{12}\\\vdots\\-b_{r,2}\\0\\1\\\vdots\\0\end{pmatrix}+\cdots+c_{n-r}\begin{pmatrix}-b_{1,n-r}\\\vdots\\-b_{r,n-r}\\0\\0\\\vdots\\1\end{pmatrix}$$

依次取 c_1，…，c_{n-r} 中一个数值为 1、其余数值为 0，可得方程组的 $n-r$ 个解向量

$$\boldsymbol{\xi}_1=\begin{pmatrix}-b_{11}\\\vdots\\-b_{r,1}\\1\\0\\\vdots\\0\end{pmatrix},\ \boldsymbol{\xi}_2=\begin{pmatrix}-b_{12}\\\vdots\\-b_{r,2}\\0\\1\\\vdots\\0\end{pmatrix},\ \cdots,\ \boldsymbol{\xi}_{n-r}=\begin{pmatrix}-b_{1,n-r}\\\vdots\\-b_{r,n-r}\\0\\0\\\vdots\\1\end{pmatrix}$$

矩阵（$\boldsymbol{\xi}_1$，$\boldsymbol{\xi}_2$，…，$\boldsymbol{\xi}_{n-r}$）中第 $r+1$ 行至第 n 行的元素恰可构成一个 $n-r$ 阶单位矩阵，说明该矩阵的最高阶非零子式是 $|\boldsymbol{E}_{n-r}|\neq 0$，故（$\boldsymbol{\xi}_1$，$\boldsymbol{\xi}_2$，…，$\boldsymbol{\xi}_{n-r}$）的秩为 $n-r$，即向量组 $\boldsymbol{\xi}_1$，$\boldsymbol{\xi}_2$，…，$\boldsymbol{\xi}_{n-r}$ 线性无关．又因为 $\boldsymbol{Ax}=\boldsymbol{0}$ 的任一解可用 $\boldsymbol{\xi}_1$，$\boldsymbol{\xi}_2$，…，$\boldsymbol{\xi}_{n-r}$ 线性表示，所以，$\boldsymbol{\xi}_1$，$\boldsymbol{\xi}_2$，…，$\boldsymbol{\xi}_{n-r}$ 是齐次线性方程组（4-1）的一个基础解系．

由此解决了齐次线性方程解的结构问题，即在有非零解时，齐次线性方程的通解就是基础解系的线性组合．

此外，还可证明任意 $n-r$ 个线性无关的解向量均可构成 $\boldsymbol{Ax}=\boldsymbol{0}$ 的一个基础解系．事实上，若 $\boldsymbol{\eta}_1$，$\boldsymbol{\eta}_2$，…，$\boldsymbol{\eta}_{n-r}$ 为 $\boldsymbol{Ax}=\boldsymbol{0}$ 的任意 $n-r$ 个线性无关的解向量，设 $\boldsymbol{H}=(\boldsymbol{\eta}_1,\boldsymbol{\eta}_2,\cdots,\boldsymbol{\eta}_{n-r})$，则有 $R(\boldsymbol{H})=n-r$. 又因为解向量组 $\boldsymbol{\eta}_1$，$\boldsymbol{\eta}_2$，…，$\boldsymbol{\eta}_{n-r}$ 能由基础解系 $\boldsymbol{\xi}_1$，$\boldsymbol{\xi}_2$，…，$\boldsymbol{\xi}_{n-r}$ 线性表示，设 $\boldsymbol{G}=(\boldsymbol{\xi}_1,\boldsymbol{\xi}_2,\cdots,\boldsymbol{\xi}_{n-r})$，故 $R(\boldsymbol{G})=R(\boldsymbol{G},\boldsymbol{H})=n-r$. 由 $R(\boldsymbol{G})=R(\boldsymbol{H})=R(\boldsymbol{G},\boldsymbol{H})$ 得向量组 $\boldsymbol{\xi}_1$，$\boldsymbol{\xi}_2$，…，$\boldsymbol{\xi}_{n-r}$ 与 $\boldsymbol{\eta}_1$，$\boldsymbol{\eta}_2$，…，$\boldsymbol{\eta}_{n-r}$ 等价，即任意解向量均可由 $\boldsymbol{\eta}_1$，$\boldsymbol{\eta}_2$，…，$\boldsymbol{\eta}_{n-r}$ 线性表示，故 $\boldsymbol{\eta}_1$，$\boldsymbol{\eta}_2$，…，$\boldsymbol{\eta}_{n-r}$ 是 $\boldsymbol{Ax}=\boldsymbol{0}$ 的一个基础解系．

定理 4.8 若 $R(\boldsymbol{A})=r<n$，则齐次线性方程组（4-1）的基础解系有 $n-r$ 个解向量，并且任意 $n-r$ 个线性无关的解向量都可构成一个基础解系．

【例 4-14】 求齐次线性方程组 $\begin{cases}x_1+x_2-x_3-x_4=0\\x_1+2x_2+x_3-x_4=0\\2x_1+x_2-4x_3-2x_4=0\end{cases}$ 的基础解系与通解．

【解】 对系数矩阵进行初等行变换

$$A=\begin{pmatrix}1&1&-1&-1\\1&2&1&-1\\2&1&-4&-2\end{pmatrix}\xrightarrow[r_3-2r_1]{r_2-r_1}\begin{pmatrix}1&1&-1&-1\\0&1&2&0\\0&-1&-2&0\end{pmatrix}\xrightarrow[r_1-r_2]{r_3+r_2}\begin{pmatrix}1&0&-3&-1\\0&1&2&0\\0&0&0&0\end{pmatrix}$$

可得$\begin{cases}x_1=3x_3+x_4\\x_2=-2x_3\end{cases}$. 令 $x_3=c_1$，$x_4=c_2$，则方程组的通解为

$$x=c_1\begin{pmatrix}3\\-2\\1\\0\end{pmatrix}+c_2\begin{pmatrix}1\\0\\0\\1\end{pmatrix}\quad(c_1,c_2\text{ 为任意常数})$$

其中，$\xi_1=\begin{pmatrix}3\\-2\\1\\0\end{pmatrix}$，$\xi_2=\begin{pmatrix}1\\0\\0\\1\end{pmatrix}$是方程组的一个基础解系 .

上述解法先求出齐次线性方程的通解，再由通解求得基础解系 . 其实也可以先求基础解系，再写出通解，这只需在得到同解方程组$\begin{cases}x_1=3x_3+x_4\\x_2=-2x_3\end{cases}$后，令自由未知数 x_3，x_4 取下列 $n-R(A)=4-2=2$ 组数

$$\begin{pmatrix}x_3\\x_4\end{pmatrix}=\begin{pmatrix}1\\0\end{pmatrix},\ \begin{pmatrix}0\\1\end{pmatrix}\qquad(*)$$

再由同解方程组依次求得

$$\begin{pmatrix}x_1\\x_2\end{pmatrix}=\begin{pmatrix}3\\-2\end{pmatrix},\ \begin{pmatrix}1\\0\end{pmatrix}$$

按顺序合起来便得到基础解系

$$\boldsymbol{\xi}_1=\begin{pmatrix}3\\-2\\1\\0\end{pmatrix},\ \boldsymbol{\xi}_2=\begin{pmatrix}1\\0\\0\\1\end{pmatrix}$$

方程组的通解 $\boldsymbol{x}=c_1\boldsymbol{\xi}_1+c_2\boldsymbol{\xi}_2$（$c_1$，$c_2$ 为任意常数）. 由于任意 $n-r$ 个线性无关的解向量均可构成 $\boldsymbol{Ax}=\boldsymbol{0}$ 的一个基础解系，因此在（ * ）步骤中，只要将自由未知数构成的向量取成 $n-r$ 个线性无关的向量即可求得一个基础解系，如令

$$\begin{pmatrix}x_3\\x_4\end{pmatrix}=\begin{pmatrix}1\\1\end{pmatrix},\ \begin{pmatrix}1\\-1\end{pmatrix}$$

再依次求得

$$\begin{pmatrix}x_1\\x_2\end{pmatrix}=\begin{pmatrix}4\\-2\end{pmatrix},\ \begin{pmatrix}2\\-2\end{pmatrix}$$

可得另一个基础解系

$$\boldsymbol{\eta}_1=\begin{pmatrix}4\\-2\\1\\1\end{pmatrix},\ \boldsymbol{\eta}_2=\begin{pmatrix}2\\-2\\1\\-1\end{pmatrix}$$

从而得通解 $\boldsymbol{x}=k_1\boldsymbol{\eta}_1+k_2\boldsymbol{\eta}_2$（$k_1$，$k_2$ 为任意常数）．两个通解虽然不相同，但都含有两个任意常数，且都可表示方程组的任一解．

【例 4-15】 设 $\boldsymbol{A}_{m\times n}\boldsymbol{B}_{n\times p}=\boldsymbol{0}_{m\times p}$，证明 $R(\boldsymbol{A})+R(\boldsymbol{B})\leqslant n$.

证明：记 $\boldsymbol{B}=(\boldsymbol{\xi}_1,\boldsymbol{\xi}_2,\cdots,\boldsymbol{\xi}_p)$，由已知得

$$\boldsymbol{AB}=\boldsymbol{A}(\boldsymbol{\xi}_1,\boldsymbol{\xi}_2,\cdots,\boldsymbol{\xi}_p)=(\boldsymbol{A\xi}_1,\boldsymbol{A\xi}_2,\cdots,\boldsymbol{A\xi}_p)=(\boldsymbol{0},\boldsymbol{0},\cdots,\boldsymbol{0})$$

即 ξ_1，ξ_2，…，ξ_p 均为方程组 $\boldsymbol{Ax}=\boldsymbol{0}$ 的解．

由于方程组 $\boldsymbol{Ax}=\boldsymbol{0}$ 的基础解系中有 $n-R(\boldsymbol{A})$ 个向量，说明 $\boldsymbol{Ax}=\boldsymbol{0}$ 至多有 $n-R(\boldsymbol{A})$ 个线性无关的解，因此向量组 $\boldsymbol{\xi}_1$，$\boldsymbol{\xi}_2$，…，$\boldsymbol{\xi}_p$ 的秩不会大于 $n-R(\boldsymbol{A})$，即 $R(\boldsymbol{B})\leqslant n-R(\boldsymbol{A})$，故 $R(\boldsymbol{A})+R(\boldsymbol{B})\leqslant n$.

4.4.2 非齐次线性方程组解的结构

设有非齐次线性方程组

$$\boldsymbol{Ax}=\boldsymbol{b} \tag{4-3}$$

其中，系数矩阵 $\boldsymbol{A}=(a_{ij})_{m\times n}$，常数项向量 $\boldsymbol{b}\neq\boldsymbol{0}$.

通常把上式中 $\boldsymbol{b}$ 换成 $\boldsymbol{0}$ 后所得的齐次方程组

$$\boldsymbol{Ax}=\boldsymbol{0} \tag{4-4}$$

称为非齐次线性方程组（4-3）对应的齐次线性方程组．

非齐次线性方程组（4-3）的解有以下性质．

性质 3 若 $\boldsymbol{x}=\boldsymbol{\eta}_1$，$\boldsymbol{x}=\boldsymbol{\eta}_2$ 都是非齐次线性方程组（4-3）的解，则 $\boldsymbol{x}=\boldsymbol{\eta}_1-\boldsymbol{\eta}_2$ 是齐次线性方程组（4-4）的解．

证明： 由 $\boldsymbol{A\eta}_1=\boldsymbol{b}$，$\boldsymbol{A\eta}_2=\boldsymbol{b}$，知 $\boldsymbol{A}(\boldsymbol{\eta}_1-\boldsymbol{\eta}_2)=\boldsymbol{A\eta}_1-\boldsymbol{A\eta}_2=\boldsymbol{b}-\boldsymbol{b}=\boldsymbol{0}$，故 $\boldsymbol{x}=\boldsymbol{\eta}_1-\boldsymbol{\eta}_2$ 是齐次线性方程组（4-4）的解．

性质 4 若 $\boldsymbol{x}=\boldsymbol{\eta}$ 是非齐次线性方程组（4-3）的解，$\boldsymbol{x}=\boldsymbol{\xi}$ 是齐次线性方程组（4-4）的解，则 $\boldsymbol{x}=\boldsymbol{\xi}+\boldsymbol{\eta}$ 是非齐次线性方程组（4-3）的解．

证明： 已知 $\boldsymbol{A\xi}=\boldsymbol{0}$，$\boldsymbol{A\eta}=\boldsymbol{b}$，故 $\boldsymbol{A}(\boldsymbol{\xi}+\boldsymbol{\eta})=\boldsymbol{A\xi}+\boldsymbol{A\eta}=\boldsymbol{0}+\boldsymbol{b}=\boldsymbol{b}$，即 $\boldsymbol{x}=\boldsymbol{\xi}+\boldsymbol{\eta}$ 是非齐次线性方程组（4-3）的解．

由上述性质，可证得非齐次线性方程组解的结构．

定理 4.9 设 $\boldsymbol{\eta}$ 为非齐次线性方程组 $\boldsymbol{Ax}=\boldsymbol{b}$ 的解，$\boldsymbol{\xi}_1$，$\boldsymbol{\xi}_2$，…，$\boldsymbol{\xi}_{n-r}$ 是对应齐次线性方程组 $\boldsymbol{Ax}=\boldsymbol{0}$ 的一个基础解系，则 $\boldsymbol{Ax}=\boldsymbol{b}$ 的通解为

$$\boldsymbol{x}=c_1\boldsymbol{\xi}_1+c_2\boldsymbol{\xi}_2+\cdots+c_{n-r}\boldsymbol{\xi}_{n-r}+\boldsymbol{\eta} \tag{4-5}$$

其中，c_1，c_2，…，c_{n-r} 为任意常数．

证明： 由 $\boldsymbol{\xi}_1$，$\boldsymbol{\xi}_2$，…，$\boldsymbol{\xi}_{n-r}$ 是 $\boldsymbol{Ax}=\boldsymbol{0}$ 的基础解系，可得

$$\boldsymbol{A}(c_1\boldsymbol{\xi}_1+c_2\boldsymbol{\xi}_2+\cdots+c_{n-r}\boldsymbol{\xi}_{n-r})=c_1\boldsymbol{A\xi}_1+c_2\boldsymbol{A\xi}_2+\cdots+c_{n-r}\boldsymbol{A\xi}_{n-r}=\boldsymbol{0}$$

即 $c_1\boldsymbol{\xi}_1+c_2\boldsymbol{\xi}_2+\cdots+c_{n-r}\boldsymbol{\xi}_{n-r}$ 是 $\boldsymbol{Ax}=\boldsymbol{0}$ 的解，故 $c_1\boldsymbol{\xi}_1+c_2\boldsymbol{\xi}_2+\cdots+c_{n-r}\boldsymbol{\xi}_{n-r}+\boldsymbol{\eta}$ 是 $\boldsymbol{Ax}=\boldsymbol{b}$ 的解．为证它是 $\boldsymbol{Ax}=\boldsymbol{b}$ 的通解，只须证明 $\boldsymbol{Ax}=\boldsymbol{b}$ 的任一解具有式（4-5）的形式．

设 $\boldsymbol{\zeta}$ 为 $\boldsymbol{Ax}=\boldsymbol{b}$ 的任一解，已知 $\boldsymbol{\eta}$ 为 $\boldsymbol{Ax}=\boldsymbol{b}$ 的解，由性质 3，$\boldsymbol{\zeta}-\boldsymbol{\eta}$ 是 $\boldsymbol{Ax}=\boldsymbol{0}$ 的解．因 $\boldsymbol{\xi}_1$，$\boldsymbol{\xi}_2$，…，$\boldsymbol{\xi}_{n-r}$ 是 $\boldsymbol{Ax}=\boldsymbol{0}$ 的基础解系，故存在一组常数 c_1，c_2，…，c_{n-r}，使得

$$\boldsymbol{\zeta}-\boldsymbol{\eta}=c_1\boldsymbol{\xi}_1+c_2\boldsymbol{\xi}_2+\cdots+c_{n-r}\boldsymbol{\xi}_{n-r}$$

因此 $\boldsymbol{\zeta}=c_1\boldsymbol{\xi}_1+c_2\boldsymbol{\xi}_2+\cdots+c_{n-r}\boldsymbol{\xi}_{n-r}+\boldsymbol{\eta}$，定理得证．

【例 4-16】 求解非齐次线性方程组 $\begin{cases}x_1+x_2+x_3+4x_4=1\\2x_1+x_2+3x_3+5x_4=3\\3x_1+x_2+5x_3+7x_4=4\end{cases}$.

【解】 对增广矩阵（$\boldsymbol{A}$，$\boldsymbol{b}$）作初等行变换化为行最简形矩阵

$$(\boldsymbol{A},\boldsymbol{b})=\begin{pmatrix}1&1&1&4&1\\2&1&3&5&3\\3&1&5&7&4\end{pmatrix}\xrightarrow{r}\begin{pmatrix}1&0&2&0&3\\0&1&-1&0&2\\0&0&0&1&-1\end{pmatrix}$$

得 $R(\boldsymbol{A})=R(\boldsymbol{A},\boldsymbol{b})=3<4$，故方程组有无穷多解．

原方程组的同解方程组为

$$\begin{cases}x_1=-2x_3+3\\x_2=x_3+2\\x_4=-1\end{cases}$$

其中，x_3 为自由未知数．令 $x_3=0$，得该非齐次方程组的一个解 $\boldsymbol{\eta}=(3,2,0,-1)^{\mathrm{T}}$.

原方程组对应的齐次线性方程组的同解方程组为

$$\begin{cases}x_1=-2x_3\\x_2=x_3\\x_4=0\end{cases}$$

令 $x_3=1$，得齐次方程组的一个基础解系为 $\boldsymbol{\xi}=(-2,1,1,0)^{\mathrm{T}}$.

从而原方程组的通解为

$$\boldsymbol{x}=c\begin{pmatrix}-2\\1\\1\\0\end{pmatrix}+\begin{pmatrix}3\\2\\0\\-1\end{pmatrix}\quad（c\text{ 为任意常数}）$$

【例 4-17】 已知 $\boldsymbol{\eta}_1$，$\boldsymbol{\eta}_2$，$\boldsymbol{\eta}_3$ 是四元非齐次线性方程组 $\boldsymbol{Ax}=\boldsymbol{b}$ 的 3 个解向量，$R(\boldsymbol{A})=3$，且 $\boldsymbol{\eta}_1=(3,1,2,-4)^{\mathrm{T}}$，$\boldsymbol{\eta}_2+\boldsymbol{\eta}_3=(4,8,0,6)^{\mathrm{T}}$，求方程组 $\boldsymbol{Ax}=\boldsymbol{b}$ 的通解．

【解】 由已知，$n-R(\boldsymbol{A})=4-3=1$，故 $\boldsymbol{Ax}=\boldsymbol{b}$ 对应的齐次线性方程组 $\boldsymbol{Ax}=0$ 的基础解系只含 1 个解向量．由 $\boldsymbol{A\eta}_1=\boldsymbol{b}$，$\boldsymbol{A\eta}_2=\boldsymbol{b}$，$\boldsymbol{A\eta}_3=\boldsymbol{b}$，可得

$$\boldsymbol{A}[2\boldsymbol{\eta}_1-(\boldsymbol{\eta}_2+\boldsymbol{\eta}_3)]=2\boldsymbol{A\eta}_1-\boldsymbol{A}(\boldsymbol{\eta}_2+\boldsymbol{\eta}_3)=2\boldsymbol{b}-2\boldsymbol{b}=\boldsymbol{0}$$

即 $2\boldsymbol{\eta}_1-(\boldsymbol{\eta}_2+\boldsymbol{\eta}_3)=(2,-6,4,-14)^{\mathrm{T}}$ 是 $\boldsymbol{Ax}=\boldsymbol{0}$ 的一个基础解系．

又 $\boldsymbol{\eta}_1$ 是 $\boldsymbol{Ax}=\boldsymbol{b}$ 的一个解，因此 $\boldsymbol{Ax}=\boldsymbol{b}$ 的通解为

$$\boldsymbol{x}=c\begin{pmatrix}2\\-6\\4\\-14\end{pmatrix}+\begin{pmatrix}3\\1\\2\\-4\end{pmatrix}\quad（c\text{ 为任意常数}）$$

【例 4-18】 设 $\boldsymbol{\alpha}_1$，$\boldsymbol{\alpha}_2$，$\boldsymbol{\alpha}_3$，$\boldsymbol{\alpha}_4$，$\boldsymbol{\beta}$ 为 4 维列向量，令 $\boldsymbol{A}=(\boldsymbol{\alpha}_1,\boldsymbol{\alpha}_2,\boldsymbol{\alpha}_3,\boldsymbol{\alpha}_4)$，已知 $R(\boldsymbol{A})=3$，且有 $\boldsymbol{\alpha}_1+2\boldsymbol{\alpha}_2-3\boldsymbol{\alpha}_3-\boldsymbol{\alpha}_4=\boldsymbol{0}$，$\boldsymbol{\beta}=\boldsymbol{\alpha}_1+\boldsymbol{\alpha}_2+\boldsymbol{\alpha}_3+\boldsymbol{\alpha}_4$，求方程组 $\boldsymbol{Ax}=\boldsymbol{\beta}$ 的通解．

【解】 由已知，$n-R(\boldsymbol{A})=4-3=1$，故 $\boldsymbol{Ax}=\boldsymbol{\beta}$ 对应的齐次线性方程组 $\boldsymbol{Ax}=\boldsymbol{0}$ 的基础解系只含 1 个解向量．由

$$\boldsymbol{\alpha}_1+2\boldsymbol{\alpha}_2-3\boldsymbol{\alpha}_3-\boldsymbol{\alpha}_4=(\boldsymbol{\alpha}_1,\boldsymbol{\alpha}_2,\boldsymbol{\alpha}_3,\boldsymbol{\alpha}_4)\begin{pmatrix}1\\2\\-3\\-1\end{pmatrix}=\boldsymbol{0}$$

可得$(1, 2, -3, -1)^{\mathrm{T}}$ 是 $\boldsymbol{Ax}=\boldsymbol{0}$ 的一个基础解系．同理，由

$$\boldsymbol{\beta}=\boldsymbol{\alpha}_1+\boldsymbol{\alpha}_2+\boldsymbol{\alpha}_3+\boldsymbol{\alpha}_4=(\boldsymbol{\alpha}_1,\boldsymbol{\alpha}_2,\boldsymbol{\alpha}_3,\boldsymbol{\alpha}_4)\begin{pmatrix}1\\1\\1\\1\end{pmatrix}$$

可得$(1, 1, 1, 1)^{\mathrm{T}}$ 是 $\boldsymbol{Ax}=\boldsymbol{\beta}$ 的一个解．因此 $\boldsymbol{Ax}=\boldsymbol{\beta}$ 的通解为

$$\boldsymbol{x}=c\begin{pmatrix}1\\2\\-3\\-1\end{pmatrix}+\begin{pmatrix}1\\1\\1\\1\end{pmatrix}\quad(c\text{ 为任意常数})$$

§4.5 向 量 空 间

向量空间是线性代数的基本概念之一，它的理论和方法在科学技术的各个领域都有广泛的应用．下面介绍向量空间的有关知识．

定义 4.12 设 V 为 n 维向量的集合，若集合 V 非空且对于向量加法和数乘都封闭，则称 V 为**向量空间**．

其中，集合 V 关于加法运算封闭是指：$\forall\boldsymbol{\alpha}$，$\boldsymbol{\beta}\in V$，则 $\boldsymbol{\alpha}+\boldsymbol{\beta}\in V$；集合 V 关于数乘运算封闭是指：$\forall\boldsymbol{\alpha}\in V$，$\lambda\in\mathbb{R}$，则 $\lambda\boldsymbol{\alpha}\in V$.

最基本的向量空间是$\mathbb{R}^n=\{(x_1,x_2,\cdots,x_n)^{\mathrm{T}}\mid x_1,x_2,\cdots,x_n\in\mathbb{R}\}$，由向量的运算法则易证$\mathbb{R}^n$ 对于向量加法和数乘都是封闭的．

【例 4-19】 $V=\{\boldsymbol{x}=(x_1,x_2,\cdots,x_{n-1},0)\mid x_1,x_2,\cdots,x_{n-1}\in\mathbb{R}\}$ 是一个向量空间．

【例 4-20】 $V=\{\boldsymbol{x}=(x_1,x_2,\cdots,x_{n-1},1)\mid x_1,x_2,\cdots,x_{n-1}\in\mathbb{R}\}$ 不是向量空间．

如 $\boldsymbol{x}_0=(1,2,\cdots,n-1,1)\in V$，但 $0\cdot\boldsymbol{x}_0=(0,0,\cdots,0,0)\notin V$，即 V 关于数乘运算不封闭；此外还可验证 V 关于加法运算也不封闭．

【例 4-21】 n 元齐次线性方程组 $\boldsymbol{Ax}=\boldsymbol{0}$ 的解集 $S=\{\boldsymbol{x}\mid\boldsymbol{Ax}=\boldsymbol{0}\}$ 是一个向量空间，因为由齐次线性方程组解的性质，S 中向量的加法和数乘运算都封闭．

【例 4-22】 设 $\boldsymbol{\alpha}$，$\boldsymbol{\beta}$ 为 n 维向量，则 $L=\{\boldsymbol{x}=\lambda\boldsymbol{\alpha}+\mu\boldsymbol{\beta}\mid\lambda,\mu\in\mathbb{R}\}$ 是一个向量空间．

证明：若 $\boldsymbol{x}$，$\boldsymbol{y}\in L$，不妨设 $\boldsymbol{x}=\lambda_1\boldsymbol{\alpha}+\mu_1\boldsymbol{\beta}$，$\boldsymbol{y}=\lambda_2\boldsymbol{\alpha}+\mu_2\boldsymbol{\beta}$，则

$$\boldsymbol{x}+\boldsymbol{y}=(\lambda_1+\lambda_1)\boldsymbol{\alpha}+(\mu_1+\mu_2)\boldsymbol{\beta}\in L;\ k\boldsymbol{x}=k\lambda_1\boldsymbol{\alpha}+k\mu_1\boldsymbol{\beta}\in L(\forall k\in\mathbb{R})$$

即 L 关于加法和数乘都封闭，故 L 为向量空间．

上述向量空间称为由向量 $\boldsymbol{\alpha}$，$\boldsymbol{\beta}$ 所生成的向量空间．一般地，由向量组 $\boldsymbol{\alpha}_1$，$\boldsymbol{\alpha}_2$，…，$\boldsymbol{\alpha}_m$ 所生成的向量空间为

$$L=\{\boldsymbol{x}=\lambda_1\boldsymbol{\alpha}_1+\lambda_2\boldsymbol{\alpha}_2+\cdots+\lambda_m\boldsymbol{\alpha}_m \mid \lambda_1,\lambda_2,\cdots,\lambda_m\in\mathbb{R}\}$$

【例 4-23】　若向量组 $\boldsymbol{\alpha}_1$，$\boldsymbol{\alpha}_2$，…，$\boldsymbol{\alpha}_m$ 与向量组 $\boldsymbol{\beta}_1$，$\boldsymbol{\beta}_2$，…，$\boldsymbol{\beta}_s$ 等价，L_1 和 L_2 分别是由两组向量所生成的向量空间，则 $L_1=L_2$.

证明：$\forall \boldsymbol{x}\in L_1$，则 $\boldsymbol{x}$ 可由 $\boldsymbol{\alpha}_1$，…，$\boldsymbol{\alpha}_m$ 线性表示；又 $\boldsymbol{\alpha}_1$，…，$\boldsymbol{\alpha}_m$ 与 $\boldsymbol{\beta}_1$，…，$\boldsymbol{\beta}_s$ 等价，则 $\boldsymbol{\alpha}_1$，…，$\boldsymbol{\alpha}_m$ 可由 $\boldsymbol{\beta}_1$，…，$\boldsymbol{\beta}_s$ 线性表示，故 $\boldsymbol{x}$ 可由 $\boldsymbol{\beta}_1$，…，$\boldsymbol{\beta}_s$ 线性表示，即 $\boldsymbol{x}\in L_2$，因此 $L_1\subseteq L_2$. 同理可证 $L_2\subseteq L_1$，故 $L_1=L_2$.

定义 4.13　若 V_1，V_2 都为向量空间，且 $V_1\subseteq V_2$，则称 V_1 是 V_2 的子空间．

易证例 4-19、例 4-21 及例 4-22 中的向量空间都是 $\mathbb{R}^n$ 的子空间．

定义 4.14　设 V 为向量空间，如果 $\boldsymbol{\alpha}_1$，$\boldsymbol{\alpha}_2$，…，$\boldsymbol{\alpha}_m\in V$，且

① $\boldsymbol{\alpha}_1$，$\boldsymbol{\alpha}_2$，…，$\boldsymbol{\alpha}_m$ 线性无关；

② $\forall \boldsymbol{x}\in V$，$\boldsymbol{x}$ 可由 $\boldsymbol{\alpha}_1$，$\boldsymbol{\alpha}_2$，…，$\boldsymbol{\alpha}_m$ 线性表示，

那么，向量组 $\boldsymbol{\alpha}_1$，$\boldsymbol{\alpha}_2$，…，$\boldsymbol{\alpha}_m$ 称为向量空间 V 的一组基，m 称为向量空间 V 的维数．

只含零向量的向量空间没有基，规定它的维数为 0.

如果把向量空间看作向量组，那么它的一组基可看作是向量组的一个极大无关组，向量空间的维数就是向量组的秩．

【例 4-24】　向量空间 $\mathbb{R}^n$ 的一组基可取为

$$\boldsymbol{e}_1=(1,0,0,\cdots,0)^{\mathrm{T}},\boldsymbol{e}_2=(0,1,0,\cdots,0)^{\mathrm{T}},\cdots,\boldsymbol{e}_n=(0,0,0,\cdots,1)^{\mathrm{T}}$$

故 $\mathbb{R}^n$ 的维数为 n，因此任意 n 个线性无关的 n 维向量都是 $\mathbb{R}^n$ 的一组基．

定义 4.15　设向量空间 V 的一组基为 $\boldsymbol{\alpha}_1$，$\boldsymbol{\alpha}_2$，…，$\boldsymbol{\alpha}_m$，则 V 中任一向量 $\boldsymbol{\alpha}$ 可唯一地表示为

$$\boldsymbol{\alpha}=\lambda_1\boldsymbol{\alpha}_1+\lambda_2\boldsymbol{\alpha}_2+\cdots+\lambda_m\boldsymbol{\alpha}_m$$

数组 λ_1，λ_2，…，λ_m 称为向量 $\boldsymbol{\alpha}$ 在基 $\boldsymbol{\alpha}_1$，$\boldsymbol{\alpha}_2$，…，$\boldsymbol{\alpha}_m$ 下的坐标．

在 n 维向量空间 $\mathbb{R}^n$ 中，向量 $\boldsymbol{x}=(x_1,x_2,\cdots,x_n)^{\mathrm{T}}$ 可表示为

$$\boldsymbol{x}=x_1\boldsymbol{e}_1+x_2\boldsymbol{e}_2+\cdots+x_n\boldsymbol{e}_n$$

即向量在基 $\boldsymbol{e}_1$，$\boldsymbol{e}_2$，…，$\boldsymbol{e}_n$ 下的坐标就是向量的分量，故 $\boldsymbol{e}_1$，$\boldsymbol{e}_2$，…，$\boldsymbol{e}_n$ 称为单位坐标向量组，也称作 n 维向量空间 $\mathbb{R}^n$ 的自然基．

【例 4-25】　验证 $\boldsymbol{\alpha}_1=(2,2,-1)^{\mathrm{T}}$，$\boldsymbol{\alpha}_2=(2,-1,2)^{\mathrm{T}}$，$\boldsymbol{\alpha}_3=(-1,2,2)^{\mathrm{T}}$ 是 $\mathbb{R}^3$ 的一组基，并求 $\beta=(4,3,2)^{\mathrm{T}}$ 在该组基下的坐标．

【解】　要证 $\boldsymbol{\alpha}_1$，$\boldsymbol{\alpha}_2$，$\boldsymbol{\alpha}_3$ 为 $\mathbb{R}^3$ 的一组基，只需证其线性无关．记 $\boldsymbol{A}=(\boldsymbol{\alpha}_1,\boldsymbol{\alpha}_2,\boldsymbol{\alpha}_3)$，为求 $\boldsymbol{\beta}$ 在基 $\boldsymbol{\alpha}_1$，$\boldsymbol{\alpha}_2$，$\boldsymbol{\alpha}_3$ 下的坐标，则需要解方程组 $\boldsymbol{A}\boldsymbol{x}=\boldsymbol{\beta}$.

综上，对矩阵（$\boldsymbol{A}$，$\boldsymbol{\beta}$）作初等行变换化为行最简形矩阵

$$(\boldsymbol{A},\boldsymbol{\beta})=\begin{pmatrix}2&2&-1&4\\2&-1&2&3\\-1&2&2&2\end{pmatrix}\xrightarrow{r}\begin{pmatrix}1&0&0&\dfrac{4}{3}\\0&1&0&1\\0&0&1&\dfrac{2}{3}\end{pmatrix}$$

得 $R(\boldsymbol{A})=3$，故 $\boldsymbol{\alpha}_1$，$\boldsymbol{\alpha}_2$，$\boldsymbol{\alpha}_3$ 为$\mathbb{R}^3$ 的一组基，且 $x_1=\dfrac{4}{3}$，$x_2=1$，$x_3=\dfrac{2}{3}$，即

$$\boldsymbol{A}\begin{pmatrix}\frac{4}{3}\\1\\\frac{2}{3}\end{pmatrix}=(\boldsymbol{\alpha}_1,\boldsymbol{\alpha}_2,\boldsymbol{\alpha}_3)\begin{pmatrix}\frac{4}{3}\\1\\\frac{2}{3}\end{pmatrix}=\frac{4}{3}\boldsymbol{\alpha}_1+1\boldsymbol{\alpha}_2+\frac{2}{3}\boldsymbol{\alpha}_3=\boldsymbol{\beta}$$

故 $\boldsymbol{\beta}$ 在基 $\boldsymbol{\alpha}_1$，$\boldsymbol{\alpha}_2$，$\boldsymbol{\alpha}_3$ 下的坐标为$\dfrac{4}{3}$，1，$\dfrac{2}{3}$.

【例 4-26】 在$\mathbb{R}^n$ 中取定一组基 $\boldsymbol{\alpha}_1$，$\boldsymbol{\alpha}_2$，…，$\boldsymbol{\alpha}_n$，再取一组新基 $\boldsymbol{\beta}_1$，$\boldsymbol{\beta}_2$，…，$\boldsymbol{\beta}_n$，求用基 $\boldsymbol{\alpha}_1$，…，$\boldsymbol{\alpha}_n$ 表示 $\boldsymbol{\beta}_1$，…，$\boldsymbol{\beta}_n$ 的表达式，并求向量在两个基中的坐标之间的关系.

【解】 设 $\boldsymbol{A}=(\boldsymbol{\alpha}_1,\cdots,\boldsymbol{\alpha}_n)$，$\boldsymbol{B}=(\boldsymbol{\beta}_1,\cdots,\boldsymbol{\beta}_n)$，由

$$\boldsymbol{B}=\boldsymbol{E}\boldsymbol{B}=(\boldsymbol{A}\boldsymbol{A}^{-1})\boldsymbol{B}=\boldsymbol{A}(\boldsymbol{A}^{-1}\boldsymbol{B})$$

令 $\boldsymbol{P}=\boldsymbol{A}^{-1}\boldsymbol{B}$，即得用 $\boldsymbol{\alpha}_1$，…，$\boldsymbol{\alpha}_n$ 表示 $\boldsymbol{\beta}_1$，…，$\boldsymbol{\beta}_n$ 的表达式

$$(\boldsymbol{\beta}_1,\cdots,\boldsymbol{\beta}_n)=(\boldsymbol{\alpha}_1,\cdots,\boldsymbol{\alpha}_n)\boldsymbol{P}$$

上式称为基变换公式，其中 $\boldsymbol{P}=\boldsymbol{A}^{-1}\boldsymbol{B}$ 称为从旧基到新基的过渡矩阵.

设 n 维向量 $\boldsymbol{x}$ 在旧基 $\boldsymbol{\alpha}_1$，$\boldsymbol{\alpha}_2$，…，$\boldsymbol{\alpha}_n$ 下的坐标为 x_1，x_2，…，x_n，在新基 $\boldsymbol{\beta}_1$，$\boldsymbol{\beta}_2$，…，$\boldsymbol{\beta}_n$ 下的坐标为 y_1，y_2，…，y_n，即

$$\boldsymbol{x}=(\boldsymbol{\alpha}_1,\boldsymbol{\alpha}_2,\cdots,\boldsymbol{\alpha}_n)\begin{pmatrix}x_1\\x_2\\\vdots\\x_n\end{pmatrix}=\boldsymbol{A}\begin{pmatrix}x_1\\x_2\\\vdots\\x_n\end{pmatrix},\boldsymbol{x}=(\boldsymbol{\beta}_1,\boldsymbol{\beta}_2,\cdots,\boldsymbol{\beta}_n)\begin{pmatrix}y_1\\y_2\\\vdots\\y_n\end{pmatrix}=\boldsymbol{B}\begin{pmatrix}y_1\\y_2\\\vdots\\y_n\end{pmatrix}$$

因此

$$\begin{pmatrix}y_1\\y_2\\\vdots\\y_n\end{pmatrix}=\boldsymbol{B}^{-1}\boldsymbol{A}\begin{pmatrix}x_1\\x_2\\\vdots\\x_n\end{pmatrix}=\boldsymbol{P}^{-1}\begin{pmatrix}x_1\\x_2\\\vdots\\x_n\end{pmatrix}$$

此即向量从旧坐标到新坐标的坐标变换公式.

选读——线性空间的基本概念

在前面内容中，我们把有序数组称为向量，并介绍了向量空间的概念. 将这些概念推广，可得到更具一般性的线性空间的概念.

定义 4.16 设 V 是一个非空集合，F 为某一数域. 如果在 V 上定义了加法"+"（对于任意 $\boldsymbol{\alpha}$，$\boldsymbol{\beta}\in V$，都存在 $\gamma\in V$ 与之对应，称为 $\boldsymbol{\alpha}$，$\boldsymbol{\beta}$ 的和，记作 $\boldsymbol{\gamma}=\boldsymbol{\alpha}+\boldsymbol{\beta}$）及数与元素的乘法"·"（简称数乘，即对于任意 $\boldsymbol{\alpha}\in V$，$\lambda\in F$，都存在 $\boldsymbol{\delta}\in V$ 与之对应，称为 $\boldsymbol{\lambda}$ 与 $\boldsymbol{\alpha}$ 的数乘，记作 $\boldsymbol{\delta}=\lambda\cdot\boldsymbol{\alpha}$，一般简记为 $\boldsymbol{\delta}=\boldsymbol{\lambda}\boldsymbol{\alpha}$），且以上两种运算满足以下运算性质（设 $\boldsymbol{\alpha}$，$\boldsymbol{\beta}$，$\boldsymbol{\gamma}\in V$，λ，$\boldsymbol{\mu}\in \boldsymbol{F}$）：

(i) 加法交换律：$\boldsymbol{\alpha}+\boldsymbol{\beta}=\boldsymbol{\beta}+\boldsymbol{\alpha}$；

(ii) 加法结合律：$(\boldsymbol{\alpha}+\boldsymbol{\beta})+\boldsymbol{\gamma}=\boldsymbol{\alpha}+(\boldsymbol{\beta}+\boldsymbol{\gamma})$；

(iii) V 中存在零元素 $\mathbf{0}$，对于任意 $\boldsymbol{\alpha}\in V$，都有 $\boldsymbol{\alpha}+\mathbf{0}=\boldsymbol{\alpha}$；

(iv) 对于任意 $\boldsymbol{\alpha}\in V$，存在负元素 $\boldsymbol{\nu}\in V$，使得 $\boldsymbol{\alpha}+\boldsymbol{\nu}=\mathbf{0}$；

(v) $1\boldsymbol{\alpha}=\boldsymbol{\alpha}$；

(vi) $\lambda(\mu\boldsymbol{\alpha})=(\lambda\mu)\boldsymbol{\alpha}$；

(vii) $(\lambda+\mu)\boldsymbol{\alpha}=\lambda\boldsymbol{\alpha}+\mu\boldsymbol{\alpha}$；

(viii) $\lambda(\boldsymbol{\alpha}+\boldsymbol{\beta})=\lambda\boldsymbol{\alpha}+\lambda\boldsymbol{\beta}$，

那么，V 就称为数域 F 上的线性空间．

线性空间 V 中的元素称为向量或点；线性空间 V 上的加法和数乘运算，合称为线性运算．可见，在上述定义下，有序数组构成的向量空间只是特殊的线性空间，线性运算也已经不限于有序数组的加法和数乘．

【例 4-27】 次数不超过 n 的多项式的全体，记作 $P[x]_n$，即

$$P[x]_n=\{a_0x^n+a_1x^{n-1}+\cdots+a_{n-1}x+a_n \mid a_0,a_1,\cdots,a_{n-1},a_n\in\mathbb{R}\}$$

对于通常的多项式加法、数乘，$P[x]_n$ 构成线性空间．

【例 4-28】 $m\times n$ 矩阵的全体，对于通常的矩阵加法和数乘，构成线性空间．

与有序数组构成的向量类似，在线性空间中亦有向量组的线性组合、线性表示、线性相关性等定义．上述定义不再重述．

【例 4-29】 在 $P[x]_n$ 中，向量组 1，x，$\cdots$，x^{n-1}，x^n 线性无关，且 $P[x]_n$ 的任一向量可由该向量组线性表示．

定义 4.17 设 V 是一个线性空间，V_1 是 V 的非空子集，如果 V_1 关于 V 中的线性运算也构成一个线性空间，则称 V_1 是 V 的子空间．

定义 4.18 设 V 为线性空间，如果 $\boldsymbol{\alpha}_1$，$\boldsymbol{\alpha}_2$，$\cdots$，$\boldsymbol{\alpha}_m\in V$，且

① $\boldsymbol{\alpha}_1$，$\boldsymbol{\alpha}_2$，$\cdots$，$\boldsymbol{\alpha}_m$ 线性无关；

② $\forall\boldsymbol{x}\in V$，$\boldsymbol{x}$ 可由 $\boldsymbol{\alpha}_1$，$\boldsymbol{\alpha}_2$，$\cdots$，$\boldsymbol{\alpha}_m$ 线性表示，

则向量组 $\boldsymbol{\alpha}_1$，$\boldsymbol{\alpha}_2$，$\cdots$，$\boldsymbol{\alpha}_m$ 称为线性空间 V 的一组基，m 称为线性空间 V 的维数．

若线性空间 V 不存在有限个向量组成的基，则称 V 的维数为无穷．无穷维的线性空间不在本书讨论的范围．

【例 4-30】 1，x，$\cdots$，x^{n-1}，x^n 构成线性空间 $P[x]_n$ 的一组基，故 $P[x]_n$ 维数为 $n+1$.

定义 4.19 设线性空间 V 的一组基为 $\boldsymbol{\alpha}_1$，$\boldsymbol{\alpha}_2$，$\cdots$，$\boldsymbol{\alpha}_m$，则 V 中任一向量 $\boldsymbol{\alpha}$ 可唯一地表示为

$$\boldsymbol{\alpha}=\lambda_1\boldsymbol{\alpha}_1+\lambda_2\boldsymbol{\alpha}_2+\cdots+\lambda_m\boldsymbol{\alpha}_m=(\boldsymbol{\alpha}_1,\boldsymbol{\alpha}_2,\cdots,\boldsymbol{\alpha}_m)\begin{pmatrix}\lambda_1\\\lambda_2\\\vdots\\\lambda_m\end{pmatrix}$$

数组 λ_1，λ_2，$\cdots$，λ_m 称为向量 $\boldsymbol{\alpha}$ 在基 $\boldsymbol{\alpha}_1$，$\boldsymbol{\alpha}_2$，$\cdots$，$\boldsymbol{\alpha}_m$ 下的坐标，并记作 $(\lambda_1,\lambda_2,\cdots,\lambda_m)^{\mathrm{T}}$.

【例 4-31】 在 $P[x]_n$ 中，$a_0x^n+a_1x^{n-1}+\cdots+a_{n-1}x+a_n$ 在基 1，x，…，x^{n-1}，x^n 下的坐标为 $(a_n, a_{n-1}, \cdots, a_1, a_0)^{\mathrm{T}}$.

习 题 4

基础题

1. 设向量 $\boldsymbol{\alpha}_1=\begin{pmatrix}0\\1\\1\end{pmatrix}$，$\boldsymbol{\alpha}_2=\begin{pmatrix}-1\\0\\1\end{pmatrix}$，$\boldsymbol{\alpha}_3=\begin{pmatrix}3\\2\\-1\end{pmatrix}$，求 $\boldsymbol{\alpha}_1-\boldsymbol{\alpha}_2$ 及 $3\boldsymbol{\alpha}_1-4\boldsymbol{\alpha}_2+2\boldsymbol{\alpha}_3$.

2. 设 $3(\boldsymbol{\alpha}_1+\boldsymbol{\alpha}_2-\boldsymbol{\alpha})-2(\boldsymbol{\alpha}_3-\boldsymbol{\alpha})=4\boldsymbol{\alpha}_3+2\boldsymbol{\alpha}$，若 $\boldsymbol{\alpha}_1=\begin{pmatrix}2\\3\\1\end{pmatrix}$，$\boldsymbol{\alpha}_2=\begin{pmatrix}3\\5\\7\end{pmatrix}$，$\boldsymbol{\alpha}_3=\begin{pmatrix}2\\4\\4\end{pmatrix}$，求 $\boldsymbol{\alpha}$.

3. 若向量 $\boldsymbol{\beta}=(1, t, 3)^{\mathrm{T}}$ 能由 $\boldsymbol{\alpha}_1=(5, 1, 0)^{\mathrm{T}}$，$\boldsymbol{\alpha}_2=(-3, 2, 1)^{\mathrm{T}}$ 线性表示，试求 t 的值 .

4. 已知向量组 $\boldsymbol{A}$：$\boldsymbol{\alpha}_1=(m, 2, 10)^{\mathrm{T}}$，$\boldsymbol{\alpha}_2=(-2, 1, 5)^{\mathrm{T}}$，$\boldsymbol{\alpha}_3=(-1, 1, 4)^{\mathrm{T}}$ 及向量 $\boldsymbol{b}=(1, n, -1)^{\mathrm{T}}$，问 m，n 为何值时：

（1）向量 $\boldsymbol{b}$ 能由向量组 $\boldsymbol{A}$ 线性表示，且表示式唯一；

（2）向量 $\boldsymbol{b}$ 不能由向量组 $\boldsymbol{A}$ 线性表示；

（3）向量 $\boldsymbol{b}$ 能由向量组 $\boldsymbol{A}$ 线性表示且表示式不唯一，并求一般表示式 .

5. 设向量组

$$\boldsymbol{A}:\boldsymbol{\alpha}_1=\begin{pmatrix}3\\2\\1\\0\end{pmatrix},\ \boldsymbol{\alpha}_2=\begin{pmatrix}2\\1\\0\\3\end{pmatrix},\ \boldsymbol{\alpha}_3=\begin{pmatrix}1\\0\\3\\2\end{pmatrix},\ \boldsymbol{B}:\boldsymbol{\beta}_1=\begin{pmatrix}2\\1\\1\\2\end{pmatrix},\ \boldsymbol{\beta}_2=\begin{pmatrix}1\\1\\-2\\0\end{pmatrix},\ \boldsymbol{\beta}_3=\begin{pmatrix}3\\1\\4\\4\end{pmatrix}$$

证明向量组 $\boldsymbol{B}$ 能由向量组 $\boldsymbol{A}$ 线性表示，但向量组 $\boldsymbol{A}$ 不能由向量组 $\boldsymbol{B}$ 线性表示 .

6. 判断下列命题是否正确 .

（1）若 $k_1=k_2=\cdots=k_s=0$ 时 $k_1\boldsymbol{\alpha}_1+k_2\boldsymbol{\alpha}_2+\cdots+k_s\boldsymbol{\alpha}_s=\mathbf{0}$，则 $\boldsymbol{\alpha}_1$，$\boldsymbol{\alpha}_2$，…，$\boldsymbol{\alpha}_s$ 线性无关 .

（2）包含零向量的向量组一定线性相关 .

（3）如果 $\boldsymbol{\alpha}_1$，$\boldsymbol{\alpha}_2$，…，$\boldsymbol{\alpha}_s$ 线性相关，那么其中每一个向量都可由其余的向量线性表示.

（4）如果 $\boldsymbol{\alpha}_1$，$\boldsymbol{\alpha}_2$，…，$\boldsymbol{\alpha}_s$ 线性无关，那么其中任何一个向量都不能由其余向量线性表示 .

（5）若只有当 $k_1=k_2=\cdots=k_{s+t}=0$ 时，

$$k_1\boldsymbol{\alpha}_1+k_2\boldsymbol{\alpha}_2+\cdots+k_s\boldsymbol{\alpha}_s+k_{s+1}\boldsymbol{\beta}_1+k_{s+2}\boldsymbol{\beta}_2+\cdots+k_{s+t}\boldsymbol{\beta}_t=\mathbf{0}$$

才成立，则 $\boldsymbol{\alpha}_1$，$\boldsymbol{\alpha}_2$，…，$\boldsymbol{\alpha}_s$ 线性无关，$\boldsymbol{\beta}_1$，$\boldsymbol{\beta}_2$，…，$\boldsymbol{\beta}_t$ 也线性无关 .

（6）若只有当 $k_1=k_2=\cdots=k_m=0$ 时，

$$k_1\boldsymbol{\alpha}_1+k_2\boldsymbol{\alpha}_2+\cdots+k_m\boldsymbol{\alpha}_m+k_1\boldsymbol{\beta}_1+k_2\boldsymbol{\beta}_2+\cdots+k_m\boldsymbol{\beta}_m=\mathbf{0}$$

才成立，则 $\boldsymbol{\alpha}_1$，$\boldsymbol{\alpha}_2$，…，$\boldsymbol{\alpha}_m$ 线性无关，$\boldsymbol{\beta}_1$，$\boldsymbol{\beta}_2$，…，$\boldsymbol{\beta}_m$ 也线性无关.

（7）若 $\boldsymbol{\alpha}_1$，$\boldsymbol{\alpha}_2$，$\boldsymbol{\alpha}_3$ 线性相关，$\boldsymbol{\beta}_1$，$\boldsymbol{\beta}_2$，$\boldsymbol{\beta}_3$ 线性无关，则 $\boldsymbol{\alpha}_1$，$\boldsymbol{\alpha}_2$，$\boldsymbol{\alpha}_3$，$\boldsymbol{\beta}_1$，$\boldsymbol{\beta}_2$，$\boldsymbol{\beta}_3$ 线性相关.

（8）若 $\boldsymbol{\alpha}_1$，$\boldsymbol{\alpha}_2$，$\boldsymbol{\alpha}_3$ 线性无关，$\boldsymbol{\alpha}$ 不能由 $\boldsymbol{\alpha}_1$，$\boldsymbol{\alpha}_2$，$\boldsymbol{\alpha}_3$ 线性表示，则 $\boldsymbol{\alpha}_1$，$\boldsymbol{\alpha}_2$，$\boldsymbol{\alpha}_3$，$\boldsymbol{\alpha}$ 线性无关.

7. 判断下列向量组的线性相关性.

（1）$\boldsymbol{\alpha}_1=\begin{pmatrix}3\\0\\-1\end{pmatrix}$，$\boldsymbol{\alpha}_2=\begin{pmatrix}1\\1\\2\end{pmatrix}$，$\boldsymbol{\alpha}_3=\begin{pmatrix}4\\1\\1\end{pmatrix}$　　（2）$\boldsymbol{\beta}_1=\begin{pmatrix}1\\7\\4\end{pmatrix}$，$\boldsymbol{\beta}_2=\begin{pmatrix}-1\\4\\1\end{pmatrix}$，$\boldsymbol{\beta}_3=\begin{pmatrix}2\\3\\4\end{pmatrix}$

8. 当 λ 取何值时，$\boldsymbol{\alpha}_1=(\lambda,\ 1,\ 1)^{\mathrm{T}}$，$\boldsymbol{\alpha}_2=(1,\ \lambda,\ -1)^{\mathrm{T}}$，$\boldsymbol{\alpha}_3=(1,\ -1,\ \lambda)^{\mathrm{T}}$ 线性相关?

9. 已知向量组 $\boldsymbol{\alpha}_1$，$\boldsymbol{\alpha}_2$，$\boldsymbol{\alpha}_3$ 线性无关，若 $\boldsymbol{\beta}_1=\boldsymbol{\alpha}_1+\boldsymbol{\alpha}_2$，$\boldsymbol{\beta}_2=\boldsymbol{\alpha}_2+\boldsymbol{\alpha}_3$，$\boldsymbol{\beta}_3=\boldsymbol{\alpha}_1+\boldsymbol{\alpha}_2+\boldsymbol{\alpha}_3$，证明向量组 $\boldsymbol{\beta}_1$，$\boldsymbol{\beta}_2$，$\boldsymbol{\beta}_3$ 线性无关.

10. 若 $\boldsymbol{\beta}_1=\boldsymbol{\alpha}_2+\boldsymbol{\alpha}_3+\cdots+\boldsymbol{\alpha}_s$，$\boldsymbol{\beta}_2=\boldsymbol{\alpha}_1+\boldsymbol{\alpha}_3+\cdots+\boldsymbol{\alpha}_s$，…，$\boldsymbol{\beta}_s=\boldsymbol{\alpha}_1+\boldsymbol{\alpha}_2+\cdots+\boldsymbol{\alpha}_{s-1}$，已知向量组 $\boldsymbol{\alpha}_1$，$\boldsymbol{\alpha}_2$，…，$\boldsymbol{\alpha}_s$ 线性无关，证明 $\boldsymbol{\beta}_1$，$\boldsymbol{\beta}_2$，…，$\boldsymbol{\beta}_s$ 线性无关.

11. 若 $\boldsymbol{\beta}_1=\boldsymbol{\alpha}_1-\boldsymbol{\alpha}_2$，$\boldsymbol{\beta}_2=\boldsymbol{\alpha}_2-\boldsymbol{\alpha}_3$，$\boldsymbol{\beta}_3=\boldsymbol{\alpha}_3-\boldsymbol{\alpha}_4$，$\boldsymbol{\beta}_4=\boldsymbol{\alpha}_4-\boldsymbol{\alpha}_1$，证明向量组 $\boldsymbol{\beta}_1$，$\boldsymbol{\beta}_2$，$\boldsymbol{\beta}_3$，$\boldsymbol{\beta}_4$ 线性相关.

12. 求向量组 $\boldsymbol{\alpha}_1=\begin{pmatrix}1\\0\\2\\1\end{pmatrix}$，$\boldsymbol{\alpha}_2=\begin{pmatrix}1\\2\\0\\1\end{pmatrix}$，$\boldsymbol{\alpha}_3=\begin{pmatrix}2\\1\\3\\0\end{pmatrix}$，$\boldsymbol{\alpha}_4=\begin{pmatrix}2\\5\\-1\\4\end{pmatrix}$，$\boldsymbol{\alpha}_5=\begin{pmatrix}1\\-1\\3\\1\end{pmatrix}$ 的秩和一个极大无关组，并将其他向量用该极大无关组线性表示.

13. 求下列向量组的秩和一个极大无关组.

（1）$\boldsymbol{\alpha}_1=\begin{pmatrix}1\\2\\1\end{pmatrix}$，$\boldsymbol{\alpha}_2=\begin{pmatrix}4\\-1\\-5\end{pmatrix}$，$\boldsymbol{\alpha}_3=\begin{pmatrix}1\\-3\\4\end{pmatrix}$

（2）$\boldsymbol{\alpha}_1=\begin{pmatrix}1\\-2\\0\\3\end{pmatrix}$，$\boldsymbol{\alpha}_2=\begin{pmatrix}2\\-5\\-3\\6\end{pmatrix}$，$\boldsymbol{\alpha}_3=\begin{pmatrix}0\\1\\3\\0\end{pmatrix}$，$\boldsymbol{\alpha}_4=\begin{pmatrix}2\\-1\\4\\-7\end{pmatrix}$

14. 已知向量组 $\boldsymbol{\alpha}_1=\begin{pmatrix}1\\\lambda\\\lambda\end{pmatrix}$，$\boldsymbol{\alpha}_2=\begin{pmatrix}\lambda\\1\\\lambda\end{pmatrix}$，$\boldsymbol{\alpha}_3=\begin{pmatrix}\lambda\\\lambda\\1\end{pmatrix}$ 的秩为 2，试求 λ 的值.

15. 求下列非齐次线性方程组的一个解和对应齐次方程组的一个基础解系.

（1）$\begin{cases}x_1+x_2=5\\2x_1+x_2+x_3+2x_4=1\\5x_1+3x_2+2x_3+2x_4=3\end{cases}$　　（2）$\begin{cases}x_1-5x_2+2x_3-3x_4=11\\5x_1+3x_2+6x_3-x_4=-1\\2x_1+4x_2+2x_3+x_4=-6\end{cases}$

16. 设 $\boldsymbol{A}$ 是4阶方阵，已知 $R(\boldsymbol{A})=2$，$\boldsymbol{x}_1$，$\boldsymbol{x}_2$，$\boldsymbol{x}_3$，$\boldsymbol{x}_4$ 都是线性方程组 $\boldsymbol{Ax}=\boldsymbol{b}$ 的解，且满足 $\boldsymbol{x}_1+\boldsymbol{x}_2=(2, 4, 0, 8)^{\mathrm{T}}$，$\boldsymbol{x}_2+\boldsymbol{x}_3=(3, 0, 3, 3)^{\mathrm{T}}$，$\boldsymbol{x}_3+\boldsymbol{x}_4=(2, 1, 0, 1)^{\mathrm{T}}$，求 $\boldsymbol{Ax}=\boldsymbol{b}$ 的通解．

17. 设4元线性方程组 $\boldsymbol{Ax}=\boldsymbol{b}$ 的系数矩阵的秩为 $R(\boldsymbol{A})=2$，若 $\boldsymbol{\eta}_1$，$\boldsymbol{\eta}_2$，$\boldsymbol{\eta}_3$ 为它的3个线性无关的解，试证它的通解为 $\boldsymbol{x}=k_1\boldsymbol{\eta}_1+k_2\boldsymbol{\eta}_2+k_3\boldsymbol{\eta}_3$，其中 $k_1+k_2+k_3=1$.

18. 设 $\boldsymbol{\eta}$ 为非齐次线性方程组 $\boldsymbol{Ax}=\boldsymbol{b}$ 的一个解，$\boldsymbol{\xi}_1$，$\boldsymbol{\xi}_2$，…，$\boldsymbol{\xi}_r$ 为 $\boldsymbol{Ax}=\boldsymbol{0}$ 的一个基础解系，证明 $\boldsymbol{\xi}_1$，$\boldsymbol{\xi}_2$，…，$\boldsymbol{\xi}_r$，$\boldsymbol{\eta}$ 线性无关．

19. 设 $\boldsymbol{A}$ 为 n 阶方阵，且 $\boldsymbol{A}^2=\boldsymbol{A}$，证明：$R(\boldsymbol{A})+R(\boldsymbol{E}-\boldsymbol{A})=n$.

20. 求从 $\mathbb{R}^2$ 的一组基 $\boldsymbol{\alpha}_1=\begin{pmatrix}1\\0\end{pmatrix}$，$\boldsymbol{\alpha}_2=\begin{pmatrix}1\\-1\end{pmatrix}$ 到另一组基 $\boldsymbol{\beta}_1=\begin{pmatrix}1\\1\end{pmatrix}$，$\boldsymbol{\beta}_2=\begin{pmatrix}1\\2\end{pmatrix}$ 的过渡矩阵．

综合题

21. 设向量组 $\boldsymbol{A}$：$\boldsymbol{\alpha}_1$，$\boldsymbol{\alpha}_2$，…，$\boldsymbol{\alpha}_s$ 可由向量组 $\boldsymbol{B}$：$\boldsymbol{\beta}_1$，$\boldsymbol{\beta}_2$，…，$\boldsymbol{\beta}_t$ 线性表示，则________.

A. 当 $s<t$ 时，向量组 $\boldsymbol{B}$ 必线性相关

B. 当 $s>t$ 时，向量组 $\boldsymbol{B}$ 必线性相关

C. 当 $s<t$ 时，向量组 $\boldsymbol{A}$ 必线性相关

D. 当 $s>t$ 时，向量组 $\boldsymbol{A}$ 必线性相关

22. 若两个非零矩阵 $\boldsymbol{A}$ 与 $\boldsymbol{B}$ 的乘积是零矩阵，则必有________.

A. $\boldsymbol{A}$ 的列向量组线性相关，$\boldsymbol{B}$ 的行向量组线性相关

B. $\boldsymbol{A}$ 的列向量组线性相关，$\boldsymbol{B}$ 的列向量组线性相关

C. $\boldsymbol{A}$ 的行向量组线性相关，$\boldsymbol{B}$ 的行向量组线性相关

D. $\boldsymbol{A}$ 的行向量组线性相关，$\boldsymbol{B}$ 的列向量组线性相关

23. 设矩阵 $\boldsymbol{A}=\begin{pmatrix}2 & -2 & 1 & 3\\3 & 2 & 2 & 5\end{pmatrix}$，求一个 4×2 矩阵 $\boldsymbol{B}$，使得 $\boldsymbol{AB}=\boldsymbol{0}_{2\times2}$，且 $R(\boldsymbol{B})=2$.

24. 设 $\boldsymbol{A}$ 为 n 阶方阵，λ_1，λ_2，λ_3 为常数且各不相同，$\boldsymbol{\alpha}_1$，$\boldsymbol{\alpha}_2$，$\boldsymbol{\alpha}_3$ 为 n 维非零列向量，使得

$$\boldsymbol{A\alpha}_1=\lambda_1\boldsymbol{\alpha}_1,\ \boldsymbol{A\alpha}_2=\lambda_2\boldsymbol{\alpha}_2,\ \boldsymbol{A\alpha}_3=\lambda_3\boldsymbol{\alpha}_3$$

试证 $\boldsymbol{\alpha}_1$，$\boldsymbol{\alpha}_2$，$\boldsymbol{\alpha}_3$ 线性无关．

25. 设3阶方阵 $\boldsymbol{A}$ 与3维列向量 $\boldsymbol{x}$ 满足 $\boldsymbol{A}^3\boldsymbol{x}=\boldsymbol{A}^2\boldsymbol{x}+2\boldsymbol{Ax}+3\boldsymbol{x}$，且向量组 $\boldsymbol{A}^2\boldsymbol{x}$，$\boldsymbol{Ax}$，$\boldsymbol{x}$ 线性无关，记 $\boldsymbol{P}=(\boldsymbol{x}, \boldsymbol{Ax}, \boldsymbol{A}^2\boldsymbol{x})$，试求3阶方阵 $\boldsymbol{B}$，使得 $\boldsymbol{AP}=\boldsymbol{PB}$.

应用举例

【示例1】 在化工、医药、日常膳食等方面经常涉及配方问题．在不考虑各种成分之间可能发生某些化学反应时，配方问题可以利用向量组来建模．

例如，某中药厂用9种中草药（A，B，…，I）根据不同的比例配制成了7种特效药，

各用量成分见表 4-1（单位：克）.

表 4-1　7 种成药成分表

成分	1 号成药	2 号成药	3 号成药	4 号成药	5 号成药	6 号成药	7 号成药
A	10	2	14	12	20	38	100
B	12	0	12	25	35	60	55
C	5	3	11	0	5	14	0
D	7	9	25	5	15	47	35
E	0	1	2	25	5	33	6
F	25	5	35	5	35	55	50
G	9	4	17	25	2	39	25
H	6	5	16	10	10	35	10
I	8	2	12	0	2	6	20

（1）某医院要购买这 7 种特效药，但药厂的第 3 号药和第 6 号药已经卖完，请问能否用其他特效药配制出这两种脱销的药品？

（2）现在该医院想用这 7 种草药配制 3 种新的特效药，表 4-2 给出了 3 种新的特效药的成分，请问能否配制？该如何配制？

表 4-2　3 种新的特效药成分表

成分	1 号新药	2 号新药	3 号新药
A	40	162	88
B	62	141	67
C	14	27	8
D	44	102	51
E	53	60	7
F	50	155	80
G	71	118	38
H	41	68	21
I	14	52	30

【解析】

（1）把每一种特效药看成一个 9 维列向量 $\boldsymbol{\alpha}_i$（$i=1$，$\cdots$，7），分析 7 个列向量构成向量组 $\boldsymbol{A}$：$\boldsymbol{\alpha}_1$，$\boldsymbol{\alpha}_2$，$\cdots$，$\boldsymbol{\alpha}_7$ 的线性相关性，若向量组 $\boldsymbol{A}$ 线性无关，则 $\boldsymbol{A}$ 中任何向量都不能由其余向量线性表示，故无法配制脱销的特效药；若向量组 $\boldsymbol{A}$ 线性相关，并能找出不含 $\boldsymbol{\alpha}_3$，$\boldsymbol{\alpha}_6$ 的一个极大无关组，则可用该极大无关组线性表示出 $\boldsymbol{\alpha}_3$，$\boldsymbol{\alpha}_6$，故可配制出 3 号和 6 号药品．根据向量组的有关内容，令 $\boldsymbol{A}=(\boldsymbol{\alpha}_1, \boldsymbol{\alpha}_2, \cdots, \boldsymbol{\alpha}_7)$，只需将其化为行最简形矩阵即可得到解答．

经计算，由行最简形可知原向量组线性相关，且 $\boldsymbol{\alpha}_1$，$\boldsymbol{\alpha}_2$，$\boldsymbol{\alpha}_4$，$\boldsymbol{\alpha}_5$，$\boldsymbol{\alpha}_7$ 是一个极大无关组，$\boldsymbol{\alpha}_3=\boldsymbol{\alpha}_1+2\boldsymbol{\alpha}_2$，$\boldsymbol{\alpha}_6=3\boldsymbol{\alpha}_2+\boldsymbol{\alpha}_4+\boldsymbol{\alpha}_5$，故可以配制出脱销药．

（2）将3种新药分别用9维列向量$\boldsymbol{\beta}_1$，$\boldsymbol{\beta}_2$，$\boldsymbol{\beta}_3$表示，问题转化为判断$\boldsymbol{\beta}_1$，$\boldsymbol{\beta}_2$，$\boldsymbol{\beta}_3$能否由$\boldsymbol{\alpha}_1$，$\boldsymbol{\alpha}_2$，…，$\boldsymbol{\alpha}_7$线性表示，若能则可以配制，否则不能配制．令$\boldsymbol{B}=(\boldsymbol{A}, \boldsymbol{\beta}_1, \boldsymbol{\beta}_2, \boldsymbol{\beta}_3)$，只需将其化为行最简形矩阵即可得到解答．经计算可知

$$\boldsymbol{\beta}_1=\boldsymbol{\alpha}_1+3\boldsymbol{\alpha}_2+2\boldsymbol{\alpha}_4,\ \boldsymbol{\beta}_2=3\boldsymbol{\alpha}_1+4\boldsymbol{\alpha}_2+2\boldsymbol{\alpha}_4+\boldsymbol{\alpha}_7$$

故$\boldsymbol{\beta}_1$，$\boldsymbol{\beta}_2$可以配制，但$\boldsymbol{\beta}_3$不能被线性表示，故无法配制．

【示例2】 对于被积函数带有参数的不定积分，求解起来往往要对参数的情况作分类讨论．若被积函数是多个“简单”函数的线性组合，则可利用向量组的相关运算来解决问题.

例如，求不定积分$I=\int\frac{m\cos t+n\sin t}{a\cos t+b\sin t}\mathrm{d}t$，其中常数$a^2+b^2\neq 0$，$m$，$n$为参数．

【解】 将参数m，n表示为2维向量$\begin{pmatrix}m\\n\end{pmatrix}$．先考虑两种特殊情况：

（1）若$\begin{pmatrix}m\\n\end{pmatrix}=\begin{pmatrix}a\\b\end{pmatrix}$，则$I=\int\frac{a\cos t+b\sin t}{a\cos t+b\sin t}\mathrm{d}t=\int 1\mathrm{d}t=t+C.$

（2）若$\begin{pmatrix}m\\n\end{pmatrix}=\begin{pmatrix}b\\-a\end{pmatrix}$，由于$(\sin t)'=\cos t$，$(\cos t)'=-\sin t$，则

$$I=\int\frac{b\cos t-a\sin t}{a\cos t+b\sin t}\mathrm{d}t=\int\frac{\mathrm{d}(b\sin t+a\cos t)}{a\cos t+b\sin t}=\ln|a\cos t+b\sin t|+C$$

（3）其他情况：

易知$\begin{pmatrix}a\\b\end{pmatrix}$，$\begin{pmatrix}b\\-a\end{pmatrix}$线性无关，可构成$\mathbb{R}^2$的一组基，则$\begin{pmatrix}m\\n\end{pmatrix}$可由其线性表示，设

$$\begin{pmatrix}m\\n\end{pmatrix}=x_1\begin{pmatrix}a\\b\end{pmatrix}+x_2\begin{pmatrix}b\\-a\end{pmatrix}=\begin{pmatrix}a&b\\-b&a\end{pmatrix}\begin{pmatrix}x_1\\x_2\end{pmatrix}$$

此即系数矩阵为$\begin{pmatrix}a&b\\-b&a\end{pmatrix}$，常数项向量为$\begin{pmatrix}m\\n\end{pmatrix}$的线性方程组，由克拉默法则得

$$x_1=\frac{am+bn}{a^2+b^2},\ x_2=\frac{bm-an}{a^2+b^2}$$

从而

$$\begin{aligned}m\cos t+n\sin t&=(\cos t,\sin t)\begin{pmatrix}m\\n\end{pmatrix}=(\cos t,\sin t)\left[x_1\begin{pmatrix}a\\b\end{pmatrix}+x_2\begin{pmatrix}b\\-a\end{pmatrix}\right]\\&=x_1(\cos t,\sin t)\begin{pmatrix}a\\b\end{pmatrix}+x_2(\cos t,\sin t)\begin{pmatrix}b\\-a\end{pmatrix}\\&=x_1(a\cos t+b\sin t)+x_2(b\cos t-a\sin t)\end{aligned}$$

因此

$$\begin{aligned}I&=\int\frac{m\cos t+n\sin t}{a\cos t+b\sin t}\mathrm{d}t=x_1\int 1\mathrm{d}t+x_2\int\frac{b\cos t-a\sin t}{a\cos t+b\sin t}\mathrm{d}t\\&=x_1t+x_2\ln|a\cos t+b\sin t|+C\\&=\frac{am+bn}{a^2+b^2}t+\frac{bm-an}{a^2+b^2}\ln|a\cos t+b\sin t|+C\end{aligned}$$

第5章 特征值问题与二次型

作为对前面各章知识的综合应用，本章主要讨论矩阵的特征值和特征向量、矩阵的相似对角化及化二次型为标准形等问题，其中所涉及矩阵均是以实数为元素的方阵. 作为预备知识，首先介绍向量的内积与正交性的内容.

§5.1 向量的内积与正交性

5.1.1 向量的内积

定义 5.1 设有 n 维向量

$$\boldsymbol{\alpha}=\begin{pmatrix}a_1\\a_2\\\vdots\\a_n\end{pmatrix},\ \boldsymbol{\beta}=\begin{pmatrix}b_1\\b_2\\\vdots\\b_n\end{pmatrix}$$

令 $(\boldsymbol{\alpha},\boldsymbol{\beta})=a_1b_1+a_2b_2+\cdots+a_nb_n$，则 $(\boldsymbol{\alpha},\boldsymbol{\beta})$ 称为向量 $\boldsymbol{\alpha}$ 与 $\boldsymbol{\beta}$ 的内积.

内积是向量的一种运算，结果是一个实数. 当 $\boldsymbol{\alpha}$ 与 $\boldsymbol{\beta}$ 都是列向量时，向量的内积可用矩阵记号表示为 $(\boldsymbol{\alpha},\boldsymbol{\beta})=\boldsymbol{\alpha}^{\mathrm{T}}\boldsymbol{\beta}$.

向量的内积满足下列运算规律（设 $\boldsymbol{\alpha}$，$\boldsymbol{\beta}$，$\boldsymbol{\gamma}$ 为 n 维向量，λ 为实数）：

① 当 $\boldsymbol{\alpha}\neq\mathbf{0}$ 时，$(\boldsymbol{\alpha},\boldsymbol{\alpha})>0$；当 $\boldsymbol{\alpha}=\mathbf{0}$ 时，$(\boldsymbol{\alpha},\boldsymbol{\alpha})=0$；

② $(\boldsymbol{\alpha},\boldsymbol{\beta})=(\boldsymbol{\beta},\boldsymbol{\alpha})$；

③ $(\lambda\boldsymbol{\alpha},\boldsymbol{\beta})=\lambda(\boldsymbol{\alpha},\boldsymbol{\beta})$；

④ $(\boldsymbol{\alpha}+\boldsymbol{\beta},\boldsymbol{\gamma})=(\boldsymbol{\alpha},\boldsymbol{\gamma})+(\boldsymbol{\beta},\boldsymbol{\gamma})$.

定义 5.2 设

$$\|\boldsymbol{\alpha}\|=\sqrt{(\boldsymbol{\alpha},\boldsymbol{\alpha})}=\sqrt{a_1^2+a_2^2+\cdots+a_n^2}$$

则 $\|\boldsymbol{\alpha}\|$ 称为 n 维向量 $\boldsymbol{\alpha}$ 的长度（或范数）.

向量的长度具有下列性质：

① 非负性. 当 $\boldsymbol{\alpha}\neq\mathbf{0}$ 时，$\|\boldsymbol{\alpha}\|>0$；当 $\boldsymbol{\alpha}=\mathbf{0}$ 时，$\|\boldsymbol{\alpha}\|=0$；

② 齐次性. $\|\lambda\boldsymbol{\alpha}\|=|\lambda|\,\|\boldsymbol{\alpha}\|$；

③ 三角不等式 $\|\boldsymbol{\alpha}+\boldsymbol{\beta}\|\leqslant\|\boldsymbol{\alpha}\|+\|\boldsymbol{\beta}\|$.

当 $\|\boldsymbol{\alpha}\|=1$ 时，称 $\boldsymbol{\alpha}$ 为单位向量. 显然，对任一非零向量 $\boldsymbol{\alpha}$，取 $\frac{\boldsymbol{\alpha}}{\|\boldsymbol{\alpha}\|}$ 可得单位向量，这一过程称为把向量 $\boldsymbol{\alpha}$ 单位化.

5.1.2 正交向量组

定义 5.3 当 $(\boldsymbol{\alpha}, \boldsymbol{\beta})=0$ 时，称向量 $\boldsymbol{\alpha}$ 与 $\boldsymbol{\beta}$ 正交.

例如，向量 $\boldsymbol{\alpha}=(1, 2, 3)^{\mathrm{T}}$ 与 $\boldsymbol{\beta}=(2, -4, 2)^{\mathrm{T}}$ 满足 $(\boldsymbol{\alpha}, \boldsymbol{\beta})=0$，故 $\boldsymbol{\alpha}$ 与 $\boldsymbol{\beta}$ 是正交的. 显然，零向量与任何同维的向量都正交.

【例 5-1】 已知 $\boldsymbol{\alpha}_1=\begin{pmatrix}1\\1\\1\end{pmatrix}$ 与 $\boldsymbol{\alpha}_2=\begin{pmatrix}1\\-2\\1\end{pmatrix}$ 正交，试求一个非零向量 $\boldsymbol{\alpha}_3$，使得 $\boldsymbol{\alpha}_1$，$\boldsymbol{\alpha}_2$，$\boldsymbol{\alpha}_3$ 两两正交.

【解】 设 $\boldsymbol{\alpha}_3=\begin{pmatrix}x_1\\x_2\\x_3\end{pmatrix}$，已知 $(\boldsymbol{\alpha}_1, \boldsymbol{\alpha}_2)=0$，为使 $(\boldsymbol{\alpha}_1, \boldsymbol{\alpha}_3)=0$ 且 $(\boldsymbol{\alpha}_2, \boldsymbol{\alpha}_3)=0$，则需

$$\begin{cases}x_1+x_2+x_3=0\\x_1-2x_2+x_3=0\end{cases}$$

解齐次线性方程组可得

$$\begin{pmatrix}x_1\\x_2\\x_3\end{pmatrix}=k\begin{pmatrix}-1\\0\\1\end{pmatrix}\quad (k\text{ 为任意常数})$$

取 $\boldsymbol{\alpha}_3=\begin{pmatrix}-1\\0\\1\end{pmatrix}$ 即为所求.

定义 5.4 若非零向量组 $\boldsymbol{\alpha}_1$，$\boldsymbol{\alpha}_2$，…，$\boldsymbol{\alpha}_r$ 中的任意两个向量都是正交的，则称这个向量组为正交向量组.

定理 5.1 若 n 维向量 $\boldsymbol{\alpha}_1$，$\boldsymbol{\alpha}_2$，…，$\boldsymbol{\alpha}_r$ 是正交向量组，则 $\boldsymbol{\alpha}_1$，$\boldsymbol{\alpha}_2$，…，$\boldsymbol{\alpha}_r$ 线性无关.

证明： 假设存在一组数 k_1，k_2，…，k_r 使得

$$k_1\boldsymbol{\alpha}_1+k_2\boldsymbol{\alpha}_2+\cdots+k_r\boldsymbol{\alpha}_r=\mathbf{0}$$

用 $\boldsymbol{\alpha}_1^{\mathrm{T}}$ 左乘上式两端，由于 $\boldsymbol{\alpha}_1$，$\boldsymbol{\alpha}_2$，…，$\boldsymbol{\alpha}_r$ 两两正交，则有

$$k_1\boldsymbol{\alpha}_1^{\mathrm{T}}\boldsymbol{\alpha}_1+k_2\boldsymbol{\alpha}_1^{\mathrm{T}}\boldsymbol{\alpha}_2+\cdots+k_r\boldsymbol{\alpha}_1^{\mathrm{T}}\boldsymbol{\alpha}_r=k_1\boldsymbol{\alpha}_1^{\mathrm{T}}\boldsymbol{\alpha}_1=\mathbf{0}$$

因 $\boldsymbol{\alpha}_1\neq\mathbf{0}$，故 $\boldsymbol{\alpha}_1^{\mathrm{T}}\boldsymbol{\alpha}_1\neq\mathbf{0}$，从而 $k_1=0$. 同理可证 $k_2=\cdots=k_r=0$，因此正交向量组 $\boldsymbol{\alpha}_1$，$\boldsymbol{\alpha}_2$，…，$\boldsymbol{\alpha}_r$ 线性无关.

正交向量组一定线性无关，但反之不一定成立，例如

$$\boldsymbol{\alpha}_1=\begin{pmatrix}1\\0\\0\end{pmatrix},\ \boldsymbol{\alpha}_2=\begin{pmatrix}1\\1\\0\end{pmatrix},\ \boldsymbol{\alpha}_3=\begin{pmatrix}1\\1\\1\end{pmatrix}$$

易证其线性无关，但并不是正交向量组.

定义 5.5　若 $\boldsymbol{e}_1$，$\boldsymbol{e}_2$，…，$\boldsymbol{e}_r$ 两两正交且都是单位向量，则称这个向量组为标准正交向量组.

对于一组线性无关的向量组 $\boldsymbol{\alpha}_1$，$\boldsymbol{\alpha}_2$，…，$\boldsymbol{\alpha}_r$，若想找到与它等价的标准正交向量组，则需对 $\boldsymbol{\alpha}_1$，$\boldsymbol{\alpha}_2$，…，$\boldsymbol{\alpha}_r$ 进行正交规范化：

$$\boldsymbol{\beta}_1=\boldsymbol{\alpha}_1$$

$$\boldsymbol{\beta}_2=\boldsymbol{\alpha}_2-\frac{(\boldsymbol{\beta}_1,\ \boldsymbol{\alpha}_2)}{(\boldsymbol{\beta}_1,\ \boldsymbol{\beta}_1)}\boldsymbol{\beta}_1$$

$$\boldsymbol{\beta}_3=\boldsymbol{\alpha}_3-\frac{(\boldsymbol{\beta}_1,\ \boldsymbol{\alpha}_3)}{(\boldsymbol{\beta}_1,\ \boldsymbol{\beta}_1)}\boldsymbol{\beta}_1-\frac{(\boldsymbol{\beta}_2,\ \boldsymbol{\alpha}_3)}{(\boldsymbol{\beta}_2,\ \boldsymbol{\beta}_2)}\boldsymbol{\beta}_2$$

$$\vdots$$

$$\boldsymbol{\beta}_r=\boldsymbol{\alpha}_r-\frac{(\boldsymbol{\beta}_1,\ \boldsymbol{\alpha}_r)}{(\boldsymbol{\beta}_1,\ \boldsymbol{\beta}_1)}\boldsymbol{\beta}_1-\frac{(\boldsymbol{\beta}_2,\ \boldsymbol{\alpha}_r)}{(\boldsymbol{\beta}_2,\ \boldsymbol{\beta}_2)}\boldsymbol{\beta}_2-\cdots-\frac{(\boldsymbol{\beta}_{r-1},\ \boldsymbol{\alpha}_r)}{(\boldsymbol{\beta}_{r-1},\ \boldsymbol{\beta}_{r-1})}\boldsymbol{\beta}_{r-1}$$

容易验证 $\boldsymbol{\beta}_1$，$\boldsymbol{\beta}_2$，…，$\boldsymbol{\beta}_r$ 两两正交，且与 $\boldsymbol{\alpha}_1$，$\boldsymbol{\alpha}_2$，…，$\boldsymbol{\alpha}_r$ 等价. 再将 $\boldsymbol{\beta}_1$，$\boldsymbol{\beta}_2$，…，$\boldsymbol{\beta}_r$ 单位化，即取

$$\boldsymbol{e}_1=\frac{\boldsymbol{\beta}_1}{\|\boldsymbol{\beta}_1\|},\ \boldsymbol{e}_2=\frac{\boldsymbol{\beta}_2}{\|\boldsymbol{\beta}_2\|},\ \cdots,\ \boldsymbol{e}_r=\frac{\boldsymbol{\beta}_r}{\|\boldsymbol{\beta}_r\|}$$

从而得到与 $\boldsymbol{\alpha}_1$，$\boldsymbol{\alpha}_2$，…，$\boldsymbol{\alpha}_r$ 等价的标准正交向量组 $\boldsymbol{e}_1$，$\boldsymbol{e}_2$，…，$\boldsymbol{e}_r$.

上述从线性无关向量组 $\boldsymbol{\alpha}_1$，$\boldsymbol{\alpha}_2$，…，$\boldsymbol{\alpha}_r$ 导出正交向量组 $\boldsymbol{\beta}_1$，$\boldsymbol{\beta}_2$，…，$\boldsymbol{\beta}_r$ 的过程称为施密特（Schmidt）正交化. 在对向量组进行正交规范化时，注意应先正交化，后单位化，否则所得的向量组不一定是单位向量组.

【例 5-2】　将向量组 $\boldsymbol{\alpha}_1=\begin{pmatrix}1\\0\\-1\end{pmatrix}$，$\boldsymbol{\alpha}_2=\begin{pmatrix}1\\1\\0\end{pmatrix}$，$\boldsymbol{\alpha}_3=\begin{pmatrix}1\\1\\-1\end{pmatrix}$ 正交规范化.

【解】　取 $\boldsymbol{\beta}_1=\boldsymbol{\alpha}_1=\begin{pmatrix}1\\0\\-1\end{pmatrix}$

$$\boldsymbol{\beta}_2=\boldsymbol{\alpha}_2-\frac{(\boldsymbol{\beta}_1,\ \boldsymbol{\alpha}_2)}{(\boldsymbol{\beta}_1,\ \boldsymbol{\beta}_1)}\boldsymbol{\beta}_1=\begin{pmatrix}1\\1\\0\end{pmatrix}-\frac{1}{2}\begin{pmatrix}1\\0\\-1\end{pmatrix}=\begin{pmatrix}\frac{1}{2}\\1\\\frac{1}{2}\end{pmatrix}$$

$$\boldsymbol{\beta}_3=\boldsymbol{\alpha}_3-\frac{(\boldsymbol{\beta}_1,\ \boldsymbol{\alpha}_3)}{(\boldsymbol{\beta}_1,\ \boldsymbol{\beta}_1)}\boldsymbol{\beta}_1-\frac{(\boldsymbol{\beta}_2,\ \boldsymbol{\alpha}_3)}{(\boldsymbol{\beta}_2,\ \boldsymbol{\beta}_2)}\boldsymbol{\beta}_2=\begin{pmatrix}1\\1\\-1\end{pmatrix}-\begin{pmatrix}1\\0\\-1\end{pmatrix}-\frac{2}{3}\begin{pmatrix}\frac{1}{2}\\1\\\frac{1}{2}\end{pmatrix}=\begin{pmatrix}-\frac{1}{3}\\\frac{1}{3}\\-\frac{1}{3}\end{pmatrix}$$

再将 $\boldsymbol{\beta}_1$，$\boldsymbol{\beta}_2$，$\boldsymbol{\beta}_3$ 单位化，取

$$\boldsymbol{\gamma}_1=\frac{\boldsymbol{\beta}_1}{\|\boldsymbol{\beta}_1\|}=\begin{pmatrix}\frac{1}{\sqrt{2}}\\0\\-\frac{1}{\sqrt{2}}\end{pmatrix},\ \boldsymbol{\gamma}_2=\frac{\boldsymbol{\beta}_2}{\|\boldsymbol{\beta}_2\|}=\begin{pmatrix}\frac{1}{\sqrt{6}}\\\frac{2}{\sqrt{6}}\\\frac{1}{\sqrt{6}}\end{pmatrix},\ \boldsymbol{\gamma}_3=\frac{\boldsymbol{\beta}_3}{\|\boldsymbol{\beta}_3\|}=\begin{pmatrix}-\frac{1}{\sqrt{3}}\\\frac{1}{\sqrt{3}}\\-\frac{1}{\sqrt{3}}\end{pmatrix}$$

综上，$\boldsymbol{\gamma}_1$，$\boldsymbol{\gamma}_2$，$\boldsymbol{\gamma}_3$ 即为所求.

5.1.3 正交矩阵

定义 5.6 如果 n 阶方阵满足 $\boldsymbol{A}^{\mathrm{T}}\boldsymbol{A}=\boldsymbol{A}\boldsymbol{A}^{\mathrm{T}}=\boldsymbol{E}$，则称矩阵 $\boldsymbol{A}$ 是正交矩阵.

由逆矩阵的定义知，正交矩阵 $\boldsymbol{A}$ 一定是可逆的，且 $\boldsymbol{A}^{-1}=\boldsymbol{A}^{\mathrm{T}}$；反之，若方阵 $\boldsymbol{A}$ 满足 $\boldsymbol{A}^{-1}=\boldsymbol{A}^{\mathrm{T}}$，则有 $\boldsymbol{A}^{\mathrm{T}}\boldsymbol{A}=\boldsymbol{A}\boldsymbol{A}^{\mathrm{T}}=\boldsymbol{E}$，即 $\boldsymbol{A}$ 是正交矩阵，于是有

$$\boldsymbol{A}\text{ 是正交矩阵}\Leftrightarrow\boldsymbol{A}^{-1}=\boldsymbol{A}^{\mathrm{T}}$$

结合定理 2.4 的结论，欲验证 $\boldsymbol{A}$ 是否为正交矩阵，只需验证 $\boldsymbol{A}^{\mathrm{T}}\boldsymbol{A}=\boldsymbol{E}$ 或 $\boldsymbol{A}\boldsymbol{A}^{\mathrm{T}}=\boldsymbol{E}$ 中的一个等式即可，从而节省一半的计算量. 例如，易证

$$\begin{pmatrix}1&0\\0&-1\end{pmatrix},\ \begin{pmatrix}\sin\theta&-\cos\theta\\\cos\theta&\sin\theta\end{pmatrix}$$

都是正交矩阵.

正交矩阵具有下列性质：

① 若 $\boldsymbol{A}$ 是正交矩阵，则 $\boldsymbol{A}^{-1}=\boldsymbol{A}^{\mathrm{T}}$ 也是正交矩阵；

② 若 $\boldsymbol{A}$ 是正交矩阵，则 $|\boldsymbol{A}|=1$ 或 -1；

③ 若 $\boldsymbol{A}$ 和 $\boldsymbol{B}$ 是 n 阶正交矩阵，则 $\boldsymbol{AB}$ 也是正交矩阵 .

【例 5-3】 设 $\boldsymbol{A}$ 是 n 阶对称矩阵，$\boldsymbol{E}$ 是 n 阶单位矩阵，且满足 $\boldsymbol{A}^2=2\boldsymbol{A}$，证明 $\boldsymbol{A}-\boldsymbol{E}$ 是正交矩阵.

证明： 因为 $\boldsymbol{A}^{\mathrm{T}}=\boldsymbol{A}$，$\boldsymbol{E}^{\mathrm{T}}=\boldsymbol{E}$，故有

$$\begin{aligned}(\boldsymbol{A}-\boldsymbol{E})^{\mathrm{T}}(\boldsymbol{A}-\boldsymbol{E})&=(\boldsymbol{A}^{\mathrm{T}}-\boldsymbol{E}^{\mathrm{T}})(\boldsymbol{A}-\boldsymbol{E})=(\boldsymbol{A}-\boldsymbol{E})(\boldsymbol{A}-\boldsymbol{E})\\&=\boldsymbol{A}^2-2\boldsymbol{A}+\boldsymbol{E}=\boldsymbol{0}+\boldsymbol{E}=\boldsymbol{E}\end{aligned}$$

即 $\boldsymbol{A}-\boldsymbol{E}$ 是正交矩阵.

定理 5.2 方阵 $\boldsymbol{A}$ 是正交矩阵的充分必要条件是 $\boldsymbol{A}$ 的列（行）向量组是标准正交向量组.

证明： 将 $\boldsymbol{A}$ 按列分块得 $\boldsymbol{A}=(\boldsymbol{\alpha}_1,\ \boldsymbol{\alpha}_2,\ \cdots,\ \boldsymbol{\alpha}_n)$，则有

$$\boldsymbol{A}^{\mathrm{T}}\boldsymbol{A}=\begin{pmatrix}\boldsymbol{\alpha}_1^{\mathrm{T}}\\\boldsymbol{\alpha}_2^{\mathrm{T}}\\\vdots\\\boldsymbol{\alpha}_n^{\mathrm{T}}\end{pmatrix}(\boldsymbol{\alpha}_1,\ \boldsymbol{\alpha}_2,\ \cdots,\ \boldsymbol{\alpha}_n)=\begin{pmatrix}\boldsymbol{\alpha}_1^{\mathrm{T}}\boldsymbol{\alpha}_1&\boldsymbol{\alpha}_1^{\mathrm{T}}\boldsymbol{\alpha}_2&\cdots&\boldsymbol{\alpha}_1^{\mathrm{T}}\boldsymbol{\alpha}_n\\\boldsymbol{\alpha}_2^{\mathrm{T}}\boldsymbol{\alpha}_1&\boldsymbol{\alpha}_2^{\mathrm{T}}\boldsymbol{\alpha}_2&\cdots&\boldsymbol{\alpha}_2^{\mathrm{T}}\boldsymbol{\alpha}_n\\\vdots&\vdots&&\vdots\\\boldsymbol{\alpha}_n^{\mathrm{T}}\boldsymbol{\alpha}_1&\boldsymbol{\alpha}_n^{\mathrm{T}}\boldsymbol{\alpha}_2&\cdots&\boldsymbol{\alpha}_n^{\mathrm{T}}\boldsymbol{\alpha}_n\end{pmatrix}$$

由于 $\boldsymbol{A}^{\mathrm{T}}\boldsymbol{A}=\boldsymbol{E}$ 等价于 $\boldsymbol{\alpha}_i^{\mathrm{T}}\boldsymbol{\alpha}_i=1$，$\boldsymbol{\alpha}_i^{\mathrm{T}}\boldsymbol{\alpha}_j=0$（$i$，$j=1$，$2$，$\cdots$，$n$，且 $i\neq j$），因此，$\boldsymbol{A}$ 是正交矩阵的充分必要条件是其列向量组是标准正交向量组. 同理，对 $\boldsymbol{A}$ 按行分块，由 $\boldsymbol{A}\boldsymbol{A}^{\mathrm{T}}=\boldsymbol{E}$ 可得定理对 $\boldsymbol{A}$ 的行向量组亦成立.

定理 5.2 的结论也可以用于判断矩阵 $\boldsymbol{A}$ 是否正交矩阵.

§5.2　方阵的特征值和特征向量

矩阵的特征值问题是线性代数理论中的重要问题之一，在工程技术领域中，许多问题常可归结为求矩阵的特征值和特征向量.

5.2.1　特征值和特征向量的概念

定义 5.7　设 $\boldsymbol{A}$ 是 n 阶方阵，若存在数 λ 和 n 维非零列向量 $\boldsymbol{x}$，使得

$$\boldsymbol{A}\boldsymbol{x}=\lambda\boldsymbol{x} \tag{5-1}$$

则称 λ 为方阵 $\boldsymbol{A}$ 的特征值，称 $\boldsymbol{x}$ 为方阵 $\boldsymbol{A}$ 的对应于特征值 λ 的特征向量.

为使定义式（5-1）有意义，在讨论矩阵的特征值问题时，所给矩阵 $\boldsymbol{A}$ 必须是方阵，而且特征向量 $\boldsymbol{x}$ 必须是非零列向量.

例如，方阵 $\boldsymbol{A}=\begin{pmatrix}3&2\\1&4\end{pmatrix}$ 与非零向量 $\boldsymbol{x}=\begin{pmatrix}1\\1\end{pmatrix}$ 满足 $\begin{pmatrix}3&2\\1&4\end{pmatrix}\begin{pmatrix}1\\1\end{pmatrix}=5\begin{pmatrix}1\\1\end{pmatrix}$，则 $\lambda=5$ 是 $\boldsymbol{A}$ 的一个特征值，$\boldsymbol{x}$ 是 $\boldsymbol{A}$ 的对应于特征值 $\lambda=5$ 的特征向量. 由于

$$\begin{pmatrix}3&2\\1&4\end{pmatrix}\begin{pmatrix}k\\k\end{pmatrix}=5\begin{pmatrix}k\\k\end{pmatrix}$$

说明对于任一非零常数 k，$k\boldsymbol{x}\neq\boldsymbol{0}$ 都是对应于特征值 $\lambda=5$ 的特征向量. 综上可知，方阵 $\boldsymbol{A}$ 的对应于同一个特征值的特征向量有无穷多个.

5.2.2　特征值和特征向量的求法

给定 n 阶方阵 $\boldsymbol{A}$，为求其特征值和特征向量，可把式（5-1）改写为

$$(\boldsymbol{A}-\lambda\boldsymbol{E})\boldsymbol{x}=\boldsymbol{0} \tag{5-2}$$

这是一个系数矩阵含参数 λ 的 n 元齐次线性方程组. 根据定义 5.7，$\boldsymbol{A}$ 的特征值就是使方程组（5-2）有非零解的 λ，对应于特征值 λ 的特征向量则是方程组此时的全体非零解向量. 由定理 3.5 的推论，齐次线性方程组（5-2）有非零解的充分必要条件是

$$|\boldsymbol{A}-\lambda\boldsymbol{E}|=0 \tag{5-3}$$

由行列式的定义，$|\boldsymbol{A}-\lambda\boldsymbol{E}|$ 是 λ 的 n 次多项式，故式（5-3）是以 λ 为未知数的一元 n 次方程，矩阵 $\boldsymbol{A}$ 的特征值就是该方程的根. 根据多项式理论，在复数范围内 n 次方程必有 n 个根（重根按重数计算），因此 n 阶方阵 $\boldsymbol{A}$ 在复数范围内有 n 个特征值. $|\boldsymbol{A}-\lambda\boldsymbol{E}|$ 称为方阵 $\boldsymbol{A}$ 的特征多项式，式（5-3）称为 $\boldsymbol{A}$ 的特征方程.

综上归纳出计算 n 阶方阵 $\boldsymbol{A}$ 的特征值和特征向量的具体步骤如下：

① 计算 $\boldsymbol{A}$ 的特征多项式 $|\boldsymbol{A}-\lambda\boldsymbol{E}|$；

② 由 $|\boldsymbol{A}-\lambda\boldsymbol{E}|=0$ 求出 $\boldsymbol{A}$ 的 n 个特征值（重根按重数计算）；

③ 对每个不同的特征值 $\lambda_i(i=1,\cdots,s;\ s\leqslant n)$，分别求 $(\boldsymbol{A}-\lambda_i\boldsymbol{E})\boldsymbol{x}=\boldsymbol{0}$ 的一个基础解系 $\boldsymbol{p}_1,\boldsymbol{p}_2,\cdots,\boldsymbol{p}_{n-r_i}$，其中 $r_i=R(\boldsymbol{A}-\lambda_i\boldsymbol{E})$，则方程组的全体非零解

$$k_1\boldsymbol{p}_1+k_2\boldsymbol{p}_2+\cdots+k_{n-r_i}\boldsymbol{p}_{n-r_i}\ (k_1,k_2,\cdots,k_{n-r_i}\text{不同时为零})$$

即为对应于 λ_i 的全部特征向量.

【例 5-4】 求矩阵 $A=\begin{pmatrix}3&2\\1&4\end{pmatrix}$ 的特征值和特征向量.

【解】 A 的特征多项式为

$$|A-\lambda E|=\begin{vmatrix}3-\lambda&2\\1&4-\lambda\end{vmatrix}=(\lambda-2)(\lambda-5)$$

所以，A 的特征值为 $\lambda_1=2$，$\lambda_2=5$.

当 $\lambda_1=2$ 时，解方程组（$A-2E$）$x=0$，由

$$A-2E=\begin{pmatrix}1&2\\1&2\end{pmatrix}\xrightarrow{r}\begin{pmatrix}1&2\\0&0\end{pmatrix}$$

得 $x_1=-2x_2$，令 $x_2=1$，得基础解系 $p_1=\begin{pmatrix}-2\\1\end{pmatrix}$，所以，$k_1p_1$（$k_1\neq0$）是对应于 $\lambda_1=2$ 的全部特征向量.

当 $\lambda_2=5$ 时，解方程组（$A-5E$）$x=0$，由

$$A-5E=\begin{pmatrix}-2&2\\1&-1\end{pmatrix}\xrightarrow{r}\begin{pmatrix}1&-1\\0&0\end{pmatrix}$$

得 $x_1=x_2$，令 $x_2=1$，得基础解系 $p_2=\begin{pmatrix}1\\1\end{pmatrix}$，所以，$k_2p_2(k_2\neq0)$ 是对应于 $\lambda_2=5$ 的全部特征向量.

【例 5-5】 求矩阵 $A=\begin{pmatrix}3&0&1\\4&-1&2\\-4&0&-1\end{pmatrix}$ 的特征值和特征向量.

【解】 A 的特征多项式为

$$|A-\lambda E|=\begin{vmatrix}3-\lambda&0&1\\4&-1-\lambda&2\\-4&0&-1-\lambda\end{vmatrix}=-(\lambda+1)(\lambda-1)^2$$

所以，A 的特征值为 $\lambda_1=-1$，$\lambda_2=\lambda_3=1$.

当 $\lambda_1=-1$ 时，解方程组（$A+E)x=0$，由

$$A+E=\begin{pmatrix}4&0&1\\4&0&2\\-4&0&0\end{pmatrix}\xrightarrow{r}\begin{pmatrix}1&0&0\\0&0&1\\0&0&0\end{pmatrix}$$

得 $\begin{cases}x_1=0x_2\\x_3=0x_2\end{cases}$，令 $x_2=1$，得基础解系 $p_1=\begin{pmatrix}0\\1\\0\end{pmatrix}$，所以，$k_1p_1(k_1\neq0)$ 是对应于 $\lambda_1=-1$ 的全部特征向量 .

当 $\lambda_2=\lambda_3=1$ 时，解方程组（$A-E)x=0$，由

$$A-E=\begin{pmatrix}2&0&1\\4&-2&2\\-4&0&-2\end{pmatrix}\xrightarrow{r}\begin{pmatrix}1&0&0.5\\0&1&0\\0&0&0\end{pmatrix}$$

得$\begin{cases}x_1=-0.5x_3\\x_2=0x_3\end{cases}$，令 $x_3=1$，得基础解系 $\boldsymbol{p}_2=\begin{pmatrix}-0.5\\0\\1\end{pmatrix}$，所以，$k_2\boldsymbol{p}_2(k_2\neq0)$ 是对应于 $\lambda_2=\lambda_3=1$ 的全部特征向量.

【例 5-6】 求矩阵 $\boldsymbol{A}=\begin{pmatrix}1&2&2\\2&1&2\\2&2&1\end{pmatrix}$的特征值和特征向量.

【解】 $\boldsymbol{A}$ 的特征多项式为

$$|\boldsymbol{A}-\lambda\boldsymbol{E}|=\begin{vmatrix}1-\lambda&2&2\\2&1-\lambda&2\\2&2&1-\lambda\end{vmatrix}=-(\lambda-5)(\lambda+1)^2$$

所以，$\boldsymbol{A}$ 的特征值为 $\lambda_1=5$，$\lambda_2=\lambda_3=-1$.

当 $\lambda_1=5$ 时，解方程组 $(\boldsymbol{A}-5\boldsymbol{E})\boldsymbol{x}=\boldsymbol{0}$，由

$$\boldsymbol{A}-5\boldsymbol{E}=\begin{pmatrix}-4&2&2\\2&-4&2\\2&2&-4\end{pmatrix}\xrightarrow{r}\begin{pmatrix}1&0&-1\\0&1&-1\\0&0&0\end{pmatrix}$$

得$\begin{cases}x_1=x_3\\x_2=x_3\end{cases}$，令 $x_3=1$，得基础解系 $\boldsymbol{p}_1=(1,\ 1,\ 1)^{\mathrm{T}}$，所以，$k_1\boldsymbol{p}_1$（$k_1\neq0$）是对应于 $\lambda_1=5$ 的全部特征向量.

当 $\lambda_2=\lambda_3=-1$ 时，解方程组 $(\boldsymbol{A}+\boldsymbol{E})\boldsymbol{x}=\boldsymbol{0}$，由

$$\boldsymbol{A}+\boldsymbol{E}=\begin{pmatrix}2&2&2\\2&2&2\\2&2&2\end{pmatrix}\xrightarrow{r}\begin{pmatrix}1&1&1\\0&0&0\\0&0&0\end{pmatrix}$$

得 $x_1=-x_2-x_3$，令$\begin{pmatrix}x_2\\x_3\end{pmatrix}=\begin{pmatrix}1\\0\end{pmatrix}$，$\begin{pmatrix}0\\1\end{pmatrix}$，得基础解系 $\boldsymbol{p}_2=(-1,\ 1,\ 0)^{\mathrm{T}}$，$\boldsymbol{p}_3=(-1,\ 0,\ 1)^{\mathrm{T}}$，所以，$k_2\boldsymbol{p}_2+k_3\boldsymbol{p}_3$（$k_2$，$k_3$ 不同时为零）是对应于 $\lambda_2=\lambda_3=-1$ 的全部特征向量.

5.2.3　特征值和特征向量的性质

方阵 $\boldsymbol{A}$ 的特征值与特征多项式$|\boldsymbol{A}-\lambda\boldsymbol{E}|$的关系密切，利用行列式定义和多项式理论，可得到性质 1 的结论.

性质 1　设 n 阶方阵 $\boldsymbol{A}=(a_{ij})$的特征值为 λ_1，λ_2，…，λ_n，则

① $\lambda_1\lambda_2\cdots\lambda_n=|\boldsymbol{A}|$；

② $\lambda_1+\lambda_2+\cdots+\lambda_n=a_{11}+a_{22}+\cdots+a_{nn}$.

其中，$a_{11}+a_{22}+\cdots+a_{nn}$称为矩阵 $\boldsymbol{A}$ 的迹，记作 $\mathrm{tr}(\boldsymbol{A})$.

由性质 1 的①可知方阵 $\boldsymbol{A}$ 可逆的充分必要条件是 $\boldsymbol{A}$ 的 n 个特征值都不为零.

性质 2　方阵 $\boldsymbol{A}$ 与其转置矩阵 $\boldsymbol{A}^{\mathrm{T}}$ 有相同的特征值.

证明： 由$(\boldsymbol{A}-\lambda\boldsymbol{E})^{\mathrm{T}}=\boldsymbol{A}^{\mathrm{T}}-\lambda\boldsymbol{E}$，有

$$|\boldsymbol{A}^{\mathrm{T}}-\lambda\boldsymbol{E}|=|(\boldsymbol{A}-\lambda\boldsymbol{E})^{\mathrm{T}}|=|\boldsymbol{A}-\lambda\boldsymbol{E}|$$

即$\boldsymbol{A}$与$\boldsymbol{A}^{\mathrm{T}}$有相同的特征多项式，因此它们有相同的特征值.

性质3 若λ是方阵$\boldsymbol{A}$的特征值，则

① λ^k是$\boldsymbol{A}^k$的特征值，其中k是任意自然数；

② 若$\varphi(\lambda)=a_0+a_1\lambda+\cdots+a_m\lambda^m$是$\lambda$的多项式，$\varphi(\boldsymbol{A})=a_0+a_1\boldsymbol{A}+\cdots+a_m\boldsymbol{A}^m$是方阵$\boldsymbol{A}$的多项式，则$\varphi(\lambda)$是$\varphi(\boldsymbol{A})$的特征值；

③ 当$\boldsymbol{A}$可逆时，$\dfrac{1}{\lambda}$是$\boldsymbol{A}^{-1}$的特征值，$\dfrac{|\boldsymbol{A}|}{\lambda}$是$\boldsymbol{A}^*$的特征值.

证明： 设$\boldsymbol{x}\neq\boldsymbol{0}$是$\boldsymbol{A}$的对应于特征值$\lambda$的特征向量，即有$\boldsymbol{A}\boldsymbol{x}=\lambda\boldsymbol{x}$.

① 当$k=1$时，结论显然成立；

当$k=0$时，$\boldsymbol{A}^0\boldsymbol{x}=\boldsymbol{E}\boldsymbol{x}=\boldsymbol{x}=\lambda^0\boldsymbol{x}$，即$\lambda^0=1$是$\boldsymbol{A}^0=\boldsymbol{E}$的特征值；

当$k=2$时，$\boldsymbol{A}^2\boldsymbol{x}=\boldsymbol{A}(\boldsymbol{A}\boldsymbol{x})=\boldsymbol{A}(\lambda\boldsymbol{x})=\lambda(\boldsymbol{A}\boldsymbol{x})=\lambda^2\boldsymbol{x}$，即$\lambda^2$是$\boldsymbol{A}^2$的特征值；

假设当取$k-1$时结论成立，即$\boldsymbol{A}^{k-1}\boldsymbol{x}=\lambda^{k-1}\boldsymbol{x}$，当取$k$时

$$\boldsymbol{A}^k\boldsymbol{x}=\boldsymbol{A}(\boldsymbol{A}^{k-1}\boldsymbol{x})=\boldsymbol{A}(\lambda^{k-1}\boldsymbol{x})=\lambda^{k-1}(\boldsymbol{A}\boldsymbol{x})=\lambda^k\boldsymbol{x}$$

由归纳法知λ^k是$\boldsymbol{A}^k$的特征值.

② 由矩阵运算性质得

$$\begin{aligned}\varphi(\boldsymbol{A})\boldsymbol{x}&=(a_0+a_1\boldsymbol{A}+\cdots+a_m\boldsymbol{A}^m)\boldsymbol{x}=a_0\boldsymbol{x}+a_1\boldsymbol{A}\boldsymbol{x}+\cdots+a_m\boldsymbol{A}^m\boldsymbol{x}\\&=a_0\boldsymbol{x}+a_1\lambda\boldsymbol{x}+\cdots+a_m\lambda^m\boldsymbol{x}=(a_0+a_1\lambda+\cdots+a_m\lambda^m)\boldsymbol{x}=\varphi(\lambda)\boldsymbol{x}\end{aligned}$$

故$\varphi(\lambda)$是$\varphi(\boldsymbol{A})$的特征值.

③ 当$\boldsymbol{A}$可逆时，$\boldsymbol{A}^{-1}$存在，且特征值$\lambda\neq0$. 由$\boldsymbol{A}\boldsymbol{x}=\lambda\boldsymbol{x}$可得$\boldsymbol{x}=\lambda\boldsymbol{A}^{-1}\boldsymbol{x}$，即$\boldsymbol{A}^{-1}\boldsymbol{x}=\dfrac{1}{\lambda}\boldsymbol{x}$，故$\dfrac{1}{\lambda}$是$\boldsymbol{A}^{-1}$的特征值.

由$\boldsymbol{A}\boldsymbol{A}^*=|\boldsymbol{A}|\boldsymbol{E}$可得$\boldsymbol{A}^*=|\boldsymbol{A}|\boldsymbol{A}^{-1}$，即$\boldsymbol{A}^*\boldsymbol{x}=|\boldsymbol{A}|\boldsymbol{A}^{-1}\boldsymbol{x}=\dfrac{|\boldsymbol{A}|}{\lambda}\boldsymbol{x}$，结论得证.

【例5-7】 若3阶矩阵$\boldsymbol{A}$的特征值为1，-1，2，求$\boldsymbol{A}^2-2\boldsymbol{E}$的特征值及$|\boldsymbol{A}^{-1}-\boldsymbol{A}^*|$.

【解】 设λ是$\boldsymbol{A}$的特征值，令$\varphi(\boldsymbol{A})=\boldsymbol{A}^2-2\boldsymbol{E}$，则$\varphi(\lambda)=\lambda^2-2$是$\varphi(\boldsymbol{A})$的特征值. 由$\boldsymbol{A}$的特征值为1，-1，2，得$\varphi(\boldsymbol{A})$的特征值是$\varphi(1)=-1$，$\varphi(-1)=-1$，$\varphi(2)=2$.

由$\boldsymbol{A}$的特征值得$|\boldsymbol{A}|=1\times(-1)\times2=-2\neq0$，则$\boldsymbol{A}$可逆，且$\boldsymbol{A}^*=|\boldsymbol{A}|\boldsymbol{A}^{-1}=-2\boldsymbol{A}^{-1}$，从而$|\boldsymbol{A}^{-1}-\boldsymbol{A}^*|=|\boldsymbol{A}^{-1}+2\boldsymbol{A}^{-1}|=|3\boldsymbol{A}^{-1}|=3^3\ |\boldsymbol{A}|^{-1}=-\dfrac{27}{2}$.

方阵的特征向量也有一些重要的性质.

定理5.3 设λ_1，λ_2，…，λ_m是方阵$\boldsymbol{A}$的m个互不相等的特征值，$\boldsymbol{p}_1$，$\boldsymbol{p}_2$，…，$\boldsymbol{p}_m$是依次与之对应的特征向量，则$\boldsymbol{p}_1$，$\boldsymbol{p}_2$，…，$\boldsymbol{p}_m$线性无关.

证明： 假设存在一组数k_1，k_2，…，k_m使得

$$k_1\boldsymbol{p}_1+k_2\boldsymbol{p}_2+\cdots+k_m\boldsymbol{p}_m=\boldsymbol{0}$$

用$\boldsymbol{A}$左乘上式两端，再由$\boldsymbol{A}\boldsymbol{p}_i=\lambda_i\boldsymbol{p}_i(i=1,\ 2,\ \cdots,\ m)$，得

$$k_1\lambda_1\boldsymbol{p}_1+k_2\lambda_2\boldsymbol{p}_2+\cdots+k_m\lambda_m\boldsymbol{p}_m=\boldsymbol{0}$$

再用$\boldsymbol{A}$左乘上式两端，可得$k_1\lambda_1^2\boldsymbol{p}_1+k_2\lambda_2^2\boldsymbol{p}_2+\cdots+k_m\lambda_m^2\boldsymbol{p}_m=\boldsymbol{0}$，依次类推有

$$k_1\lambda_1^j\boldsymbol{p}_1+k_2\lambda_2^j\boldsymbol{p}_2+\cdots+k_m\lambda_m^j\boldsymbol{p}_m=\boldsymbol{0}\ \ (j=0,\ 1,\ 2,\ \cdots,\ m-1)$$

将 m 个式子合写成矩阵形式，有

$$(k_1\boldsymbol{p}_1, k_2\boldsymbol{p}_2, \cdots, k_m\boldsymbol{p}_m)\begin{pmatrix} 1 & \lambda_1 & \cdots & \lambda_1^{m-1} \\ 1 & \lambda_2 & \cdots & \lambda_2^{m-1} \\ \vdots & \vdots & & \vdots \\ 1 & \lambda_m & \cdots & \lambda_m^{m-1} \end{pmatrix} = (\boldsymbol{0}, \boldsymbol{0}, \cdots, \boldsymbol{0})$$

记作 $\boldsymbol{PV}=\boldsymbol{0}_{n\times m}$，其中 $|\boldsymbol{V}^{\mathrm{T}}|$ 是范德蒙德行列式，由 λ_1，λ_2，…，λ_m 互不相等知 $|\boldsymbol{V}^{\mathrm{T}}|\neq 0$，故 $\boldsymbol{V}$ 可逆，从而有 $\boldsymbol{P}=\boldsymbol{0}_{n\times m}$，即 $k_i\boldsymbol{p}_i=\boldsymbol{0}$ $(i=1, 2, \cdots, m)$，但特征向量 $\boldsymbol{p}_i\neq\boldsymbol{0}$，于是只能 $k_1=k_2=\cdots=k_m=0$，因此 $\boldsymbol{p}_1$，$\boldsymbol{p}_2$，…，$\boldsymbol{p}_m$ 线性无关.

推论　设 λ_1，λ_2 是方阵 $\boldsymbol{A}$ 的两个不同特征值，$\boldsymbol{\xi}_1$，$\boldsymbol{\xi}_2$，…，$\boldsymbol{\xi}_s$ 和 $\boldsymbol{\eta}_1$，$\boldsymbol{\eta}_2$，…，$\boldsymbol{\eta}_t$ 分别是对应于 λ_1 和 λ_2 的线性无关的特征向量，则 $\boldsymbol{\xi}_1$，$\boldsymbol{\xi}_2$，…，$\boldsymbol{\xi}_s$，$\boldsymbol{\eta}_1$，$\boldsymbol{\eta}_2$，…，$\boldsymbol{\eta}_t$ 也线性无关.

推论说明，对于给定的方阵 $\boldsymbol{A}$，求出它的属于每个不同特征值的线性无关特征向量，把它们合在一起仍然线性无关.

【例 5-8】　设 λ_1，λ_2 是方阵 $\boldsymbol{A}$ 的两个不同特征值，$\boldsymbol{p}_1$，$\boldsymbol{p}_2$ 是分别对应于 λ_1 和 λ_2 的的特征向量，试证 $\boldsymbol{p}_1+\boldsymbol{p}_2$ 不是 $\boldsymbol{A}$ 的特征向量.

证明： 假设 $\boldsymbol{p}_1+\boldsymbol{p}_2$ 是 $\boldsymbol{A}$ 的特征向量，则存在特征值 λ，使得

$$\boldsymbol{A}(\boldsymbol{p}_1+\boldsymbol{p}_2)=\lambda(\boldsymbol{p}_1+\boldsymbol{p}_2)=\lambda\boldsymbol{p}_1+\lambda\boldsymbol{p}_2$$

已知 $\boldsymbol{A}\boldsymbol{p}_1=\lambda_1\boldsymbol{p}_1$，$\boldsymbol{A}\boldsymbol{p}_2=\lambda_2\boldsymbol{p}_2$，则有 $\lambda_1\boldsymbol{p}_1+\lambda_2\boldsymbol{p}_2=\lambda\boldsymbol{p}_1+\lambda\boldsymbol{p}_2$，即

$$(\lambda_1-\lambda)\boldsymbol{p}_1+(\lambda_2-\lambda)\boldsymbol{p}_2=\boldsymbol{0}$$

由 $\lambda_1\neq\lambda_2$ 知 $\boldsymbol{p}_1$，$\boldsymbol{p}_2$ 线性无关，故 $\lambda_1-\lambda=\lambda_2-\lambda=0$，得 $\lambda_1=\lambda_2$，与已知 $\lambda_1\neq\lambda_2$ 矛盾，因此 $\boldsymbol{p}_1+\boldsymbol{p}_2$ 不是 $\boldsymbol{A}$ 的特征向量.

§ 5.3　相似矩阵与矩阵对角化

矩阵的相似对角化是矩阵理论的一个重要组成部分，它与矩阵的特征值问题有着密切的联系，在研究二次型的标准形时也有主要的应用.

5.3.1　相似矩阵

定义 5.8　设 $\boldsymbol{A}$ 与 $\boldsymbol{B}$ 都是 n 阶方阵，若存在一个可逆矩阵 $\boldsymbol{P}$，使得 $\boldsymbol{P}^{-1}\boldsymbol{AP}=\boldsymbol{B}$，则称 $\boldsymbol{A}$ 与 $\boldsymbol{B}$ 相似，称 $\boldsymbol{B}$ 是 $\boldsymbol{A}$ 的相似矩阵.

例如，方阵 $\boldsymbol{A}=\begin{pmatrix} 1 & 1 \\ 0 & 1 \end{pmatrix}$ 与 $\boldsymbol{B}=\begin{pmatrix} 2 & 1 \\ -1 & 0 \end{pmatrix}$，取 $\boldsymbol{P}=\begin{pmatrix} 2 & 1 \\ 1 & 1 \end{pmatrix}$，则 $\boldsymbol{P}^{-1}=\begin{pmatrix} 1 & -1 \\ -1 & 2 \end{pmatrix}$，有

$$\boldsymbol{P}^{-1}\boldsymbol{AP}=\begin{pmatrix} 1 & -1 \\ -1 & 2 \end{pmatrix}\begin{pmatrix} 1 & 1 \\ 0 & 1 \end{pmatrix}\begin{pmatrix} 2 & 1 \\ 1 & 1 \end{pmatrix}=\begin{pmatrix} 2 & 1 \\ -1 & 0 \end{pmatrix}=\boldsymbol{B}$$

所以，$\boldsymbol{A}$ 与 $\boldsymbol{B}$ 相似. 显然 $\boldsymbol{A}=\boldsymbol{PBP}^{-1}=(\boldsymbol{P}^{-1})^{-1}\boldsymbol{B}(\boldsymbol{P}^{-1})$，即 $\boldsymbol{A}$ 也是 $\boldsymbol{B}$ 的相似矩阵.

由定义易证，方阵 $\boldsymbol{A}$ 与自身相似（反身性）；若 $\boldsymbol{A}$ 与 $\boldsymbol{B}$ 相似，则 $\boldsymbol{B}$ 与 $\boldsymbol{A}$ 相似（对称性）；若 $\boldsymbol{A}$ 与 $\boldsymbol{B}$ 相似，$\boldsymbol{B}$ 与 $\boldsymbol{C}$ 相似，则 $\boldsymbol{A}$ 与 $\boldsymbol{C}$ 相似（传递性）. 此外，相似矩阵还具有以下性质：

① 相似矩阵的行列式相等；

② 相似矩阵有相同的秩；

③ 相似矩阵有相同的可逆性；

④ 相似矩阵具有相同的特征值.

证明：设 n 阶方阵 $\boldsymbol{A}$ 与 $\boldsymbol{B}$ 相似，则存在可逆矩阵 $\boldsymbol{P}$，使得 $\boldsymbol{P}^{-1}\boldsymbol{AP}=\boldsymbol{B}$.

① 由 $\boldsymbol{P}^{-1}\boldsymbol{AP}=\boldsymbol{B}$，可得 $|\boldsymbol{B}|=|\boldsymbol{P}^{-1}\boldsymbol{AP}|=|\boldsymbol{P}^{-1}||\boldsymbol{A}||\boldsymbol{P}|=|\boldsymbol{P}|^{-1}|\boldsymbol{A}||\boldsymbol{P}|=|\boldsymbol{A}|$.

② 由矩阵乘可逆矩阵后秩不变，可得 $R(\boldsymbol{B})=R(\boldsymbol{P}^{-1}\boldsymbol{AP})=R(\boldsymbol{A})$.

③ 因矩阵的可逆性由矩阵的行列式是否为零所决定，故由性质①可得相似矩阵有相同的可逆性.

④ 因
$$\begin{aligned}|\boldsymbol{B}-\lambda\boldsymbol{E}|&=|\boldsymbol{P}^{-1}\boldsymbol{AP}-\lambda\boldsymbol{E}|=|\boldsymbol{P}^{-1}\boldsymbol{AP}-\boldsymbol{P}^{-1}(\lambda\boldsymbol{E})\boldsymbol{P}|=|\boldsymbol{P}^{-1}(\boldsymbol{A}-\lambda\boldsymbol{E})\boldsymbol{P}|\\&=|\boldsymbol{P}^{-1}||\boldsymbol{A}-\lambda\boldsymbol{E}||\boldsymbol{P}|=|\boldsymbol{A}-\lambda\boldsymbol{E}|\end{aligned}$$
故相似矩阵有相同的特征多项式，从而具有相同的特征值.

【例 5-9】 若 $\boldsymbol{A}=\begin{pmatrix}2&0&0\\0&0&1\\0&1&x\end{pmatrix}$ 与 $\boldsymbol{B}=\begin{pmatrix}2&0&0\\0&y&0\\0&0&-1\end{pmatrix}$ 相似，则 $x=$________，$y=$________.

分析：因 $\boldsymbol{B}$ 是对角矩阵，易得其特征值为 2，y，-1，由 $\boldsymbol{A}$ 与 $\boldsymbol{B}$ 相似，故 $\boldsymbol{A}$ 的特征值也为 2，y，-1，由特征值的性质
$$\begin{cases}2+y+(-1)=2+0+x\\-2y=|\boldsymbol{A}|=-2\end{cases}$$
可得 $x=0$，$y=1$.

上例为性质④的特殊情况：若 n 阶方阵 $\boldsymbol{A}$ 与对角矩阵 $\boldsymbol{\Lambda}=\mathrm{diag}(\lambda_1,\lambda_2,\cdots,\lambda_n)$ 相似，则 λ_1，λ_2，…，λ_n 是 $\boldsymbol{A}$ 的 n 个特征值.

5.3.2 矩阵对角化

给定方阵 $\boldsymbol{A}$，若选择不同的可逆矩阵 $\boldsymbol{P}$，会得到不同的矩阵 $\boldsymbol{P}^{-1}\boldsymbol{AP}=\boldsymbol{B}$，因此与 $\boldsymbol{A}$ 相似的矩阵有很多. 由于对角矩阵的形式简单且具有良好的运算性质，所以下面主要讨论方阵的对角化问题：对 n 阶方阵 $\boldsymbol{A}$，寻求可逆矩阵 $\boldsymbol{P}$ 使得 $\boldsymbol{P}^{-1}\boldsymbol{AP}$ 为对角矩阵. 若方阵 $\boldsymbol{A}$ 能与对角矩阵相似，则称 $\boldsymbol{A}$ 可（相似）对角化.

假设 n 阶方阵 $\boldsymbol{A}$ 可对角化，则存在可逆矩阵 $\boldsymbol{P}$ 使得
$$\boldsymbol{P}^{-1}\boldsymbol{AP}=\boldsymbol{\Lambda}=\mathrm{diag}(\lambda_1,\lambda_2,\cdots,\lambda_n)$$
把 $\boldsymbol{P}$ 用其列向量表示为 $\boldsymbol{P}=(\boldsymbol{p}_1,\boldsymbol{p}_2,\cdots,\boldsymbol{p}_n)$，由 $\boldsymbol{P}^{-1}\boldsymbol{AP}=\boldsymbol{\Lambda}$ 得 $\boldsymbol{AP}=\boldsymbol{P\Lambda}$，即
$$\begin{aligned}\boldsymbol{A}(\boldsymbol{p}_1,\boldsymbol{p}_2,\cdots,\boldsymbol{p}_n)&=(\boldsymbol{p}_1,\boldsymbol{p}_2,\cdots,\boldsymbol{p}_n)\begin{pmatrix}\lambda_1&0&\cdots&0\\0&\lambda_2&\cdots&0\\\vdots&\vdots&\ddots&\vdots\\0&0&\cdots&\lambda_n\end{pmatrix}\\&=(\lambda_1\boldsymbol{p}_1,\lambda_2\boldsymbol{p}_2,\cdots,\lambda_n\boldsymbol{p}_n)\end{aligned}$$
于是有 $\boldsymbol{Ap}_i=\lambda_i\boldsymbol{p}_i$（$i=1,2,\cdots,n$），可见 λ_1，λ_2，…，λ_n 是 $\boldsymbol{A}$ 的 n 个特征值，而 $\boldsymbol{p}_i$ 是对应于 λ_i 的特征向量. 因 $\boldsymbol{P}$ 是可逆矩阵，故 $\boldsymbol{p}_1$，$\boldsymbol{p}_2$，…，$\boldsymbol{p}_n$ 线性无关. 由于上述推导过程可

以反推回去，因此关于矩阵 $\boldsymbol{A}$ 的对角化有以下结论：

定理 5.4　设 $\boldsymbol{A}$ 是 n 阶方阵，则 $\boldsymbol{A}$ 可对角化的充分必要条件是 $\boldsymbol{A}$ 有 n 个线性无关的特征向量.

结合定理 5.3 可得下述推论.

推论　若 n 阶方阵 $\boldsymbol{A}$ 的 n 个特征值互不相同，则 $\boldsymbol{A}$ 与对角矩阵相似.

需要注意的是，并不是所有方阵都可对角化. 当 $\boldsymbol{A}$ 的特征方程有重根时，由定理 5.3 的推论，若 $\boldsymbol{A}$ 的全体不同特征值对应的线性无关特征向量的总数是 n，则 $\boldsymbol{A}$ 可对角化，否则不能对角化. 例如，例 5-5 中 $\boldsymbol{A}$ 的特征方程有重根，只有 2 个线性无关的特征向量，所以 $\boldsymbol{A}$ 不能对角化；而例 5-6 中 $\boldsymbol{A}$ 的特征方程虽然有重根，但却有 3 个线性无关的特征向量，从而可对角化.

【例 5-10】　设 $\boldsymbol{A}=\begin{pmatrix}-2 & t & 1\\ 0 & 2 & 0\\ -4 & 1 & 3\end{pmatrix}$，当 t 为何值时矩阵 $\boldsymbol{A}$ 可对角化？此时，求出可逆矩阵 $\boldsymbol{P}$ 和对角矩阵 $\boldsymbol{\Lambda}$，使 $\boldsymbol{P}^{-1}\boldsymbol{AP}=\boldsymbol{\Lambda}$.

【解】　由 $|\boldsymbol{A}-\lambda\boldsymbol{E}|=\begin{vmatrix}-2-\lambda & t & 1\\ 0 & 2-\lambda & 0\\ -4 & 1 & 3-\lambda\end{vmatrix}=-(\lambda+1)(\lambda-2)^2$，得矩阵 $\boldsymbol{A}$ 的特征值为 $\lambda_1=-1$，$\lambda_2=\lambda_3=2$.

当 $\lambda_1=-1$ 时，解方程组 $(\boldsymbol{A}+\boldsymbol{E})\boldsymbol{x}=\boldsymbol{0}$，由

$$\boldsymbol{A}+\boldsymbol{E}=\begin{pmatrix}-1 & t & 1\\ 0 & 3 & 0\\ -4 & 1 & 4\end{pmatrix}\xrightarrow{r}\begin{pmatrix}1 & 0 & -1\\ 0 & 1 & 0\\ 0 & 0 & 0\end{pmatrix}$$

得 $\begin{cases}x_1=x_3\\ x_2=0x_3\end{cases}$，令 $x_3=1$，得对应的特征向量 $\boldsymbol{p}_1=\begin{pmatrix}1\\ 0\\ 1\end{pmatrix}$.

若 $\boldsymbol{A}$ 可对角化，由对应于单根 $\lambda_1=-1$ 的线性无关的特征向量恰有 1 个，知对应于二重根 $\lambda_2=\lambda_3=2$ 的线性无关的特征向量必有 2 个. 即 $(\boldsymbol{A}-2\boldsymbol{E})\boldsymbol{x}=\boldsymbol{0}$ 的基础解系中所含向量个数应为 2，则 $3-R(\boldsymbol{A}-2\boldsymbol{E})=2$. 因

$$\boldsymbol{A}-2\boldsymbol{E}=\begin{pmatrix}-4 & t & 1\\ 0 & 0 & 0\\ -4 & 1 & 1\end{pmatrix}\xrightarrow{r}\begin{pmatrix}-4 & t & 1\\ 0 & 1-t & 0\\ 0 & 0 & 0\end{pmatrix}$$

由 $R(\boldsymbol{A}-2\boldsymbol{E})=1$，得 $1-t=0$，即 $t=1$ 时，矩阵 $\boldsymbol{A}$ 可对角化. 此时

$$\boldsymbol{A}-2\boldsymbol{E}\xrightarrow{r}\begin{pmatrix}-4 & 1 & 1\\ 0 & 0 & 0\\ 0 & 0 & 0\end{pmatrix}$$

得 $x_2=4x_1-x_3$，令 $\begin{pmatrix}x_1\\ x_3\end{pmatrix}=\begin{pmatrix}1\\ 0\end{pmatrix}$，$\begin{pmatrix}0\\ 1\end{pmatrix}$，得线性无关的特征向量 $\boldsymbol{p}_2=\begin{pmatrix}1\\ 4\\ 0\end{pmatrix}$，$\boldsymbol{p}_3=\begin{pmatrix}0\\ -1\\ 1\end{pmatrix}$.

综上，记 $\boldsymbol{P}=(\boldsymbol{p}_1, \boldsymbol{p}_2, \boldsymbol{p}_3)=\begin{pmatrix}1 & 1 & 0\\ 0 & 4 & -1\\ 1 & 0 & 1\end{pmatrix}$，$\boldsymbol{\Lambda}=\begin{pmatrix}-1 & 0 & 0\\ 0 & 2 & 0\\ 0 & 0 & 2\end{pmatrix}$，则有 $\boldsymbol{P}^{-1}\boldsymbol{AP}=\boldsymbol{\Lambda}$.

5.3.3 实对称矩阵的对角化

虽然不是任何方阵都可对角化，但是实对称矩阵一定能与对角矩阵相似，而且对于任一个实对称矩阵 $\boldsymbol{A}$，都存在正交矩阵 $\boldsymbol{Q}$，使 $\boldsymbol{Q}^{-1}\boldsymbol{AQ}$ 为对角矩阵. 下面不加证明地给出相应结论.

定理 5.5 实对称矩阵的特征值都是实数.

当特征值 λ_i 为实数时，齐次线性方程组 $(\boldsymbol{A}-\lambda_i\boldsymbol{E})\boldsymbol{x}=\boldsymbol{0}$ 是实系数方程组，从而对应的特征向量必可取到实向量.

定理 5.6 设 λ_1，λ_2 是实对称矩阵的两个特征值，$\boldsymbol{p}_1$，$\boldsymbol{p}_2$ 是对应的特征向量，若 $\lambda_1 \neq \lambda_2$，则 $\boldsymbol{p}_1$ 与 $\boldsymbol{p}_2$ 正交.

定理 5.7 设 $\boldsymbol{A}$ 为 n 阶实对称矩阵，λ 是 $\boldsymbol{A}$ 的 k 重特征值，则 $R(\boldsymbol{A}-\lambda\boldsymbol{E})=n-k$，即对应 k 重特征值 λ 恰有 k 个线性无关的特征向量.

定理 5.8 设 $\boldsymbol{A}$ 为 n 阶实对称矩阵，则必有正交矩阵 $\boldsymbol{Q}$，使 $\boldsymbol{Q}^{-1}\boldsymbol{AQ}=\boldsymbol{\Lambda}$，其中，$\boldsymbol{\Lambda}$ 是以 $\boldsymbol{A}$ 的 n 个特征值为对角元素的对角矩阵.

对于实对称矩阵 $\boldsymbol{A}$，可按下述步骤求出正交矩阵 $\boldsymbol{Q}$，使 $\boldsymbol{Q}^{-1}\boldsymbol{AQ}$ 为对角矩阵：

① 求出 $\boldsymbol{A}$ 的所有不同特征值 λ_1，λ_2，…，λ_s，它们的重数依次是 k_1，k_2，…，k_s，且 $k_1+k_2+\cdots+k_s=n$，其中 $s\leqslant n$；

② 对每个不同的特征值 $\lambda_i(i=1, \cdots, s)$，求齐次线性方程组 $(\boldsymbol{A}-\lambda_i\boldsymbol{E})\boldsymbol{x}=\boldsymbol{0}$ 的基础解系，得到 k_i 个线性无关的特征向量，再把它们正交规范化，得 k_i 个两两正交的单位特征向量；

③ 因 $k_1+k_2+\cdots+k_s=n$，故总共得到 n 个两两正交的单位特征向量，把它们按列构成正交矩阵 $\boldsymbol{Q}$，便有 $\boldsymbol{Q}^{-1}\boldsymbol{AQ}=\boldsymbol{\Lambda}$，其中 $\boldsymbol{\Lambda}$ 中对角元素的排列次序与 $\boldsymbol{Q}$ 中列向量的排列次序相对应.

【例 5-11】 设 $\boldsymbol{A}=\begin{pmatrix}1 & 2 & 2\\ 2 & -2 & -4\\ 2 & -4 & -2\end{pmatrix}$，求一个正交矩阵 $\boldsymbol{Q}$，使 $\boldsymbol{Q}^{-1}\boldsymbol{AQ}$ 为对角矩阵.

【解】 由

$$|\boldsymbol{A}-\lambda\boldsymbol{E}|=\begin{vmatrix}1-\lambda & 2 & 2\\ 2 & -2-\lambda & -4\\ 2 & -4 & -2-\lambda\end{vmatrix}\xlongequal{r_3-r_2}\begin{vmatrix}1-\lambda & 2 & 2\\ 2 & -2-\lambda & -4\\ 0 & -2+\lambda & 2-\lambda\end{vmatrix}$$

$$\xlongequal{c_2+c_3}\begin{vmatrix}1-\lambda & 4 & 2\\ 2 & -6-\lambda & -4\\ 0 & 0 & 2-\lambda\end{vmatrix}=-(\lambda+7)(\lambda-2)^2$$

得 $\boldsymbol{A}$ 的特征值为 $\lambda_1=-7$，$\lambda_2=\lambda_3=2$.

当 $\lambda_1=-7$ 时，解方程组 $(\boldsymbol{A}+7\boldsymbol{E})\boldsymbol{x}=\boldsymbol{0}$，由

$$\boldsymbol{A}+7\boldsymbol{E}=\begin{pmatrix}8&2&2\\2&5&-4\\2&-4&5\end{pmatrix}\xrightarrow{r}\begin{pmatrix}1&0&1/2\\0&1&-1\\0&0&0\end{pmatrix}$$

得基础解系 $\boldsymbol{\alpha}_1=\begin{pmatrix}-1/2\\1\\1\end{pmatrix}$，将其单位化得 $\boldsymbol{\gamma}_1=\begin{pmatrix}-1/3\\2/3\\2/3\end{pmatrix}$.

当 $\lambda_2=\lambda_3=2$ 时，解方程组（$\boldsymbol{A}-2\boldsymbol{E}$）$\boldsymbol{x}=\boldsymbol{0}$，由

$$\boldsymbol{A}-2\boldsymbol{E}=\begin{pmatrix}-1&2&2\\2&-4&-4\\2&-4&-4\end{pmatrix}\xrightarrow{r}\begin{pmatrix}1&-2&-2\\0&0&0\\0&0&0\end{pmatrix}$$

得基础解系 $\boldsymbol{\alpha}_2=\begin{pmatrix}2\\1\\0\end{pmatrix}$，$\boldsymbol{\alpha}_3=\begin{pmatrix}2\\0\\1\end{pmatrix}$. 先正交化，令：

$$\boldsymbol{\beta}_2=\boldsymbol{\alpha}_2=\begin{pmatrix}2\\1\\0\end{pmatrix},\ \boldsymbol{\beta}_3=\boldsymbol{\alpha}_3-\frac{(\boldsymbol{\beta}_2,\ \boldsymbol{\alpha}_3)}{(\boldsymbol{\beta}_2,\ \boldsymbol{\beta}_2)}\boldsymbol{\beta}_2=\begin{pmatrix}2\\0\\1\end{pmatrix}-\frac{4}{5}\begin{pmatrix}2\\1\\0\end{pmatrix}=\begin{pmatrix}2/5\\-4/5\\1\end{pmatrix}$$

再单位化，得 $\boldsymbol{\gamma}_2=\begin{pmatrix}2\sqrt{5}/5\\\sqrt{5}/5\\0\end{pmatrix}$，$\boldsymbol{\gamma}_3=\begin{pmatrix}2\sqrt{5}/15\\-4\sqrt{5}/15\\\sqrt{5}/3\end{pmatrix}$.

将 $\boldsymbol{\gamma}_1$，$\boldsymbol{\gamma}_2$，$\boldsymbol{\gamma}_3$ 构成正交矩阵

$$\boldsymbol{Q}=(\boldsymbol{\gamma}_1,\ \boldsymbol{\gamma}_2,\ \boldsymbol{\gamma}_3)=\begin{pmatrix}-1/3&2\sqrt{5}/5&2\sqrt{5}/15\\2/3&\sqrt{5}/5&-4\sqrt{5}/15\\2/3&0&\sqrt{5}/3\end{pmatrix}$$

则有 $\boldsymbol{Q}^{-1}\boldsymbol{A}\boldsymbol{Q}=\begin{pmatrix}-7&0&0\\0&2&0\\0&0&2\end{pmatrix}$.

【例 5-12】　设 $\boldsymbol{A}=\begin{pmatrix}1&-1\\-1&1\end{pmatrix}$，求 $\boldsymbol{A}^n$.

【解】　因 $\boldsymbol{A}$ 是实对称矩阵，故 $\boldsymbol{A}$ 可对角化，即有可逆矩阵 $\boldsymbol{P}$ 及对角矩阵 $\boldsymbol{\Lambda}$，使 $\boldsymbol{P}^{-1}\boldsymbol{A}\boldsymbol{P}=\boldsymbol{\Lambda}$. 于是 $\boldsymbol{A}=\boldsymbol{P}\boldsymbol{\Lambda}\boldsymbol{P}^{-1}$，从而 $\boldsymbol{A}^n=\boldsymbol{P}\boldsymbol{\Lambda}\boldsymbol{P}^{-1}\boldsymbol{P}\boldsymbol{\Lambda}\boldsymbol{P}^{-1}\cdots\boldsymbol{P}\boldsymbol{\Lambda}\boldsymbol{P}^{-1}=\boldsymbol{P}\boldsymbol{\Lambda}^n\boldsymbol{P}^{-1}$. 由

$$|\boldsymbol{A}-\lambda\boldsymbol{E}|=\begin{vmatrix}1-\lambda&-1\\-1&1-\lambda\end{vmatrix}=\lambda(\lambda-2)$$

得 $\boldsymbol{A}$ 的特征值为 $\lambda_1=0$，$\lambda_2=2$. 于是 $\boldsymbol{\Lambda}=\begin{pmatrix}0&0\\0&2\end{pmatrix}$，$\boldsymbol{\Lambda}^n=\begin{pmatrix}0&0\\0&2^n\end{pmatrix}$.

对应 $\lambda_1=0$，由 $\boldsymbol{A}-0\boldsymbol{E}=\begin{pmatrix}1&-1\\-1&1\end{pmatrix}\xrightarrow{r}\begin{pmatrix}1&-1\\0&0\end{pmatrix}$，得 $\boldsymbol{p}_1=\begin{pmatrix}1\\1\end{pmatrix}$；

对应 $\lambda_2=2$，由 $\boldsymbol{A}-2\boldsymbol{E}=\begin{pmatrix}-1&-1\\-1&-1\end{pmatrix}\xrightarrow{r}\begin{pmatrix}1&1\\0&0\end{pmatrix}$，得 $\boldsymbol{p}_2=\begin{pmatrix}1\\-1\end{pmatrix}$.

令 $\boldsymbol{P}=(\boldsymbol{p}_1,\boldsymbol{p}_2)=\begin{pmatrix}1 & 1\\1 & -1\end{pmatrix}$，求出 $\boldsymbol{P}^{-1}=\frac{1}{2}\begin{pmatrix}1 & 1\\1 & -1\end{pmatrix}$，从而

$$\boldsymbol{A}^n=\boldsymbol{P}\boldsymbol{\Lambda}^n\boldsymbol{P}^{-1}=\frac{1}{2}\begin{pmatrix}1 & 1\\1 & -1\end{pmatrix}\begin{pmatrix}0 & 0\\0 & 2^n\end{pmatrix}\begin{pmatrix}1 & 1\\1 & -1\end{pmatrix}=\frac{1}{2}\begin{pmatrix}2^n & -2^n\\-2^n & 2^n\end{pmatrix}$$

§5.4 二 次 型

在实际问题中，当线性模型不能很好地反映客观现象时，就要考虑非线性模型，其中最简单的就是二次型. 二次型的理论起源于二次曲线的化简问题，它在物理、几何、数理统计、现代控制理论、经济管理等学科中已得到广泛应用.

5.4.1 二次型及其矩阵表示

定义 5.9 含有 n 个变量 x_1，x_2，…，x_n 的二次齐次函数

$$\begin{aligned}f(x_1,x_2,\cdots,x_n)=a_{11}x_1^2&+2a_{12}x_1x_2+2a_{13}x_1x_3+\cdots+2a_{1n}x_1x_n+\\&a_{22}x_2^2+2a_{23}x_2x_3+\cdots+2a_{2n}x_2x_n+\\&\cdots+\\&a_{nn}x_n^2\end{aligned}\tag{5-4}$$

称为 n 元二次型，简称二次型. 当 a_{ij} 为复数时，f 称为复二次型；当 a_{ij} 为实数时，f 称为实二次型. 本节仅讨论实二次型.

若令 $a_{ij}=a_{ji}$，则 $2a_{ij}x_ix_j=a_{ij}x_ix_j+a_{ji}x_jx_i$，式（5-4）可写为

$$\begin{aligned}f(x_1,x_2,\cdots,x_n)=&a_{11}x_1^2+a_{12}x_1x_2+a_{13}x_1x_3+\cdots+a_{1n}x_1x_n+\\&a_{21}x_2x_1+a_{22}x_2^2+a_{23}x_2x_3+\cdots+a_{2n}x_2x_n+\\&\cdots+\\&a_{n1}x_nx_1+a_{n2}x_nx_2+a_{n3}x_nx_3+\cdots+a_{nn}x_n^2\end{aligned}\tag{5-5}$$

利用矩阵乘法可把二次型（5-5）表示为矩阵形式. 令：

$$\boldsymbol{A}=\begin{pmatrix}a_{11} & a_{12} & \cdots & a_{1n}\\a_{21} & a_{22} & \cdots & a_{2n}\\\vdots & \vdots & & \vdots\\a_{n1} & a_{n2} & \cdots & a_{nn}\end{pmatrix},\quad \boldsymbol{x}=\begin{pmatrix}x_1\\x_2\\\vdots\\x_n\end{pmatrix}$$

则二次型的矩阵表示式为

$$f(x_1,x_2,\cdots,x_n)=\boldsymbol{x}^{\mathrm{T}}\boldsymbol{A}\boldsymbol{x}$$

其中，$\boldsymbol{A}$ 为对称矩阵. 由此可见，二次型与对称矩阵之间存在一一对应的关系. 对称矩阵 $\boldsymbol{A}$ 称为二次型 f 的矩阵，f 称为对称矩阵 $\boldsymbol{A}$ 的二次型，对称矩阵 $\boldsymbol{A}$ 的秩称为二次型 f 的秩.

【例 5-13】 写出二次型 $f(x_1,x_2,x_3)=x_1^2-3x_2^2-2x_1x_2+16x_1x_3+4x_2x_3$ 的矩阵.

【解】 因

$$f(x_1,x_2,x_3)=(x_1,x_2,x_3)\begin{pmatrix}1&-1&8\\-1&-3&2\\8&2&0\end{pmatrix}\begin{pmatrix}x_1\\x_2\\x_3\end{pmatrix}$$

故二次型的矩阵为$\begin{pmatrix}1&-1&8\\-1&-3&2\\8&2&0\end{pmatrix}$.

【例 5-14】 试写出对称矩阵$\boldsymbol{A}=\begin{pmatrix}2&-1&5\\-1&0&3\\5&3&-4\end{pmatrix}$的二次型$f$，并求二次型$f$的秩.

【解】 二次型$f(x_1,x_2,x_3)=\boldsymbol{x}^{\mathrm{T}}\boldsymbol{A}\boldsymbol{x}=(x_1,x_2,x_3)\begin{pmatrix}2&-1&5\\-1&0&3\\5&3&-4\end{pmatrix}\begin{pmatrix}x_1\\x_2\\x_3\end{pmatrix}$

$$=2x_1^2-4x_3^2-2x_1x_2+10x_1x_3+6x_2x_3$$

计算得$|\boldsymbol{A}|=-44\neq 0$，故$\boldsymbol{A}$为满秩矩阵，从而二次型$f$的秩为 3.

5.4.2　化二次型为标准形

对于一般的二次型，常要考虑对其进行化简，即讨论的主要问题是寻找可逆的线性变换，将二次型化为标准形.

定义 5.10　设两组变量x_1，x_2，…，x_n与y_1，y_2，…，y_n，则以下关系式

$$\begin{cases}x_1=c_{11}y_1+c_{12}y_2+\cdots+c_{1n}y_n\\x_2=c_{21}y_1+c_{22}y_2+\cdots+c_{2n}y_n\\\vdots\\x_n=c_{n1}y_1+c_{n2}y_2+\cdots+c_{nn}y_n\end{cases}\tag{5-6}$$

称为从x_1，x_2，…，x_n到y_1，y_2，…，y_n的线性变换. 令$\boldsymbol{C}=(c_{ij})_{n\times n}$，$\boldsymbol{x}=(x_1,\ x_2,\ \cdots,\ x_n)^{\mathrm{T}}$，$\boldsymbol{y}=(y_1,\ y_2,\ \cdots,\ y_n)^{\mathrm{T}}$，则式（5-6）可表示$\boldsymbol{x}=\boldsymbol{C}\boldsymbol{y}$，其中$\boldsymbol{C}$称为线性变换的矩阵. 若$\boldsymbol{C}$是可逆的，则称该线性变换为可逆线性变换（或非退化线性变换）.

定义 5.11　若二次型$f=\boldsymbol{x}^{\mathrm{T}}\boldsymbol{A}\boldsymbol{x}$经可逆线性变换$\boldsymbol{x}=\boldsymbol{C}\boldsymbol{y}$变成

$$f=(\boldsymbol{C}\boldsymbol{y})^{\mathrm{T}}\boldsymbol{A}(\boldsymbol{C}\boldsymbol{y})=\boldsymbol{y}^{\mathrm{T}}(\boldsymbol{C}^{\mathrm{T}}\boldsymbol{A}\boldsymbol{C})\boldsymbol{y}=k_1y_1^2+k_2y_2^2+\cdots+k_ny_n^2\tag{5-7}$$

则称式（5-7）为二次型f的标准形（或法式）. 如果标准形的系数k_1，k_2，…，k_n只在 1，-1，0 三个数中取值，则称之为二次型f的规范形.

由定义易知，二次型f的标准形对应的矩阵$\boldsymbol{C}^{\mathrm{T}}\boldsymbol{A}\boldsymbol{C}$是对角矩阵，即

$$\boldsymbol{C}^{\mathrm{T}}\boldsymbol{A}\boldsymbol{C}=\boldsymbol{\Lambda}=\mathrm{diag}(k_1,\ k_2,\ \cdots,\ k_n)$$

定义 5.12　设$\boldsymbol{A}$和$\boldsymbol{B}$是n阶方阵，若有可逆矩阵$\boldsymbol{C}$，使$\boldsymbol{B}=\boldsymbol{C}^{\mathrm{T}}\boldsymbol{A}\boldsymbol{C}$，则称矩阵$\boldsymbol{A}$与$\boldsymbol{B}$合同.

综上，化二次型为标准形就是把对称矩阵合同对角化：对于对称矩阵$\boldsymbol{A}$，寻找可逆矩阵$\boldsymbol{C}$，使$\boldsymbol{C}^{\mathrm{T}}\boldsymbol{A}\boldsymbol{C}$为对角矩阵. 由定理 5.8 知，任意对称矩阵$\boldsymbol{A}$，总有正交矩阵$\boldsymbol{Q}$，使$\boldsymbol{Q}^{-1}\boldsymbol{A}\boldsymbol{Q}=\boldsymbol{\Lambda}$，即$\boldsymbol{Q}^{\mathrm{T}}\boldsymbol{A}\boldsymbol{Q}=\boldsymbol{\Lambda}$，将此结论应用于二次型即有：

定理 5.9 任给二次型$f=\boldsymbol{x}^{\mathrm{T}}\boldsymbol{A}\boldsymbol{x}$，总有正交变换$\boldsymbol{x}=\boldsymbol{Q}\boldsymbol{y}$，使$f$化为标准形

$$f=\lambda_1y_1^2+\lambda_2y_2^2+\cdots+\lambda_ny_n^2$$

其中，λ_1，λ_2，…，λ_n是f的矩阵$\boldsymbol{A}$的特征值.

【例 5-15】 求一个正交变换$\boldsymbol{x}=\boldsymbol{Q}\boldsymbol{y}$，把二次型

$$f=x_1^2-2x_2^2-2x_3^2+4x_1x_2+4x_1x_3-8x_2x_3$$

化为标准形.

【解】 二次型f的矩阵是$\boldsymbol{A}=\begin{pmatrix}1&2&2\\2&-2&-4\\2&-4&-2\end{pmatrix}$，与例 5-11 中矩阵相同. 按例 5-11 的结果，有正交矩阵

$$\boldsymbol{Q}=\begin{pmatrix}-1/3&2\sqrt{5}/5&2\sqrt{5}/15\\2/3&\sqrt{5}/5&-4\sqrt{5}/15\\2/3&0&\sqrt{5}/3\end{pmatrix}$$

使$\boldsymbol{Q}^{-1}\boldsymbol{A}\boldsymbol{Q}=\boldsymbol{Q}^{\mathrm{T}}\boldsymbol{A}\boldsymbol{Q}=\begin{pmatrix}-7&0&0\\0&2&0\\0&0&2\end{pmatrix}$. 于是有正交变换

$$\begin{pmatrix}x_1\\x_2\\x_3\end{pmatrix}=\begin{pmatrix}-1/3&2\sqrt{5}/5&2\sqrt{5}/15\\2/3&\sqrt{5}/5&-4\sqrt{5}/15\\2/3&0&\sqrt{5}/3\end{pmatrix}\begin{pmatrix}y_1\\y_2\\y_3\end{pmatrix}$$

把二次型f化为标准形$f=-7y_1^2+2y_2^2+2y_3^2$.

如果要把二次型f化为规范形，则只需令$z_1=\sqrt{7}y_1$，$z_2=\sqrt{2}y_2$，$z_3=\sqrt{2}y_3$，即得到f的规范形$f=-z_1^2+z_2^2+z_3^2$.

选读——配方法求二次型的标准形

用正交变换化二次型为标准形，具有保持几何形状不变的优点. 如果不限于用正交变换，还可采用其他方法把二次型化为标准形. 这里以例 5-15 中的二次型为例介绍拉格朗日配方法.

【例 5-16】 化二次型$f=x_1^2-2x_2^2-2x_3^2+4x_1x_2+4x_1x_3-8x_2x_3$为标准形，并求所用变换矩阵.

【解】 由于f中含变量x_1的平方项，故先将含x_1的各项配成一个完全平方项

$$\begin{aligned}f&=(x_1^2+4x_1x_2+4x_1x_3)-2x_2^2-2x_3^2-8x_2x_3\\&=(x_1+2x_2+2x_3)^2-4x_2^2-4x_3^2-8x_2x_3-2x_2^2-2x_3^2-8x_2x_3\\&=(x_1+2x_2+2x_3)^2-6x_2^2-6x_3^2-16x_2x_3\end{aligned}$$

再将含x_2的各项配成一个完全平方项

$$f=(x_1+2x_2+2x_3)^2-6\left(x_2+\frac{4}{3}x_3\right)^2+\frac{32}{3}x_3^2-6x_3^2$$

$$=(x_1+2x_2+2x_3)^2-6\left(x_2+\frac{4}{3}x_3\right)^2+\frac{14}{3}x_3^2$$

令$\begin{cases}y_1=x_1+2x_2+2x_3\\y_2=x_2+\dfrac{4}{3}x_3\\y_3=x_3\end{cases}$，即可逆变换$\begin{cases}x_1=y_1-2y_2+\dfrac{2}{3}y_3\\x_2=y_2-\dfrac{4}{3}y_3\\x_3=y_3\end{cases}$可把$f$化为标准形

$$f=y_1^2-6y_2^2+\frac{14}{3}y_3^2$$

所用变换矩阵为$\boldsymbol{C}=\begin{pmatrix}1&-2&2/3\\0&1&-4/3\\0&0&1\end{pmatrix}$.

若二次型f中不含平方项，则需利用平方差公式，先作一个可逆线性变换，使其出现平方项之后再采用配方法.

【例 5-17】 化二次型$f=x_1x_2+x_1x_3-3x_2x_3$为标准形.

【解】 由于f中含交叉项x_1x_2，令$\begin{cases}x_1=y_1+y_2\\x_2=y_1-y_2\\x_3=y_3\end{cases}$，代入$f$得

$$\begin{aligned}f&=(y_1+y_2)(y_1-y_2)+(y_1+y_2)y_3-3(y_1-y_2)y_3\\&=y_1^2-y_2^2-2y_1y_3+4y_2y_3\end{aligned}$$

再配方得$f=(y_1-y_3)^2-(y_2-2y_3)^2+3y_3^2$. 令$\begin{cases}z_1=y_1-y_3\\z_2=y_2-2y_3\\z_3=y_3\end{cases}$，得$f$的标准形

$$f=z_1^2-z_2^2+3z_3^2$$

在二次型的标准形中，系数为正的平方项个数称为二次型的正惯性指数，系数为负的平方项个数称为二次型的负惯性指数，显然二者的和等于二次型的秩. 比较例 5-15 和例 5-16的结果可知，二次型的标准形不是唯一的，同一个二次型在不同的可逆线性变换下会有不同的标准形，但是它们所含正项和负项的个数却分别相同，这个规律对二次型是普遍成立的.

定理 5.10(惯性定理) 在二次型f的任一标准形中，系数为正的平方项个数是唯一确定的，它等于f的正惯性指数；而系数为负的平方项个数也是唯一确定的，它等于f的负惯性指数.

5.4.3 正定二次型

正定二次型是一类特殊的二次型，它不仅在几何而且在数学的其他分支学科及物理和工程技术中也常常用到.

定义 5.13 设有二次型$f(\boldsymbol{x})=\boldsymbol{x}^{\mathrm{T}}\boldsymbol{A}\boldsymbol{x}$，若对任何$\boldsymbol{x}\neq\boldsymbol{0}$，恒有$f(\boldsymbol{x})>0$，则称$f$是正定二次型，并称对称矩阵$\boldsymbol{A}$是正定矩阵；若对任何$\boldsymbol{x}\neq\boldsymbol{0}$，恒有$f(\boldsymbol{x})<0$，则称$f$是负定二次型，

并称对称矩阵 $\boldsymbol{A}$ 是负定矩阵.

定理 5.11 n 元二次型 $f(\boldsymbol{x})=\boldsymbol{x}^{\mathrm{T}}\boldsymbol{A}\boldsymbol{x}$ 为正定二次型的充分必要条件是：它的标准形的 n 个系数全为正，即它的正惯性指数等于 n.

证明：设有可逆线性变换 $\boldsymbol{x}=\boldsymbol{C}\boldsymbol{y}$，使 $f(\boldsymbol{x})=f(\boldsymbol{C}\boldsymbol{y})=k_1y_1^2+k_2y_2^2+\cdots+k_ny_n^2$.

先证充分性. 若 $k_i>0$ $(i=1, 2, \cdots, n)$，对 $\forall \boldsymbol{x}\neq\boldsymbol{0}$，都有 $\boldsymbol{y}=\boldsymbol{C}^{-1}\boldsymbol{x}\neq 0$，于是

$$f(\boldsymbol{x})=k_1y_1^2+k_2y_2^2+\cdots+k_ny_n^2>0$$

故 f 是正定二次型.

再证必要性. 采用反证法，假设有 $k_s\leqslant 0$，若取

$$y_1=0, \cdots, y_{s-1}=0, y_s=1, y_{s+1}=0, \cdots, y_n=0$$

由可逆线性变换知此时 $\boldsymbol{x}=\boldsymbol{C}\boldsymbol{y}\neq\boldsymbol{0}$，但 $f=k_s\leqslant 0$，这与 f 是正定二次型矛盾，故假设不成立，即 $k_i>0$ $(i=1, 2, \cdots, n)$.

结合定理 5.9，可得下述结论.

推论 对称矩阵 $\boldsymbol{A}$ 是正定矩阵的充分必要条件是：$\boldsymbol{A}$ 的特征值全为正.

直接利用二次型 f 的矩阵 $\boldsymbol{A}$ 的某些性质也可判定其是否正定二次型.

定理 5.12(霍尔维茨定理) 对称矩阵 $\boldsymbol{A}$ 是正定矩阵的充分必要条件是：$\boldsymbol{A}$ 的各阶主子式全为正，即

$$a_{11}>0, \quad \begin{vmatrix} a_{11} & a_{12} \\ a_{21} & a_{22} \end{vmatrix}>0, \cdots, \quad \begin{vmatrix} a_{11} & \cdots & a_{1n} \\ \vdots & & \vdots \\ a_{n1} & \cdots & a_{nn} \end{vmatrix}>0$$

对称矩阵 $\boldsymbol{A}$ 是负定矩阵的充分必要条件是：$\boldsymbol{A}$ 的奇数阶主子式全为负，而偶数阶主子式全为正，即

$$(-1)^r \begin{vmatrix} a_{11} & \cdots & a_{1r} \\ \vdots & & \vdots \\ a_{r1} & \cdots & a_{rr} \end{vmatrix}>0 \quad (r=1, 2, \cdots, n)$$

【例 5-18】 判断二次型 $f=-2x^2-6y^2-4z^2+4xy+2xz$ 的正定性.

【解】 f 的矩阵是 $\boldsymbol{A}=\begin{pmatrix} -2 & 2 & 1 \\ 2 & -6 & 0 \\ 1 & 0 & -4 \end{pmatrix}$，由于

$$a_{11}=-2<0, \quad \begin{vmatrix} -2 & 2 \\ 2 & -6 \end{vmatrix}=8>0, \quad \begin{vmatrix} -2 & 2 & 1 \\ 2 & -6 & 0 \\ 1 & 0 & -4 \end{vmatrix}=-26<0$$

故 f 为负定二次型.

【例 5-19】 设 $f=x_1^2+x_2^2+5x_3^2+2ax_1x_2-2x_1x_3+4x_2x_3$ 为正定二次型，求 a.

【解】 f 的矩阵是 $\boldsymbol{A}=\begin{pmatrix} 1 & a & -1 \\ a & 1 & 2 \\ -1 & 2 & 5 \end{pmatrix}$，要使 f 正定，需

$$a_{11}=1>0, \quad \begin{vmatrix} 1 & a \\ a & 1 \end{vmatrix}=1-a^2>0, \quad \begin{vmatrix} 1 & a & -1 \\ a & 1 & 2 \\ -1 & 2 & 5 \end{vmatrix}=-5a^2-4a>0$$

解得$-\frac{4}{5}<a<0$，故当$-\frac{4}{5}<a<0$时，f是正定二次型.

习　题　5

基础题

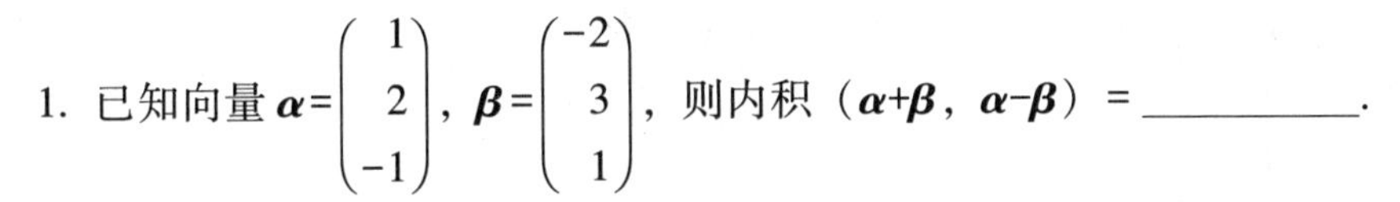

1. 已知向量$\boldsymbol{\alpha}=\begin{pmatrix}1\\2\\-1\end{pmatrix}$，$\boldsymbol{\beta}=\begin{pmatrix}-2\\3\\1\end{pmatrix}$，则内积$(\boldsymbol{\alpha}+\boldsymbol{\beta},\ \boldsymbol{\alpha}-\boldsymbol{\beta})=$__________.

2. 已知$\boldsymbol{\alpha}_1=\begin{pmatrix}1\\0\\k\end{pmatrix}$，$\boldsymbol{\alpha}_2=\begin{pmatrix}3\\-2\\1\end{pmatrix}$，若$\boldsymbol{\alpha}_1+\boldsymbol{\alpha}_2$与$\boldsymbol{\alpha}_1-2\boldsymbol{\alpha}_2$正交，则$k=$__________.

3. 试将下列向量组正交规范化.

（1）$\boldsymbol{\alpha}_1=\begin{pmatrix}0\\1\\1\end{pmatrix}$，$\boldsymbol{\alpha}_2=\begin{pmatrix}1\\1\\0\end{pmatrix}$，$\boldsymbol{\alpha}_3=\begin{pmatrix}1\\0\\1\end{pmatrix}$　　（2）$\boldsymbol{\alpha}_1=\begin{pmatrix}1\\2\\1\end{pmatrix}$，$\boldsymbol{\alpha}_2=\begin{pmatrix}2\\3\\3\end{pmatrix}$，$\boldsymbol{\alpha}_3=\begin{pmatrix}3\\7\\1\end{pmatrix}$

4. 下列矩阵中，__________是正交矩阵.

A. $\begin{pmatrix}1&-2\\2&1\end{pmatrix}$　B. $\begin{pmatrix}\frac{1}{2}&\frac{3}{2}\\-\frac{3}{2}&\frac{1}{2}\end{pmatrix}$　C. $\begin{pmatrix}1&\frac{1}{3}&-\frac{1}{2}\\-\frac{1}{2}&\frac{1}{2}&1\\\frac{1}{3}&-1&\frac{1}{2}\end{pmatrix}$　D. $\begin{pmatrix}\frac{1}{9}&-\frac{8}{9}&-\frac{4}{9}\\-\frac{8}{9}&\frac{1}{9}&-\frac{4}{9}\\-\frac{4}{9}&-\frac{4}{9}&\frac{7}{9}\end{pmatrix}$

5. 求下列矩阵的特征值和特征向量.

（1）$\begin{pmatrix}0&1&0\\-4&4&0\\-2&1&2\end{pmatrix}$　（2）$\begin{pmatrix}-1&1&0\\-4&3&0\\1&0&2\end{pmatrix}$　（3）$\begin{pmatrix}2&2&-2\\2&5&-4\\-2&-4&5\end{pmatrix}$

6. 设$\boldsymbol{A}=\begin{pmatrix}1&2&4\\-1&x&2\\0&0&1\end{pmatrix}$，且$\boldsymbol{A}$的特征值为1，2，3，则$x=$__________.

7. 已知4阶方阵$\boldsymbol{A}$的特征值为2，3，4，5，求$(\boldsymbol{A}-\boldsymbol{E})^{-1}$的全部特征值.

8. 设$\boldsymbol{A}$是n阶可逆矩阵，λ是$\boldsymbol{A}$的一个特征值，则$\boldsymbol{A}^*$的一个特征值是__________.

A. $\lambda^{-1}|\boldsymbol{A}|^n$　B. $\lambda^{-1}|\boldsymbol{A}|$　C. $\lambda|\boldsymbol{A}|$　D. $\lambda|\boldsymbol{A}|^n$

9. 已知3阶方阵$\boldsymbol{A}$的特征值为1，-1，2，求$|\boldsymbol{A}^2-2\boldsymbol{A}+2\boldsymbol{E}|$.

10. 已知3阶方阵$\boldsymbol{A}$的特征值为1，2，-1，求$\left|\boldsymbol{A}^*+\left(\frac{1}{3}\boldsymbol{A}\right)^{-1}\right|$.

11. 已知方阵$\boldsymbol{A}$满足$\boldsymbol{A}^2=\boldsymbol{A}$，则$\boldsymbol{A}$的特征值是__________.

A. 0　　B. 1　　C. 0或1　　D. 0和1

12. 若$A=\begin{pmatrix}1&-1&1\\2&4&-2\\-3&-3&a\end{pmatrix}$与$B=\begin{pmatrix}2&0&0\\0&2&0\\0&0&b\end{pmatrix}$相似，则$a=$________，$b=$________.

13. 设$A=\begin{pmatrix}0&0&1\\x&1&y\\1&0&0\end{pmatrix}$可对角化，求$x$，$y$之间的关系.

14. 设$A=\begin{pmatrix}2&0&1\\3&1&x\\4&0&5\end{pmatrix}$，问$x$为何值时，矩阵$A$可对角化?

15. 设$A=\begin{pmatrix}1&0&0\\0&2&1\\0&1&2\end{pmatrix}$，试求可逆矩阵$P$和对角矩阵$\Lambda$，使$P^{-1}AP=\Lambda$，并求$A^m$.

16. 设$A=\begin{pmatrix}1&-2&0\\-2&2&-2\\0&-2&3\end{pmatrix}$，求一个正交矩阵$Q$，使$Q^{-1}AQ$为对角矩阵.

17. 写出下列二次型的矩阵.

(1) $f(x_1,x_2,x_3)=5x_1^2+5x_2^2+3x_3^2-2x_1x_2+6x_1x_3-6x_2x_3$

(2) $f(x,y,z)=x^2+2y^2-z^2+2xy-2yz$

18. 写出下列矩阵的二次型.

(1) $\begin{pmatrix}1&0&3\\0&8&-1\\3&-1&-5\end{pmatrix}$　　(2) $\begin{pmatrix}1&1&1\\1&2&2\\1&2&1\end{pmatrix}$

19. 二次型$f(x_1,x_2,x_3,x_4)=x_1^2+x_2^2+x_3^2+x_4^2+2x_3x_4$的秩为________.

20. 二次型$f(x_1,x_2,x_3)=-2x_1^2+3x_2^2-4x_3^2$的规范形$f(z_1,z_2,z_3)=$________.

21. 求一个正交变换$x=Qy$，把二次型$f=2x_1^2+3x_2^2+3x_3^2+4x_2x_3$化为标准形.

22. 判断下列二次型的正定性.

(1) $f(x_1,x_2,x_3)=5x_1^2+x_2^2+5x_3^2+4x_1x_2-8x_1x_3-4x_2x_3$

(2) $f(x_1,x_2,x_3)=-2x_1^2-6x_2^2-4x_3^2+2x_1x_2+2x_1x_3$

23. 已知$f(x_1,x_2,x_3)=3x_1^2+x_2^2+ax_3^2+2ax_1x_2$是正定二次型，求$a$的取值范围.

综合题

24. 若A和B都是n阶正交矩阵，则________也是正交矩阵.

A. $A+B$　　B. $AB+BA$　　C. $A^{-1}B^{T}$　　D. $AB+E$

25. 已知$A=\begin{pmatrix}0&1&0&0\\1&0&0&0\\0&0&k&1\\0&0&1&2\end{pmatrix}$的一个特征值为3，则$k=$________.

26. 已知 $\boldsymbol{\alpha}=\begin{pmatrix}1\\k\\1\end{pmatrix}$ 是 $\boldsymbol{A}=\begin{pmatrix}2&1&1\\1&2&1\\1&1&2\end{pmatrix}$ 的一个特征向量，求 k 的值.

27. 已知 n 阶方阵 $\boldsymbol{A}$ 与 $\boldsymbol{A}+(-1)^k k\boldsymbol{E}(k=1,2,\cdots,n-1)$ 均不可逆，试证 $\boldsymbol{A}$ 可对角化.

28. 二次型 $(x_1,x_2,x_3)\begin{pmatrix}1&4&7\\2&5&8\\3&6&9\end{pmatrix}\begin{pmatrix}x_1\\x_2\\x_3\end{pmatrix}$ 的矩阵是__________.

29. 已知 $\boldsymbol{A}$ 和 $\boldsymbol{B}$ 都是 n 阶正定矩阵，证明 $\boldsymbol{A}+\boldsymbol{B}$ 的特征值全部大于零.

应用举例

经济的快速发展会推动劳动力从欠发达地区向经济发达地区的流动. 人口流动是全球经济和发展议题中的重要内容，利用矩阵的相似对角化可以初步讨论人口流动问题.

【示例】 对某国的城乡人口流动状态作年度调查分析得到的统计规律是：每年城市人口的 10%移居到农村，而 20%的农村人口迁入城市. 假定人口总数保持不变，那么在若干年后，全国人口是否会全部集中在城市？

【解析】

假定最初城市人口为 x_0，农村人口为 y_0，则在第一年末，城市人口和农村人口分别为

$$x_1=0.9x_0+0.2y_0,\quad y_1=0.1x_0+0.8y_0$$

利用矩阵乘法可表示为

$$\begin{pmatrix}x_1\\y_1\end{pmatrix}=\begin{pmatrix}0.9&0.2\\0.1&0.8\end{pmatrix}\begin{pmatrix}x_0\\y_0\end{pmatrix}=\boldsymbol{A}\begin{pmatrix}x_0\\y_0\end{pmatrix}$$

则第 n 年末城乡人口为

$$\begin{pmatrix}x_n\\y_n\end{pmatrix}=\boldsymbol{A}\begin{pmatrix}x_{n-1}\\y_{n-1}\end{pmatrix}=\boldsymbol{A}^2\begin{pmatrix}x_{n-2}\\y_{n-2}\end{pmatrix}=\cdots=\boldsymbol{A}^{n-1}\begin{pmatrix}x_1\\y_1\end{pmatrix}=\boldsymbol{A}^n\begin{pmatrix}x_0\\y_0\end{pmatrix}$$

为讨论“若干年后人口是否全部集中在城市”，需对 $\boldsymbol{A}^n$ 的变化规律作进一步讨论. 若 $\boldsymbol{A}$ 可对角化，由 $\boldsymbol{A}=\boldsymbol{P\Lambda P}^{-1}$ 可得 $\boldsymbol{A}^n=\boldsymbol{P\Lambda P}^{-1}\boldsymbol{P\Lambda P}^{-1}\cdots\boldsymbol{P\Lambda P}^{-1}=\boldsymbol{P\Lambda}^n\boldsymbol{P}^{-1}$，其中对角阵 $\boldsymbol{\Lambda}$ 的对角元素是 $\boldsymbol{A}$ 的特征值 λ_1，λ_2，从而

$$\boldsymbol{A}^n=\boldsymbol{P}\begin{pmatrix}\lambda_1^n&0\\0&\lambda_2^n\end{pmatrix}\boldsymbol{P}^{-1}$$

计算出 $\boldsymbol{A}$ 的特征值和对应的特征向量，有

$$\boldsymbol{P}=\frac{1}{3}\begin{pmatrix}2&1\\1&-1\end{pmatrix},\quad\boldsymbol{\Lambda}=\begin{pmatrix}1&0\\0&0.7\end{pmatrix},\quad\boldsymbol{P}^{-1}=\begin{pmatrix}1&1\\1&-2\end{pmatrix}$$

即

$$\boldsymbol{A}^n=\frac{1}{3}\begin{pmatrix}2&1\\1&-1\end{pmatrix}\begin{pmatrix}1^k&0\\0&0.7^k\end{pmatrix}\begin{pmatrix}1&1\\1&-2\end{pmatrix}=\frac{1}{3}\begin{pmatrix}2+0.7^k&2-2\times0.7^k\\1-0.7^k&1+2\times0.7^k\end{pmatrix}$$

当 $n\to+\infty$ 时，$0.7^k\to 0$，有 $\boldsymbol{A}^n\to\frac{1}{3}\begin{pmatrix}2 & 2\\1 & 1\end{pmatrix}$，因此

$$\begin{pmatrix}x_n\\y_n\end{pmatrix}\to\frac{1}{3}\begin{pmatrix}2 & 2\\1 & 1\end{pmatrix}\begin{pmatrix}x_0\\y_0\end{pmatrix}=\frac{1}{3}\begin{pmatrix}2(x_0+y_0)\\x_0+y_0\end{pmatrix}$$

说明当 $n\to+\infty$ 时，城市人口与农村人口的比例为 2∶1，趋于稳定的分布状态，因此不会出现全国人口集中在城市中的情况.

附录 A 线性代数中的 MATLAB 命令

线性代数具有独特的程序化计算特征，其所涉及的计算，步骤规范、固定，但数值计算相对烦琐. 对于初学者而言，为更好地理解概念和原理，掌握基本的运算规则和低维计算是必要的. 然而对于实际应用中的高维数据，完全可以借助计算机和数学软件来摆脱繁重的数值计算，进而培养科学计算能力. MATLAB 是“矩阵实验室”（matrix laboratory）的缩写，它是以矩阵运算为基础的交互式程序语言，使用方便、输入简捷、容易上手，具有强大的数值分析、矩阵运算、信号处理、图形显示和建模仿真功能，是优秀的数学计算软件之一.

本附录主要介绍线性代数计算中常用的 MATLAB 命令，并给出相应的计算示例，以方便读者在课程学习过程中有针对性地进行计算方面的练习和检验. 本书不涉及编程内容，更系统的 MATLAB 学习需自行参阅专门的工具书.

§ A. 1 MATLAB 的使用方法

A. 1. 1 工作界面

在正确安装 MATLAB 软件之后，双击系统桌面上的 MATLAB 图标，启动 MATLAB，即可进入 MATLAB 默认的用户主界面，如图 A-1 所示. 用户也可根据自己的喜好对界面进行调整.

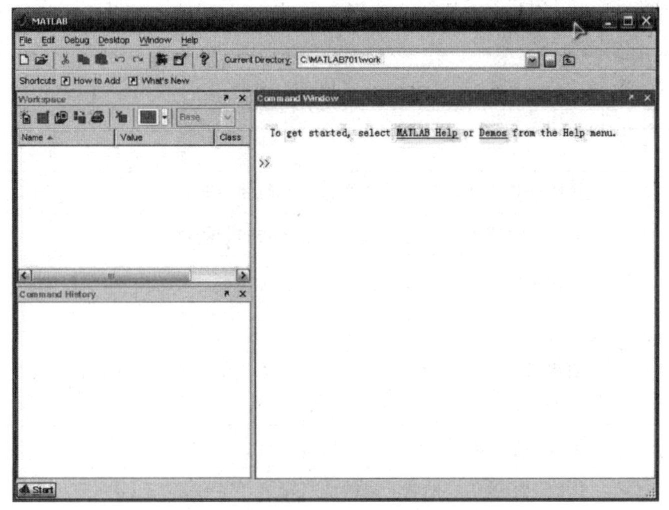

图 A-1　MATLAB 默认的用户主界面

命令窗口（Command Window）是与 MATLAB 编译器连接的主要窗口，“>>”为运算提示符，表示 MATLAB 处于准备状态，当在提示符后输入一段正确的指令时，只需按回车键（Enter），命令窗口中就会直接显示运算结果. MATLAB 的帮助系统非常强大，通过 help 命令可以查到关于 MATLAB 的所有帮助信息，而通过 Demos 观看演示程序则可形象直观地了解其功能与用法.

A. 1. 2　基本命令与特殊字符

表 A-1 和表 A-2 分别列出了命令窗口中的基本命令和特殊字符的功能说明 .

表 A-1　基本命令的功能

命令	功　能
exit/quit	退出 MATLAB
clc	清除命令窗口中的所有显示内容
clear	清除内存中的所有变量
help	帮助命令
exist	检查一个变量或函数是否存在
lookfor	在命令窗口中显示具有指定参数特征函数的 M 文件帮助
what	列出当前目录中的文件清单
which	查询给定函数的路径
who	显示当前内存变量列表，只显示内存变量名
whos	显示当前内存变量详细信息，包括变量名、大小等
format	定义输出格式（默认值），等效于 format short
format short	输出带有 4 位小数位的有效数字表示
format long	输出带有 15 位小数位的有效数字表示
format short e	输出用 5 位科学记数法表示
format long e	输出用 15 位科学记数法表示
formatrat	输出用有理数格式表示
sym/syms	定义符号变量

表 A-2　特殊字符的功能

符号	名称	功　能
.	句号	数值运算中的小数点；结构数组的域的访问符
,	逗号	输入量之间的分隔符；数组元素之间的分隔符
;	分号	放在表达式末尾不显示计算结果；在创建矩阵的语句中指示一行的结束，如 m=［1 3；2 1］
:	冒号	创建向量表达式分隔符，如 x=1：2：10；对矩阵 A 而言，A（:，k）表示第 k 列所有元素，A（k,:）表示第 k 行所有元素
( )	圆括号	函数参数分隔符，如 sin（x）；用于运算式中的结合或次序
[ ]	方括号	创建一组数值、向量、矩阵或字符串（字母型）

续表

符号	名称	功　能
{ }	大括号	创建单元矩阵或结构
%	百分号	注释号，用于指示注释的开始，它后面的内容不被执行
'	单撇号	表示矩阵的转置
' '	单引号对	字符串标记符
	空格	输入量之间的分隔符；数组元素之间的分隔符
…	续行号	用于长表达式的续行
=	等号	用于对变量赋值

A.1.3　变量与运算符

在 MATLAB 语言中对变量的命名应区分大、小写，且长度不超过 31 位，另外，变量名应以字母开头，可以用字母、数字、下划线组成，但不能使用标点符号，不得含有加减号. MATLAB 本身具有一些预定义的变量，部分变量见表 A-3.

表 A-3　变量

变量	含义	变量	含义
pi	圆周率	realmax	最大的浮点数
eps	浮点运算的相对精度	realmin	最小的浮点数
Inf/inf	正无穷大	i/j	虚数单位
NaN/nan	不定值（0/0、0 * ∞ 、∞ / ∞ 等）	ans	计算结果的默认变量名

常见算术运算符、关系运算符的名称及含义见表 A-4.

表 A-4　算术运算符、关系运算符的名称及含义

算数运算符	含义	关系运算符	含义
+	加	==	等于
-	减	~=	不等于
*	乘	<	小于
/	除	<=	小于等于
\	左除	>	大于
^	幂	>=	大于等于

A.1.4　基本数学函数

MATLAB 包含大量的科学计算函数库，表 A-5 列出了一些常用的数学函数 .

表 A-5　常用的数学函数

函数	功能	函数	功能
log(x)	自然对数	log10(x)	以 10 为底的对数

续表

函数	功能	函数	功能
exp(x)	指数	abs(x)	取绝对值;复数取模
sqrt(x)	开方	realsqrt(x)	返回非负根
complex(x,y)	表示复数 x+yi	mod(x,y)	返回 x/y 的余数
fix(x)	舍去小数部分	ceil(x)	取上整
round(x)	四舍五入	floor(x)	取下整
sin(x)	正弦(变量 x 为弧度)	asin(x)	反正弦(返回弧度)
sind(x)	正弦(变量 x 为度数)	asind(x)	反正弦(返回度数)
cos(x)	余弦(变量 x 为弧度)	acos(x)	反余弦(返回弧度)
cosd(x)	余弦(变量 x 为度数)	acosd(x)	反余弦(返回度数)
tan(x)	正切(变量 x 为弧度)	atan(x)	反正切(返回弧度)
tand(x)	正切(变量 x 为度数)	atand(x)	反正切(返回度数)
cot(x)	余切(变量 x 为弧度)	acot(x)	反余切(返回弧度)
cotd(x)	余切(变量 x 为度数)	acotd(x)	反余切(返回度数)

在 MATLAB 下进行基本数学运算，只需将运算式直接输入命令窗口并按回车键即可. 在未预设结果变量时，MATLAB 会将运算结果存入 ans. 请注意，MATLAB 中的所有标点符号均需在英文环境下输入!

【例 A-1】 简单算术运算的示例如下.

【解】 命令窗口输入:

```
>>format long              %注释，定义新的数值输出格式，系统默认值为 short
  x=27                     %将 27 赋值给变量 x，结果将在窗口显示
  y=4*x^3-56;              %将 4*x^3-56 赋值给变量 y，结尾带“;”，结果不显示
  u=x+y; v=x-y             %将 x+y 赋值给变量 u,将 x-y 赋值给变量 v
  w=abs(u), cos(v)         %求 u 的绝对值赋值给变量 w，求弧度 v 的余弦值
                           %同一行有多条命令时,中间要用“,”或“;”隔开
                           %用分号分隔前式结果不显示,用逗号分隔结果会显示
```

显示结果:

```
x=
  27
v=
  -78649
w=
  78649
ans=
  -0.716459328259228
```

【例 A-2】 计算当 $a=2$，$b=3$，$c=6$ 时 $t=\left(\dfrac{3}{1+2ab}\right)^{c}$ 的值.

【解】 命令窗口输入:

```
>> format                                       %恢复为系统默认输出格式
  a=2; b=3; c=6; t=(3/(1+2*a*b))^c              %用圆括号确定运算次序
```

显示结果：

```
t=
  1.5103e-04
```

§ A.2　线性代数与 MATLAB

A.2.1　矩阵的运算

1. 相关 MATLAB 命令

1）矩阵的输入

① 从键盘上直接输入矩阵是最方便、最常用的创建数值矩阵的方法，适合较小的简单矩阵. 该方法需注意以下几点：

- 矩阵大小不需要预先定义；
- 在输入矩阵时要以“ [ ] ”为其标识符号，矩阵的所有元素必须都在方括号内；
- 同行元素之间由空格或逗号分隔，行与行之间用分号或回车键分隔；
- 矩阵元素可以是运算表达式，若“ [ ] ”中无元素则表示空矩阵.

② 通过冒号表达式生成向量，调用格式为

x=x0：step：xn

生成一个由 x0 开始到 xn 结束，以步长 step 自增的行向量，其中，步长可正可负，若省略则默认为 1，若 step=0 则返回一个空矩阵，且数字 x0、step 和 xn 不必是整数，向量的最后一个分量小于等于 xn.

③ linspace（a,b,n）：在区间 [a, b] 上创建一个有 n 个元素的行向量，这 n 个元素为区间 [a,b] 的等距节点，若 n 省略时默认产生 100 个元素.

2）对矩阵元素的操作

对矩阵元素的操作见表 A-6.

表 A-6　对矩阵元素的操作

格式	功能
[m, n] =size（A）	返回矩阵 A 的行数 m 和列数 n
A（i, j）	取出矩阵 A 的第 i 行与第 j 列交叉点元素
A（i, j）=a	将 A 的第 i 行与第 j 列交叉点元素赋值为数值 a
A（i,:）	取矩阵 A 的第 i 行所有元素构成一个行向量
A（:, j）	取矩阵 A 的第 j 列所有元素构成一个列向量
A（i,:）= [] 或 A（:, j）= []	删除矩阵 A 第 i 行或第 j 列
A（[i1, i2], [j1, j2, j3]）	取矩阵 A 的 i1 和 i2 行与 j1、j2 和 j3 列构成一个子矩阵
sort（A）	按升序排列矩阵列元素
max（A）	求矩阵 A 中每一列的最大值

续表

格式	功能
min（A）	求矩阵 A 中每一列的最小值
sum（A）	将矩阵 A 的各列元素相加，返回一个行向量
fliplr（A）	将矩阵 A 左右翻转
flipud（A）	将矩阵 A 上下翻转

3）矩阵的数学运算

矩阵的数学运算见表 A-7.

表 A-7 矩阵的数学运算

格式	功能	格式	功能
A+B/A-B	求矩阵 A 与 B 的和/差	inv（A）或 A^（-1）	求矩阵 A 的逆矩阵
k * A	求 k 与矩阵 A 的数乘	rank（A）	求矩阵 A 的秩
A * B	求矩阵 A 左乘矩阵 B	rref（A）	求矩阵 A 的行最简形
A′	求矩阵 A 的转置	trace（A）	求矩阵 A 的迹
A^k	求矩阵 A 的 k 次幂	det（A）	求方阵 A 的行列式

4）创建特殊矩阵

创建特殊矩阵见表 A-8.

表 A-8 创建特殊矩阵

格式	功能
zeros（m）	创建 m 阶元素均为 0 的方阵
zeros（m，n）	创建 m×n 阶元素均为 0 的矩阵
diag（A）	提取矩阵 A 的主对角线元素
diag（a）	创建 n 阶对角阵，其主对角线为向量 a 的元素
ones（m）	创建 m 阶元素均为 1 的方阵
ones（m，n）	创建 m×n 阶元素均为 1 的矩阵
eye（n）	创建 n 阶单位矩阵
eye（m，n）	生成 $a_{ii}=1$，i=1，2，…，min（m，n），其余元素为 0 的 m×n 阶矩阵
rand（m，n）	生成元素在 0 到 1 区间均匀分布的 m×n 阶随机矩阵
randn（m，n）	生成由正态分布的随机数组成的 m×n 阶矩阵

2. 计算示例

【例 A-3】 已知矩阵 $\boldsymbol{A}=\begin{pmatrix}3&4&-1\\6&5&0\\1&-4&7\end{pmatrix}$，$\boldsymbol{B}=\begin{pmatrix}1&3&4\\7&9&16\\8&11&20\end{pmatrix}$.

（1）输入矩阵 $\boldsymbol{A}$、$\boldsymbol{B}$，求 $\boldsymbol{A}$ 的转置、$\boldsymbol{A}+\boldsymbol{B}$ 及 $\boldsymbol{AB}$，分别用 X1、X2、X3 表示；

（2）求 $\boldsymbol{B}$ 的行列式，$\boldsymbol{A}$ 的秩，$\boldsymbol{A}$ 的逆，分别用 X4、X5、X6 表示.

【解】 （1）命令窗口输入：

```
>>A=[3,4,-1;6,5,0;1,-4,7];
  B=[1,3,4;7,9,16;8,11,20];   %结尾带“;”结果不显示，但已完成赋值
  X1=A', X2=A+B, X3=A*B
```

显示结果：

```
X1=
     3   6    1
     4   5   -4
    -1   0    7
X2=
     4    7    3
    13   14   16
     9    7   27
X3=
    23   34    56
    41   63   104
    29   44    80
```

（2）命令窗口输入：

```
>>X4=det(B), X5=rank(A), X6=inv(A)
```

显示结果：

```
X4=
    -12
X5=
    3
X6=
    -1.0294    0.7059   -0.1471
     1.2353   -0.6471    0.1765
     0.8529   -0.4706    0.2647
```

注：MATLAB 进行的是数值计算，给出的是数值结果，浮点运算的结果会出现误差，会与教材上介绍的解析结果有一定区别，但并不影响其使用.

【例 A-4】 生成元素在 0 到 1 区间均匀分布的 3 阶随机矩阵 $\boldsymbol{A}$.

（1）取 $\boldsymbol{A}$ 的对角线元素构成对角阵 $\boldsymbol{B}$，并分别求 $\boldsymbol{A}$，$\boldsymbol{B}$ 的行列式；

（2）验证 $(\boldsymbol{A}+\boldsymbol{B})^{\mathrm{T}}=\boldsymbol{A}^{\mathrm{T}}+\boldsymbol{B}^{\mathrm{T}}$、$(\boldsymbol{AB})^{-1}=\boldsymbol{B}^{-1}\boldsymbol{A}^{-1}$、$(\boldsymbol{A}+\boldsymbol{B})^{-1}\neq\boldsymbol{A}^{-1}+\boldsymbol{B}^{-1}$.

【解】 （1）命令窗口输入：

```
>>A=rand(3,3)          %随机矩阵，每次运行结果不同
  B=diag(diag(A))      %取 A 的对角线元素构成对角阵
  d1=det(A), d2=det(B)
```

显示结果：

```
A =
      0. 1190   0. 3404   0. 7513
      0. 4984   0. 5853   0. 2551
      0. 9597   0. 2238   0. 5060
B =
      0. 1190   0         0
      0         0. 5853   0
      0         0         0. 5060
d1 =
      -0. 3122
d2 =
      0. 0352
```

(2) 命令窗口输入:

```
>>a1 = (A+B)', a2 = A'+B'
   a3 = inv(A * B), a4 = inv(B) * inv(A)
   a5 = inv(A+B), a6 = inv(A)+inv(B)
```

显示结果:

```
a1 =
      0. 2380   0. 4984   0. 9597
      0. 3404   1. 1705   0. 2238
      0. 7513   0. 2551   1. 0119
a2 =
      0. 2380   0. 4984   0. 9597
      0. 3404   1. 1705   0. 2238
      0. 7513   0. 2551   1. 0119
a3 =
      -6. 4330    0. 1098    9. 4966
       0. 0401    3. 6160   -1. 8826
       2. 8495   -1. 8993    0. 6329
a4 =
      -6. 4330    0. 1098    9. 4966
       0. 0401    3. 6160   -1. 8826
       2. 8495   -1. 8993    0. 6329
a5 =
      -1. 9431    0. 3039    1. 3660
       0. 4472    0. 8276   -0. 5407
       1. 7440   -0. 4712   -0. 1878
a6 =
```

```
    7.6380    0.0131    1.1301
    0.0235    3.8250   -1.1019
    1.4417   -0.9609    2.2967
```

【例 A-5】 试构造 2 个 5 阶随机正整数矩阵 $\boldsymbol{A}$，$\boldsymbol{B}$，验证下列等式是否成立：

（1）$\boldsymbol{AB}=\boldsymbol{BA}$；（2）$(\boldsymbol{A}+\boldsymbol{B})(\boldsymbol{A}-\boldsymbol{B})=\boldsymbol{A}^2-\boldsymbol{B}^2$；（3）$(\boldsymbol{AB})^{\mathrm{T}}=\boldsymbol{B}^{\mathrm{T}}\boldsymbol{A}^{\mathrm{T}}$.

【解】　（1）命令窗口输入：

```
>>A=round(randn(5)*10);        %元素正态分布的随机矩阵乘10后取整
  B=round(randn(5)*10);
  c1=A*B; c2=B*A;
  c1-c2                        %差为零矩阵说明相等，否则不相等
```

显示结果：

```
ans=
  -100     -3    201    -12    307
   157    370    164    196    443
   189   -277    211    -29    208
    48    -61   -133   -243     13
    15     47   -139   -403   -238
```

（2）命令窗口输入：

```
>>d=A^2-B^2;
  (A+B)*(A-B)-d       %结果为零矩阵说明相等，否则不相等
```

显示结果：

```
ans=
   100      3   -201     12   -307
  -157   -370   -164   -196   -443
  -189    277   -211     29   -208
   -48     61    133    243    -13
   -15    -47    139    403    238
```

（3）命令窗口输入：

```
>> p=(A*B)'; q=B'*A'; p-q      %结果为零矩阵说明相等，否则不相等
```

显示结果：

```
ans=
     0     0     0     0     0
     0     0     0     0     0
     0     0     0     0     0
     0     0     0     0     0
     0     0     0     0     0
```

【例 A-6】 设矩阵 $\boldsymbol{A}=\begin{pmatrix}1&2&3\\2&2&1\\3&4&3\end{pmatrix}$，利用初等变换法求 $\boldsymbol{A}$ 的逆矩阵 .

命令窗口输入：

```
>>clear                                %清除内存变量和函数
  clc                                  %清除命令窗口中的所有显示内容
  A=[1,2,3;2,2,1;3,4,3];
  B=[1,2,3,1,0,0;2,2,1,0,1,0;3,4,3,0,0,1];
                                       %B=[A,E]
  format rat                           %定义输出格式为有理分数格式
  C=rref(B)                            %给出B的行最简形
  D=C(:,4:6)                           %给出C的第4到6列,即A的逆矩阵
  D*A                                  %验证D是A的逆矩阵,乘积为单位阵则正确
```

显示结果：

```
C=
  1  0  0    1     3    -2
  0  1  0  -3/2   -3   5/2
  0  0  1    1     1    -1
D=
     1     3    -2
  -3/2    -3   5/2
     1     1    -1
ans=
  1  0  0
  0  1  0
  0  0  1
```

A.2.2 行列式的计算

1. 相关 MATLAB 命令

① syms x y：定义符号变量 x，y；

② fix（x）：截尾取整，即将 x 向 0 靠近取整；

③ factor（f）：将符号表达式 f 在有理数范围内因式分解；

④ solve（eq）：求代数方程 eq=0 的符号解析解.

2. 计算示例

【例 A-7】 计算行列式（1）$\begin{vmatrix} 1 & 1 & -1 \\ 2 & -1 & 0 \\ 1 & 0 & 1 \end{vmatrix}$；（2）$\begin{vmatrix} 1+x & 1 & 1 & 1 \\ 1 & 1+x & 1 & 1 \\ 1 & 1 & 1+y & 1 \\ 1 & 1 & 1 & 1+y \end{vmatrix}$.

【解】 （1）命令窗口输入：

```
>> A=[1,1,-1;2,-1,0;1,0,1]; D=det(A)
```

显示结果：

```
D=
```

-4

(2) 命令窗口输入:

```
>>syms x y;
  A=[1+x,1,1,1;1,1+x,1,1;1,1,1+y,1;1,1,1,1+y];   %输入符号矩阵 A
  det(A)
```

显示结果:

```
ans=
 x^2 * y^2 + 2 * x^2 * y + 2 * x * y^2
```

【例 A-8】 随机定义一个 4 阶行列式,用 MATLAB 命令检验行列式的性质“两行互换,行列式变号”.

【解】 命令窗口输入:

```
>>clear, clc
  A=fix(10 * rand(4))               %随机生成一个 4 阶整数矩阵
  d1=det(A)                         %计算该矩阵的行列式
  U=A(1,:); A(1,:)=A(3,:); A(3,:)=U;
                                    %将矩阵的第 1、3 行交换
  A1=A                              %新矩阵
  d2=det(A1)                        %计算新矩阵的行列式
```

显示结果:

```
A=
 0  5  1  2
 7  2  7  5
 2  6  1  0
 3  4  2  4
d1=
   249
A1=
   2  6  1  0
   7  2  7  5
   0  5  1  2
   3  4  2  4
d2=
   -249
```

【例 A-9】 解方程 $\begin{vmatrix} 3 & 2 & 1 & 1 \\ 3 & 2 & 2-x^2 & 1 \\ 5 & 1 & 3 & 2 \\ 7-x^2 & 1 & 3 & 2 \end{vmatrix}=0.$

【解】 命令窗口输入:

```
>>clear all                          %清除内存变量和函数
  syms x;                            %定义 x 为符号变量
  A=[3,2,1,1;3,2,2-x^2,1;5,1,3,2;7-x^2,1,3,2];
                                     %给矩阵 A 赋值
  D=det(A)                           %计算矩阵 A 的行列式
  f=factor(D)                        %对行列式 D 进行因式分解
  x=solve(D)                         %求方程“D=0”的解
```

显示结果：

```
D=
  -3*(x^2 - 1)*(x^2 - 2)
f=
  -3*(x - 1)*(x + 1)*(x^2 - 2)
x=
     1
    -1
2^(1/2)
-2^(1/2)
```

A.2.3 向量组的相关计算

1. 相关 MATLAB 命令

① [R, s] =rref (A)：给出矩阵 $\boldsymbol{A}$ 的行最简形矩阵 $\boldsymbol{R}$，而 $\boldsymbol{s}$ 是一个行向量，它的元素由 $\boldsymbol{R}$ 中线性无关向量所在的列号组成；

② length (s)：计算向量 $\boldsymbol{s}$ 的维数，或者给出矩阵 $\boldsymbol{s}$ 的行数、列数中的较大值.

2. 计算示例

【例 A-10】 判断下列向量组的线性相关性.

(1) $\boldsymbol{a}_1=(1,-2,3,-4)^{\mathrm{T}},\boldsymbol{a}_2=(0,1,-1,-1)^{\mathrm{T}},\boldsymbol{a}_3=(1,3,0,1)^{\mathrm{T}},\boldsymbol{a}_4=(0,-7,3,1)^{\mathrm{T}}$;

(2) $\boldsymbol{b}_1=\begin{pmatrix}1\\2\\3\\-1\end{pmatrix},\boldsymbol{b}_2=\begin{pmatrix}3\\2\\1\\-1\end{pmatrix},\boldsymbol{b}_3=\begin{pmatrix}2\\3\\1\\1\end{pmatrix},\boldsymbol{b}_4=\begin{pmatrix}2\\2\\2\\-1\end{pmatrix},\boldsymbol{b}_5=\begin{pmatrix}5\\5\\2\\0\end{pmatrix}$.

【解】 (1) 命令窗口输入：

```
>>a1=[1;-2;3;-4]; a2=[0;1;-1;-1];
  a3=[1;3;0;1]; a4=[0;-7;3;1];       %输入列向量
  A=[a1,a2,a3,a4];                   %将向量 a1, a2, a3, a4 作为矩阵 A 的列
                                     %向量
  r=rank(A);                         %求矩阵 A 的秩
  [m,n]=size(A);                     %求矩阵 A 的行数 m、列数 n
  r-n                                %矩阵的秩与向量个数作差，结果为 0，线性
                                     %无关，否则线性相关
```

显示结果：

```
ans=
    0
```

注：本题 A 恰为方阵，故也可将 A 的行列式值与 0 比较来判断.

```
>>d=det(A)      %求矩阵 A 的行列式，值为 0，线性相关，否则线性无关
```

(2) 命令窗口输入：

```
>>b1=[1;2;3;-1]; b2=[3;2;1;-1]; b3=[2;3;1;1];
  b4=[2;2;2;-1]; b5=[5;5;2;0];
  B=[b1 b2 b3 b4 b5];
  [m,n]=size(B); rank(B)-n      %结果为 0，线性无关，否则线性相关
```

显示结果：

```
ans=
    -2
```

注：本题验证了 $n+1$ 个 n 维向量线性相关.

【例 A-11】 已知行向量组：$\boldsymbol{a}_1=(10,22,32,53,0)$，$\boldsymbol{a}_2=(10,26,31,64,5)$，$\boldsymbol{a}_3=(10,18,29,50,8)$，$\boldsymbol{a}_4=(24,52,73,133,12)$，$\boldsymbol{a}_5=(36,75,100,185,20)$.
求此向量组的秩和一个极大无关组，并把其余向量用该极大无关组线性表示.

【解】 命令窗口输入：

```
>>clear
  a1=[10,22,32,53,0];
  a2=[10,26,31,64,5];
  a3=[10,18,29,50,8];
  a4=[24,52,73,133,12];
  a5=[36,75,100,185,20];          %输入行向量
  A=[a1',a2',a3',a4',a5'];        %以向量 a1'，…，a5'为列向量构造矩阵 A
  [R,s]=rref(A)                   %R 为 A 的行最简形，s 为 A 的一组极大无关
                                  %组的列标号
  RA=length(s)                    %给出矩阵 A 的秩
```

显示结果：

```
R=
    1.0000  0       0       0.6000  0
    0       1.0000  0       0.8000  0
    0       0       1.0000  1.0000  0
    0       0       0       0       1.0000
    0       0       0       0       0
s=
    1    2    3    5
RA=
    4
```

注：由结果可知向量组的秩为 4，极大无关组为 $\boldsymbol{a}_1$，$\boldsymbol{a}_2$，$\boldsymbol{a}_3$，$\boldsymbol{a}_5$，且由行最简形矩阵得 $\boldsymbol{a}_4=0.6\boldsymbol{a}_1+0.8\boldsymbol{a}_2+\boldsymbol{a}_3+0\boldsymbol{a}_5$.

A.2.4 求解线性方程组

1. 相关 MATLAB 命令

① R=null（A,'r'）：$\boldsymbol{R}$ 的列向量是齐次方程组 $\boldsymbol{Ax}=\boldsymbol{0}$ 的一组基础解系，参数 r 表示返回分数形示，没有 r 则返回小数形式；

② size（X，dim）：返回矩阵 $\boldsymbol{X}$ 的行数或列数，dim=1 为行数，dim=2 为列数.

2. 计算示例

【例 A-12】 用克拉默法则求解方程组 $\begin{cases}2x_1+x_2-5x_3+x_4=8\\x_1+4x_2-7x_3+6x_4=0\\x_1-3x_2-6x_4=9\\2x_1-x_3+2x_4=-5\end{cases}$.

【解】 命令窗口输入：

```
>>x=zeros(4,1);                          %生成一个4×1的零矩阵
  A=[2,1,-5,1;1,4,-7,6;1,-3,0,-6;2,0,-1,2];
                                         %线性方程组的系数矩阵
  b=[8,0,9,-5]';                         %线性方程组的常数项向量
  A1=A; A1(:,1)=b;                       %第1列换为常数项向量
  A2=A; A2(:,2)=b;                       %第2列换为常数项向量
  A3=A; A3(:,3)=b;                       %第3列换为常数项向量
  A4=A; A4(:,4)=b;                       %第4列换为常数项向量
  x(1)=det(A1)/det(A);
  x(2)=det(A2)/det(A);
  x(3)=det(A3)/det(A);
  x(4)=det(A4)/det(A);                   %分别给x的第1~4列赋值
  x                                      %利用克拉默法则求得的解向量
```

显示结果：

```
x=
  10.4118
  21.5294
   4.7647
 -10.5294
```

【例 A-13】 求齐次方程组 $\begin{cases}3x_1+4x_2-5x_3+7x_4=0\\2x_1-3x_2+3x_3-2x_4=0\\4x_1+11x_2-13x_3+16x_4=0\\7x_1-2x_2+x_3+3x_4=0\end{cases}$ 的一个基础解系及其通解.

【解】 （1）命令窗口输入：

```
>>format rat
  A=[3 4 -5 7;2 -3 3 -2;4 11 -13 16;7 -2 1 3];
                                              %同行元素间可用空格分隔
  fprintf('方程组基础解系为\n')                  %按指定格式输出，\ n 表示换行
  B=null(A,'r')                               %B 的列向量构成一个基础解系
  r=size(B,2)                                 %返回 B 的列向量个数
```

显示结果:

方程组基础解系为

```
B=

     3/17    -13/17
    19/17    -20/17
        1         0
        0         1

r=

     2
```

(2) 命令窗口输入:

```
>>syms k1 k2
  fprintf ('方程组的通解为 \ n')
  x=k1 * B (:, 1) +k2 * B (:, 2)              % x 表示线性方程组的通解
```

显示结果:

方程组的通解为

```
x=
     (3 * k1) /17 - (13 * k2) /17
     (19 * k1) /17 - (20 * k2) /17
                       k1
                       k2
```

【例 A-14】 已知线性方程组$\begin{cases}x_1+2x_3=-1\\-x_1+x_2-3x_3=2\\2x_1-x_2+5x_3=0\end{cases}$，求其系数矩阵和增广矩阵的秩，判断其解的情况，若有解则求其解.

【解】 (1) 命令窗口输入:

```
>>A=[1 0 2;-1 1 3;2 -1 5]; b=[1 2 0]'; B=[A,b];   %A 为系数矩阵，B 为增广
                                                  %矩阵
  RA=rank(A), RB=rank(B)
```

显示结果:

```
RA=

     3

RB=
```

3

注：由结果可知方程组有唯一解，此时可利用 $\boldsymbol{A}$ 的逆矩阵求解.

(2) 命令窗口输入：

```
>> X=inv(A)*b      %系数矩阵 A 是满秩方阵时，X=A^-1b
```

显示结果：

```
X=
    0.6667
    2.1667
    0.1667
```

注：本题还可利用增广矩阵的行最简形求解.

```
>>D=rref (B)       %行最简形 D 的最后一列为所求解
```

A.2.5 方阵的特征值问题

1. 相关 MATLAB 命令

① eig (A)：以列向量形式返回方阵 $\boldsymbol{A}$ 的特征值；

② [U, V] =eig (A)：返回正交阵 $\boldsymbol{U}$ 和对角阵 $\boldsymbol{V}$，矩阵 $\boldsymbol{V}$ 的主对角线元素为 $\boldsymbol{A}$ 的特征值，矩阵 $\boldsymbol{U}$ 的列为 $\boldsymbol{A}$ 的单位特征向量，它与 $\boldsymbol{V}$ 中的特征值一一对应.

2. 计算示例

【例 A-15】 求矩阵 $\boldsymbol{A}=\begin{pmatrix}0.5 & 0.25\\0.25 & 0.5\end{pmatrix}$ 的特征值.

【解】 命令窗口输入：

```
>>syms k                          %定义 k 为符号变量
  A=[0.5 0.25;0.25 0.5];          %输入矩阵
  B=A-k*eye(length(A));           %构造矩阵 B=A-kE
  d=det(B)                        %计算 B 的行列式，得 A 的特征多项式
  v=solve(d)                      %求特征多项式的解析解，得 A 的特征值
```

显示结果：

```
d=
  k^2 - k + 3/16
v=
  1/4
  3/4
```

【例 A-16】 求 $\boldsymbol{A}=\begin{pmatrix}1 & 2 & 2\\2 & 1 & 2\\2 & 2 & 1\end{pmatrix}$ 的特征值，并求一个正交矩阵使其对角化.

【解】 命令窗口输入：

```
>>format short, A=[1 2 2;2 1 2; 2 2 1];
  d=eig (A)             %全部特征值组成的向量
  [Q, D] =eig (A); %Q 为单位特征向量组成的正交矩阵
```

```
  Q                        %Q-1AQ=D，利用 Q 可化 A 为对角阵 D
```

显示结果：

```
d=
  -1.0000
  -1.0000
   5.0000
Q=
  0.6015    0.5522   0.5774
  0.1775   -0.7970   0.5774
 -0.7789    0.2448   0.5774
```

【例 A-17】 化二次型$f=x_1^2+2x_2^2+5x_3^2+2x_1x_2+6x_1x_3+2x_2x_3$为标准形.

【解】 命令窗口输入：

```
>>A=[1 1 3;1 2 1;3 1 5];            %二次型对应的矩阵
  [Q,D]=eig(A)
```

显示结果：

```
Q=
      0.8835   -0.0253   0.4677
     -0.1667   -0.9501   0.2636
     -0.4377    0.3108   0.8437
D=
     -0.6749   0          0
      0         1.6994    0
      0         0         6.9754
```

注：二次型的标准形为$f=-0.674\ 9y_1^2+1.699\ 4y_2^2+6.975\ 4y_3^2$，正交变换矩阵为 $\boldsymbol{Q}$.

习题参考答案

习题 1

1. （1）1；（2）9.
2. D.
3. B.
5. −4.
6. （1）−3；（2）−2.
7. 4.
8. （1）1；（2）31.
9. 25.
10. B.
11. D.
12. C.
13. $(x+n-1)(x-1)^{n-1}$.
14. $\left(1-\sum_{i=2}^{n}\frac{1}{i}\right)n!$.
15. 0.
16. 10.
17. C.
18. $\lambda^4+\lambda^3+2\lambda^2+3\lambda+4$.
19. （1）−12；（2）0.
20. （1）$(-b)^{n-1}\left(\sum_{i=1}^{n}a_i-b\right)$；（2）$(-1)^{\frac{n(n-1)}{2}}\cdot\frac{(n+1)}{2}\cdot n^{n-1}$.

习题 2

1. 1，3，2.
2. $\begin{pmatrix}0 & 2\\ -1 & 1\end{pmatrix}$.
3. D.
4. $\begin{pmatrix}-4 & 4 & 9\\ -11 & -5 & 1\end{pmatrix}$，$\begin{pmatrix}-1 & -2\\ 8 & 21\end{pmatrix}$.

5. 5，$\begin{pmatrix}1 & -1 & 2\\ 2 & -2 & 4\\ 3 & -3 & 6\end{pmatrix}$.

6. $a_{11}x^2+2a_{12}xy+a_{22}y^2+2b_1x+2b_2y+c$.

7. A.

8. $\begin{pmatrix}1 & -1 & -1\\ -1 & 1 & 1\\ 1 & -1 & -1\end{pmatrix}$.

9. $5^{10}\begin{pmatrix}2 & 1\\ 1 & -2\end{pmatrix}$.

12. 576，9，$\frac{8}{3}$.

13. （1）错；（2）错；（3）对；（4）错；（5）对；（6）错；（7）错；（8）对；（9）错；（10）错；（11）对；（12）对．

14. $\boldsymbol{A}-\boldsymbol{E}$.

15. $\boldsymbol{A}^{-1}=\boldsymbol{A}+3\boldsymbol{E}$，$(\boldsymbol{A}+\boldsymbol{E})^{-1}=\frac{1}{3}(\boldsymbol{A}+2\boldsymbol{E})$.

16. （1）$\begin{pmatrix}\cos\theta & \sin\theta\\ -\sin\theta & \cos\theta\end{pmatrix}$；（2）$\mathrm{diag}\left(\frac{1}{2}, \frac{1}{4}, -\frac{1}{3}\right)$.

17. $\begin{pmatrix}1 & 0 & 3 & 2\\ -1 & 2 & 0 & 1\\ -2 & 4 & 1 & 1\\ 0 & 3 & 5 & 3\end{pmatrix}$.

18. $\begin{pmatrix}1 & 1 & 0 & 0\\ 0 & -1 & 0 & 0\\ 0 & 0 & 2 & 1\\ 0 & 0 & 1 & 1\end{pmatrix}$，$-1$.

19. $\begin{pmatrix}0 & 0 & 0 & \frac{1}{4}\\ 1 & 0 & 0 & 0\\ 0 & \frac{1}{2} & 0 & 0\\ 0 & 0 & \frac{1}{3} & 0\end{pmatrix}$.

20. B.

21. $\begin{pmatrix}1 & 0 & 0 & 1\\ 0 & 1 & -1 & 1\\ 0 & 0 & 0 & 0\end{pmatrix}$.

22. C.

23. （1）$\begin{pmatrix} 1 & -4 & -3 \\ 1 & -5 & -3 \\ -1 & 6 & 4 \end{pmatrix}$；（2）$\begin{pmatrix} 1 & 1 & -2 & -4 \\ 0 & 1 & 0 & -1 \\ -1 & -1 & 3 & 6 \\ 2 & 1 & -6 & -10 \end{pmatrix}$.

24. $\begin{pmatrix} 10 & 2 \\ -15 & -3 \\ 12 & 4 \end{pmatrix}$.

25. $\begin{pmatrix} -1 & -2 & 4 \\ -\frac{1}{2} & 1 & \frac{3}{2} \end{pmatrix}$.

26. $\begin{pmatrix} 0 & 3 & 3 \\ -1 & 2 & 3 \\ 1 & 1 & 0 \end{pmatrix}$.

27. （1）2；（2）3.

28. B.

29. $a=3$，$b=4$.

30. （1）-1；（2）2；（3）$k\neq -1$ 且 $k\neq 2$.

31. $\begin{pmatrix} \lambda^k & k\lambda^{k-1} & \frac{k(k-1)}{2}\lambda^{k-2} \\ 0 & \lambda^k & k\lambda^{k-1} \\ 0 & 0 & \lambda^k \end{pmatrix}$.

32. $\begin{pmatrix} 4 & 0 & 0 \\ 0 & -8 & -12 \\ 0 & 6 & 10 \end{pmatrix}$.

33. $(3\boldsymbol{E}-\boldsymbol{A})^{-1}=\frac{1}{18}(2\boldsymbol{A}+7\boldsymbol{E})$.

34. （1）互为逆矩阵；（2）$\boldsymbol{A}=\begin{pmatrix} 1 & \frac{1}{2} & 0 \\ -\frac{1}{3} & 1 & 0 \\ 0 & 0 & 2 \end{pmatrix}$.

36. $\frac{1}{18}\begin{pmatrix} 1 & 0 & 0 \\ 2 & 3 & 0 \\ 4 & 5 & 6 \end{pmatrix}$，$18^4$.

37. $\begin{pmatrix} 6 & 0 & 0 \\ 0 & 6 & 0 \\ 0 & 0 & -3 \end{pmatrix}$.

39. B.

40. C.

41. $\begin{cases}0, & k=0\\ r, & k\neq 0\end{cases}$

42. 2.

习题 3

1. $\lambda\neq\pm4$，$x_1=\dfrac{5\lambda+2}{(\lambda+4)(\lambda-4)}$，$x_2=\dfrac{\lambda+40}{(\lambda+4)(\lambda-4)}$.

2. ±1.

3. $\neq 0$ 且 $\neq -2$.

4. $\neq -3$.

5. $m=1$，$n\neq -1$.

6. (1) $\begin{pmatrix}x_1\\x_2\\x_3\\x_4\end{pmatrix}=c\begin{pmatrix}\frac{4}{3}\\-3\\\frac{4}{3}\\1\end{pmatrix}$（$c$ 为任意常数）；

(2) $\begin{pmatrix}x_1\\x_2\\x_3\\x_4\end{pmatrix}=c_1\begin{pmatrix}-2\\1\\0\\0\end{pmatrix}+c_2\begin{pmatrix}1\\0\\0\\1\end{pmatrix}$（$c_1$，$c_2$ 为任意常数）；

(3) $\begin{pmatrix}x_1\\x_2\\x_3\\x_4\end{pmatrix}=\begin{pmatrix}0\\0\\0\\0\end{pmatrix}$；(4) $\begin{pmatrix}x_1\\x_2\\x_3\\x_4\end{pmatrix}=c\begin{pmatrix}-1\\-1\\0\\1\end{pmatrix}$（$c$ 为任意常数）.

7. $k=1$，$\begin{pmatrix}x_1\\x_2\\x_3\end{pmatrix}=c\begin{pmatrix}-1\\0\\1\end{pmatrix}$（$c\neq 0$）.

8. $\begin{pmatrix}x_1\\x_2\\x_3\\x_4\end{pmatrix}=c_1\begin{pmatrix}1\\-1\\1\\0\end{pmatrix}+c_2\begin{pmatrix}-2\\2\\0\\1\end{pmatrix}$（$c_1$，$c_2$ 不同时为 0）.

9. (1) $\begin{pmatrix}x_1\\x_2\\x_3\end{pmatrix}=\begin{pmatrix}3\\0\\1\end{pmatrix}$；(2) $\begin{pmatrix}x_1\\x_2\\x_3\\x_4\end{pmatrix}=c_1\begin{pmatrix}\frac{3}{2}\\\frac{3}{2}\\1\\0\end{pmatrix}+c_2\begin{pmatrix}-\frac{3}{4}\\\frac{7}{4}\\0\\1\end{pmatrix}+\begin{pmatrix}\frac{5}{4}\\-\frac{1}{4}\\0\\0\end{pmatrix}$（$c_1$，$c_2$ 为任意常数）；

（3）$\begin{pmatrix} x_1 \\ x_2 \\ x_3 \\ x_4 \end{pmatrix} = c\begin{pmatrix} 0 \\ -1 \\ 1 \\ 0 \end{pmatrix} + \begin{pmatrix} 0 \\ \frac{3}{2} \\ 0 \\ \frac{1}{2} \end{pmatrix}$（$c$ 为任意常数）；（4）无解．

10. （1）$\lambda \neq -3$ 且 $\lambda \neq 2$；（2）$\lambda = -3$；

（3）$\lambda = 2$，$\begin{pmatrix} x_1 \\ x_2 \\ x_3 \end{pmatrix} = c\begin{pmatrix} 5 \\ -4 \\ 1 \end{pmatrix} + \begin{pmatrix} 0 \\ 1 \\ 0 \end{pmatrix}$（$c$ 为任意常数）．

11. （1）$k \neq \pm 1$；（2）$k = 1$；

（3）$k = -1$，$\begin{pmatrix} x_1 \\ x_2 \\ x_3 \\ x_4 \end{pmatrix} = c\begin{pmatrix} -1 \\ 1 \\ -1 \\ 1 \end{pmatrix} + \begin{pmatrix} 1 \\ 0 \\ 1 \\ 0 \end{pmatrix}$（$c$ 为任意常数）．

12. $\lambda \neq 1$ 且 $\lambda \neq 10$ 时有唯一解；$\lambda = 10$ 时无解；$\lambda = 1$ 时有无穷多解，解为

$$\begin{pmatrix} x_1 \\ x_2 \\ x_3 \end{pmatrix} = c_1\begin{pmatrix} -2 \\ 1 \\ 0 \end{pmatrix} + c_2\begin{pmatrix} 2 \\ 0 \\ 1 \end{pmatrix} + \begin{pmatrix} 1 \\ 0 \\ 0 \end{pmatrix} \quad (c_1，c_2 \text{ 为任意常数})$$

13. B.

14. A.

15. D.

16. A.

17. 设 3 种食物的用量分别为 x_1，x_2，x_3 百克，得$\begin{cases} x_1 + x_2 + x_3 = 2 \\ 2x_1 + 3x_2 + x_3 = 3 \\ 2x_1 + x_2 + 3x_3 = 5 \end{cases}$，

$\begin{pmatrix} x_1 \\ x_2 \\ x_3 \end{pmatrix} = c\begin{pmatrix} -2 \\ 1 \\ 1 \end{pmatrix} + \begin{pmatrix} 3 \\ -1 \\ 0 \end{pmatrix}\left(1 \leqslant c \leqslant \frac{3}{2}\right)$.

18. 设木工、电工、油漆工的日工资额分别为 x_1，x_2，x_3 元，得$\begin{cases} 2x_1 + x_2 + 3x_3 = 10x_1 \\ 4x_1 + 5x_2 + x_3 = 10x_2 \\ 4x_1 + 4x_2 + 6x_3 = 10x_3 \end{cases}$，

3 人的日工资分别为 100 元、125 元、225 元.

习题 4

1. $\boldsymbol{\alpha}_1-\boldsymbol{\alpha}_2=\begin{pmatrix}1\\1\\0\end{pmatrix}$，$3\boldsymbol{\alpha}_1-4\boldsymbol{\alpha}_2+2\boldsymbol{\alpha}_3=\begin{pmatrix}10\\7\\-3\end{pmatrix}$.

2. $\boldsymbol{\alpha}=\begin{pmatrix}1\\0\\0\end{pmatrix}$.

3. $t=8$.

4. (1) $m\neq-4$；(2) $m=-4$ 且 $n\neq0$；

(3) $m=-4$ 且 $n=0$，$\boldsymbol{\beta}=-\frac{1}{2}(c+1)\boldsymbol{\alpha}_1+c\boldsymbol{\alpha}_2+\boldsymbol{\alpha}_3$，其中 c 为任意常数 .

5. 提示：$R(\boldsymbol{A},\ \boldsymbol{B})=R(\boldsymbol{A})=3>2=R(\boldsymbol{B})$，其中 $\boldsymbol{A}=(\boldsymbol{\alpha}_1,\ \boldsymbol{\alpha}_2,\ \boldsymbol{\alpha}_3)$，$\boldsymbol{B}=(\boldsymbol{\beta}_1,\ \boldsymbol{\beta}_2,\ \boldsymbol{\beta}_3)$.

6. (1) 错；(2) 对；(3) 错；(4) 对；(5) 对；(6) 错；(7) 对；(8) 对 .

7. (1) 线性相关；(2) 线性无关 .

8. $\lambda=-1$ 或 2 时 .

9. 提示：由 $\boldsymbol{\alpha}_1$，$\boldsymbol{\alpha}_2$，$\boldsymbol{\alpha}_3$ 线性无关得 $R(\boldsymbol{\alpha}_1,\ \boldsymbol{\alpha}_2,\ \boldsymbol{\alpha}_3)=3$，又

$$(\boldsymbol{\beta}_1,\ \boldsymbol{\beta}_2,\ \boldsymbol{\beta}_3)=(\boldsymbol{\alpha}_1,\ \boldsymbol{\alpha}_2,\ \boldsymbol{\alpha}_3)\begin{pmatrix}1&0&1\\1&1&1\\0&1&1\end{pmatrix}=(\boldsymbol{\alpha}_1,\ \boldsymbol{\alpha}_2,\ \boldsymbol{\alpha}_3)\boldsymbol{K}$$

易证 $\boldsymbol{K}$ 为可逆矩阵，得 $R(\boldsymbol{\beta}_1,\ \boldsymbol{\beta}_2,\ \boldsymbol{\beta}_3)=R(\boldsymbol{\alpha}_1,\ \boldsymbol{\alpha}_2,\ \boldsymbol{\alpha}_3)=3$，故 $\boldsymbol{\beta}_1$，$\boldsymbol{\beta}_2$，$\boldsymbol{\beta}_3$ 线性无关.

10. 提示：$(\boldsymbol{\beta}_1,\ \cdots,\ \boldsymbol{\beta}_s)=(\boldsymbol{\alpha}_1,\ \cdots,\ \boldsymbol{\alpha}_s)\begin{pmatrix}0&1&1&\cdots&1\\1&0&1&\cdots&1\\1&1&0&\cdots&1\\\vdots&\vdots&\vdots&\ddots&\vdots\\1&1&1&\cdots&0\end{pmatrix}=(\boldsymbol{\alpha}_1,\ \cdots,\ \boldsymbol{\alpha}_s)\ \boldsymbol{K}$，

证明 $\boldsymbol{K}$ 可逆 .

11. 提示：$(\boldsymbol{\beta}_1,\ \boldsymbol{\beta}_2,\ \boldsymbol{\beta}_3,\ \boldsymbol{\beta}_4)=(\boldsymbol{\alpha}_1,\ \boldsymbol{\alpha}_2,\ \boldsymbol{\alpha}_3,\ \boldsymbol{\alpha}_4)\begin{pmatrix}1&0&0&-1\\-1&1&0&0\\0&-1&1&0\\0&0&-1&1\end{pmatrix}=(\boldsymbol{\alpha}_1,\ \boldsymbol{\alpha}_2,\ \boldsymbol{\alpha}_3,\ \boldsymbol{\alpha}_4)\boldsymbol{K}$，其中 $R(\boldsymbol{\beta}_1,\ \boldsymbol{\beta}_2,\ \boldsymbol{\beta}_3,\ \boldsymbol{\beta}_4)\leqslant R(\boldsymbol{K})<4$，故 $\boldsymbol{\beta}_1$，$\boldsymbol{\beta}_2$，$\boldsymbol{\beta}_3$，$\boldsymbol{\beta}_4$ 线性相关 .

12. $R(\boldsymbol{\alpha}_1,\ \boldsymbol{\alpha}_2,\ \boldsymbol{\alpha}_3,\ \boldsymbol{\alpha}_4,\ \boldsymbol{\alpha}_5)=3$，$\boldsymbol{\alpha}_1$，$\boldsymbol{\alpha}_2$，$\boldsymbol{\alpha}_3$ 为向量组的一个极大无关组，且

$$\boldsymbol{\alpha}_4=\boldsymbol{\alpha}_1+3\boldsymbol{\alpha}_2-\boldsymbol{\alpha}_3;\ \boldsymbol{\alpha}_5=\frac{3}{2}\boldsymbol{\alpha}_1-\frac{1}{2}\boldsymbol{\alpha}_2$$

13. (1) $R(\boldsymbol{\alpha}_1,\ \boldsymbol{\alpha}_2,\ \boldsymbol{\alpha}_3)=3$，$\boldsymbol{\alpha}_1$，$\boldsymbol{\alpha}_2$，$\boldsymbol{\alpha}_3$ 为向量组的一个极大无关组；

(2) $R(\boldsymbol{\alpha}_1,\ \boldsymbol{\alpha}_2,\ \boldsymbol{\alpha}_3,\ \boldsymbol{\alpha}_4)=3$，$\boldsymbol{\alpha}_1$，$\boldsymbol{\alpha}_2$，$\boldsymbol{\alpha}_4$ 为向量组的一个极大无关组 .

14. $\lambda=-\frac{1}{2}$.

15. （1）$\begin{pmatrix}-8\\13\\0\\2\end{pmatrix}$为一个特解，$\begin{pmatrix}-1\\1\\1\\0\end{pmatrix}$为齐次方程组的基础解系；

（2）$\begin{pmatrix}1\\-2\\0\\0\end{pmatrix}$为一个特解，$\begin{pmatrix}-9\\1\\7\\0\end{pmatrix}$，$\begin{pmatrix}-1\\1\\0\\-2\end{pmatrix}$为齐次方程组的基础解系.

16. 提示：证$(\boldsymbol{x}_1+\boldsymbol{x}_2)-(\boldsymbol{x}_2+\boldsymbol{x}_3)=(-1,4,-3,5)^{\mathrm{T}},(\boldsymbol{x}_2+\boldsymbol{x}_3)-(\boldsymbol{x}_3+\boldsymbol{x}_4)=(1,-1,3,2)^{\mathrm{T}}$为$\boldsymbol{Ax}=\boldsymbol{0}$的一个基础解系；$\frac{\boldsymbol{x}_1+\boldsymbol{x}_2}{2}=(1,\ 2,\ 0,\ 4)^{\mathrm{T}}$为$\boldsymbol{Ax}=\boldsymbol{b}$的一个特解，得$\boldsymbol{Ax}=\boldsymbol{b}$的通解

$$\boldsymbol{x}=c_1\begin{pmatrix}-1\\4\\-3\\5\end{pmatrix}+c_1\begin{pmatrix}1\\-1\\3\\2\end{pmatrix}+\begin{pmatrix}1\\2\\0\\4\end{pmatrix}\quad(c_1,\ c_2\text{ 为任意常数})$$

17. 提示：证$\boldsymbol{\eta}_2-\boldsymbol{\eta}_1$，$\boldsymbol{\eta}_3-\boldsymbol{\eta}_1$为$\boldsymbol{Ax}=\boldsymbol{0}$的一个基础解系；$\boldsymbol{\eta}_1$为$\boldsymbol{Ax}=\boldsymbol{b}$的一个特解，得$\boldsymbol{Ax}=\boldsymbol{b}$的通解

$$\boldsymbol{x}=c_1(\boldsymbol{\eta}_2-\boldsymbol{\eta}_1)+c_2(\boldsymbol{\eta}_3-\boldsymbol{\eta}_1)+\boldsymbol{\eta}_1=k_1\boldsymbol{\eta}_1+k_2\boldsymbol{\eta}_2+k_3\boldsymbol{\eta}_3$$

其中$k_1=1-c_1-c_2$，$k_2=c_1$，$k_3=c_2$.

18. 提示：假设$\boldsymbol{\xi}_1$，$\boldsymbol{\xi}_2$，…，$\boldsymbol{\xi}_r$，$\boldsymbol{\eta}$线性相关，得$\boldsymbol{\eta}$可由$\boldsymbol{\xi}_1$，…，$\boldsymbol{\xi}_r$线性表示，则$\boldsymbol{A\eta}=\boldsymbol{0}\neq\boldsymbol{b}$，与已知矛盾.

19. 提示：由已知条件得$\boldsymbol{A}(\boldsymbol{E}-\boldsymbol{A})=\boldsymbol{0}$，则$\boldsymbol{E}-\boldsymbol{A}$的列向量都是$\boldsymbol{Ax}=\boldsymbol{0}$的解，可证$R(\boldsymbol{E}-\boldsymbol{A})\leqslant n-R(\boldsymbol{A})$；又因$\boldsymbol{A}+(\boldsymbol{E}-\boldsymbol{A})=\boldsymbol{E}$，$R(\boldsymbol{E})=n$，故$R(\boldsymbol{A})+R(\boldsymbol{E}-\boldsymbol{A})\geqslant n$.

20. 提示：$(\boldsymbol{\beta}_1,\ \boldsymbol{\beta}_2)=(\boldsymbol{\alpha}_1,\ \boldsymbol{\alpha}_2)\begin{pmatrix}2&3\\-1&-2\end{pmatrix}$，所求过渡矩阵为$\begin{pmatrix}2&3\\-1&-2\end{pmatrix}$.

21. D.

22. A.

23. 提示：求$\boldsymbol{Ax}=\boldsymbol{0}$的一个基础解系（包含两个线性无关的解向量）按列构成$\boldsymbol{B}$，由$\boldsymbol{B}$的列向量是$\boldsymbol{Ax}=\boldsymbol{0}$的解，则$\boldsymbol{AB}=\boldsymbol{0}$，且$R(\boldsymbol{B})=2$.

24. 提示：设$k_1\boldsymbol{\alpha}_1+k_2\boldsymbol{\alpha}_2+k_3\boldsymbol{\alpha}_3=\boldsymbol{0}$，又

$$\boldsymbol{A}(k_1\boldsymbol{\alpha}_1+k_2\boldsymbol{\alpha}_2+k_3\boldsymbol{\alpha}_3)=k_1\lambda_1\boldsymbol{\alpha}_1+k_2\lambda_2\boldsymbol{\alpha}_2+k_3\lambda_3\boldsymbol{\alpha}_3=\boldsymbol{0}$$
$$\boldsymbol{A}^2(k_1\boldsymbol{\alpha}_1+k_2\boldsymbol{\alpha}_2+k_3\boldsymbol{\alpha}_3)=k_1\lambda_1^2\boldsymbol{\alpha}_1+k_2\lambda_2^2\boldsymbol{\alpha}_2+k_3\lambda_3^2\boldsymbol{\alpha}_3=\boldsymbol{0}$$

即$(k_1\boldsymbol{\alpha}_1,\ k_2\boldsymbol{\alpha}_2,\ k_3\boldsymbol{\alpha}_3)\begin{pmatrix}1&\lambda_1&\lambda_1^2\\1&\lambda_2&\lambda_2^2\\1&\lambda_3&\lambda_3^2\end{pmatrix}=\boldsymbol{0}$，由$\lambda_1$，$\lambda_2$，$\lambda_3$各不相同，证明$\begin{pmatrix}1&\lambda_1&\lambda_1^2\\1&\lambda_2&\lambda_2^2\\1&\lambda_3&\lambda_3^2\end{pmatrix}$是可逆矩阵，可得$(k_1\boldsymbol{\alpha}_1,\ k_2\boldsymbol{\alpha}_2,\ k_3\boldsymbol{\alpha}_3)=\boldsymbol{0}$，因$\boldsymbol{\alpha}_1$，$\boldsymbol{\alpha}_2$，$\boldsymbol{\alpha}_3$非零列向量，故$k_1$，$k_2$，$k_3$只能

全为0.

25. 提示：$\boldsymbol{AP}=\boldsymbol{A}(\boldsymbol{x},\ \boldsymbol{Ax},\ \boldsymbol{A}^2\boldsymbol{x})=(\boldsymbol{Ax},\ \boldsymbol{A}^2\boldsymbol{x},\ \boldsymbol{A}^3\boldsymbol{x})=(\boldsymbol{x},\ \boldsymbol{Ax},\ \boldsymbol{A}^2\boldsymbol{x})\begin{pmatrix}0&0&3\\1&0&2\\0&1&1\end{pmatrix}=\boldsymbol{PB}$.

习题 5

1. -8.

2. -5 或 6.

3. (1) $\gamma_1=\frac{1}{\sqrt{2}}(0,\ 1,\ 1)^{\mathrm{T}}$，$\gamma_2=\frac{\sqrt{6}}{3}\left(1,\ \frac{1}{2},\ -\frac{1}{2}\right)^{\mathrm{T}}$，$\gamma_3=\frac{\sqrt{3}}{3}(1,\ -1,\ 1)^{\mathrm{T}}$；

(2) $\gamma_1=\frac{1}{\sqrt{6}}(1,\ 2,\ 1)^{\mathrm{T}}$，$\gamma_2=\frac{1}{\sqrt{66}}(1,\ -4,\ 7)^{\mathrm{T}}$，$\gamma_3=\frac{1}{\sqrt{11}}(3,\ -1,\ -1)^{\mathrm{T}}$.

4. D.

5. (1) $\boldsymbol{\lambda}_1=\boldsymbol{\lambda}_2=\boldsymbol{\lambda}_3=2$，$k_1\begin{pmatrix}1\\2\\0\end{pmatrix}+k_2\begin{pmatrix}0\\0\\1\end{pmatrix}$ （k_1，k_2 不同时为零）；

(2) $\boldsymbol{\lambda}_1=2$，$k_1\begin{pmatrix}0\\0\\1\end{pmatrix}$ （$k_1\neq0$），$\boldsymbol{\lambda}_2=\boldsymbol{\lambda}_3=1$，$k_2\begin{pmatrix}-1\\-2\\1\end{pmatrix}$ （$k_2\neq0$）；

(3) $\boldsymbol{\lambda}_1=\boldsymbol{\lambda}_2=1$，$k_1\begin{pmatrix}-2\\1\\0\end{pmatrix}+k_2\begin{pmatrix}2\\0\\1\end{pmatrix}$ （k_1，k_2 不同时为零），$\boldsymbol{\lambda}_3=10$，$k_3\begin{pmatrix}1\\2\\-2\end{pmatrix}$ （$k_3\neq0$）.

6. 4.

7. 1，$\frac{1}{2}$，$\frac{1}{3}$，$\frac{1}{4}$.

8. B.

9. 10.

10. $-\frac{1}{2}$

11. C.

12. 5，6.

13. $x+y=0$.

14. $x=3$.

15. $\boldsymbol{P}=\begin{pmatrix}0&1&0\\1&0&-1\\1&0&1\end{pmatrix}$，$\boldsymbol{\Lambda}=\begin{pmatrix}3&0&0\\0&1&0\\0&0&1\end{pmatrix}$，$\boldsymbol{A}^m=\begin{pmatrix}1&0&0\\0&(1+3^m)/2&(-1+3^m)/2\\0&(-1+3^m)/2&(1+3^m)/2\end{pmatrix}$.

16. $\boldsymbol{Q}=\frac{1}{3}\begin{pmatrix}2&-2&1\\2&1&-2\\1&2&2\end{pmatrix}$，$\boldsymbol{\Lambda}=\begin{pmatrix}-1&0&0\\0&2&0\\0&0&5\end{pmatrix}$.

17. (1) $\begin{pmatrix} 5 & -1 & 3 \\ -1 & 5 & -3 \\ 3 & -3 & 3 \end{pmatrix}$; (2) $\begin{pmatrix} 1 & 1 & 0 \\ 1 & 2 & -1 \\ 0 & -1 & -1 \end{pmatrix}$.

18. (1) $f(x_1, x_2, x_3)=x_1^2+8x_2^2-5x_3^2+6x_1x_3-2x_2x_3$;

(2) $f(x_1, x_2, x_3)=x_1^2+2x_2^2+x_3^2+2x_1x_2+2x_1x_3+4x_2x_3$.

19. 3.

20. $-z_1^2+z_2^2-z_3^2$.

21. 正交变换$\begin{pmatrix} x_1 \\ x_2 \\ x_3 \end{pmatrix}=\frac{1}{\sqrt{2}}\begin{pmatrix} \sqrt{2} & 0 & 0 \\ 0 & 1 & 1 \\ 0 & 1 & -1 \end{pmatrix}\begin{pmatrix} y_1 \\ y_2 \\ y_3 \end{pmatrix}$，标准形$f=2y_1^2+5y_2^2+y_3^2$.

22. (1) 正定；(2) 负定.

23. $0<a<\sqrt{3}$.

24. C.

25. 提示：解特征方程$|\boldsymbol{A}-\lambda\boldsymbol{E}|=0$可得$k=2$.

26. 提示：利用特征值和特征向量的定义列出方程组，解得$k=1$或-2.

27. 提示：由$|\boldsymbol{A}|=0$与$|\boldsymbol{A}+(-1)^k k\boldsymbol{E}|=0$得$0, 1, -2, 3, \cdots, (-1)^n(n-1)$是$\boldsymbol{A}$的$n$个互不相等的特征值，可证$\boldsymbol{A}$可对角化.

28. $\begin{pmatrix} 1 & 3 & 5 \\ 3 & 5 & 7 \\ 5 & 7 & 9 \end{pmatrix}$.

29. 提示：因对任何$\boldsymbol{x}\neq\boldsymbol{0}$，恒有$\boldsymbol{x}^{\mathrm{T}}\boldsymbol{A}\boldsymbol{x}>0$，$\boldsymbol{x}^{\mathrm{T}}\boldsymbol{B}\boldsymbol{x}>0$，故$\boldsymbol{x}^{\mathrm{T}}(\boldsymbol{A}+\boldsymbol{B})\boldsymbol{x}>0$，即$\boldsymbol{A}+\boldsymbol{B}$是正定矩阵，从而得$\boldsymbol{A}+\boldsymbol{B}$的特征值全为正.

参考文献

[1] 同济大学数学系．工程数学：线性代数［M］. 6 版. 北京：高等教育出版社，2014.
[2] 钱椿林. 线性代数［M］. 3 版. 北京：高等教育出版社，2012.
[3] 戴斌祥. 线性代数［M］. 3 版. 北京 ：北京邮电大学出版社，2018.
[4] 陈水林. 线性代数同步练习册［M］. 湖北：湖北科学技术出版社，2007.
[5] 北京大学数学系前代数小组. 高等代数［M］. 5 版. 北京：高等教育出版社，2019.
[6] 陈怀琛，高淑萍，杨威. 工程线性代数：MATLAB 版［M］. 北京：电子工业出版社，2007.